大学物理学

下册

主编
王　皓
赵　龙

DAXUE WULIXUE

高等教育出版社·北京

内容提要

本书根据教育部高等学校物理学与天文学教学指导委员会编制的《理工科类大学物理课程教学基本要求》(2010年版)编写而成,是结合国内外教材传统特色和新媒体教学方法的新形态教材,包括文字图形表述、章节语音导读、知识视频讲解、实验演示视频、动画演示视频、物理学思想归纳与提炼、章节内容提要和习题参考答案等多维度内容。本书分上、下两册,上册包括质点运动学、质点动力学、刚体力学基础、机械振动基础、机械波、气体动理论基础、热力学基础、狭义相对论力学基础,下册包括静电场、恒定磁场、变化的磁场和变化的电场、光学、量子物理学基础。

本书可作为普通高等学校工科类专业大学物理课程的教材,也可作为综合性大学和师范院校非物理类专业学生的教材或参考书,还可供相关教师或其他读者阅读。

图书在版编目(CIP)数据

大学物理学. 下册 / 王皓, 赵龙主编. -- 北京: 高等教育出版社, 2021.9

ISBN 978-7-04-056218-7

Ⅰ. ①大… Ⅱ. ①王… ②赵… Ⅲ. ①物理学-高等学校-教材 Ⅳ. ①O4

中国版本图书馆CIP数据核字(2021)第109740号

策划编辑 吴 荻　责任编辑 缪可可　特约编辑 吴 荻　封面设计 李小璐
版式设计 杜微言　插图绘制 黄云燕　责任校对 刁丽丽　责任印制 刘思涵

出版发行 高等教育出版社
社 址 北京市西城区德外大街4号
邮政编码 100120
印 刷 三河市华润印刷有限公司
开 本 787mm×1092mm 1/16
印 张 15.5
字 数 330千字
购书热线 010-58581118
咨询电话 400-810-0598
网 址 http://www.hep.edu.cn
http://www.hep.com.cn
网上订购 http://www.hepmall.com.cn
http://www.hepmall.com
http://www.hepmall.cn
版 次 2021年9月第1版
印 次 2021年9月第1次印刷
定 价 39.00元

物 料 号 56218-00

大学物理学

下册

主编

王　皓

赵　龙

1 计算机访问http://abook.hep.com.cn/1252823，或手机扫描二维码、下载并安装Abook应用。

2 注册并登录，进入"我的课程"。

3 输入封底数字课程账号（20位密码，刮开涂层可见），或通过Abook应用扫描封底数字课程账号二维码，完成课程绑定。

4 单击"进入课程"按钮，开始本数字课程的学习。

课程绑定后一年为数字课程使用有效期。受硬件限制，部分内容无法在手机端显示，请按提示通过计算机访问学习。

如有使用问题，请发邮件至abook@hep.com.cn。

http://abook.hep.com.cn/1252823

前言

什么是“物理”? 什么是“物理学”?

“物理”一词源于希腊文, 指“自然”的意思。“物”指客观存在的各种物质, 物体的结构、性质; “理”指道理、规律, 也就是指物质的运动和变化规律, “物理”可通俗地理解为“万物之理”, 在自然科学中特指物理学。

“物理学”一词源于古希腊哲学家、科学家亚里士多德的著作《物理学》, 它是研究物质运动一般规律和物质基本结构的学科。《理工科类大学物理课程教学基本要求》(2010 年版) 中对物理学的定义是研究物质的基本结构、基本运动形式、相互作用及其转化规律的自然科学。它的基本理论渗透在自然科学的各个领域, 应用于生产技术的各个方面, 是其他自然科学和工程技术的基础。在人类追求真理、探索未知世界的过程中, 物理学展现了一系列科学的世界观和方法论, 深刻影响着人类对物质世界的基本认识、人类的思维方式和社会生活, 是人类文明发展的基石, 在人才的科学素质培养中具有重要的地位。

大学物理课程是以物理学基础为内容, 是高等学校除物理专业外的理工科类专业学生必修的重要的公共基础课, 该课程所教授的基本概念、基本思想、基本理论和基本方法是学生科学素养的重要组成部分。大学物理课程在为学生系统地打好必要的物理基础, 培养学生树立科学的世界观, 增强学生分析问题和解决问题的能力, 培养学生的探索精神和创新意识等方面, 具有其他课程不能替代的重要作用。

本教材以文字、公式和图表等传统表述方式为主体, 结合新媒体教学手段和教学团队的教学经验, 形成物理思想归纳与提炼、物理与数学知识嵌入、章节语音导读、知识讲解视频、实验演示视频、动画演示视频、章节内容提要和习题参考答案讲解等以“二维码扫码阅读”来辅助教材知识内容的“多维度”新形态。编者在教材编写中, 力图使学生对物理学的基本思想、基本概念、基本理论和基本方法有比较系统的认识和正确的理解, 为进一步学习打下坚实的基础; 在大学物理课程的教材中融入育人功能, 并注重培养学生分析问题、解决问题的能力和启发学生的探索精神、创新意识, 在“二维码扫码阅读”内容中设置问题提醒和希望等拓展功能, 努力实现学生知识、能力、素质与思想的协调发展。

本教材由王皓、赵龙担任主编, 王皓负责全书修改与统稿并设计“二维码扫码阅读”等内容, 赵龙负责所有视频和语音录制等具体工作, 参加编写的人员及完成的具体内容分工如下：陈跃辉编写第九章静电场和 QR9.1—QR9.37 的内容, 王玉宏编写第十章恒定磁场和 QR10.1—QR10.32 的内容, 聂颖编写第十一章变化的磁场和变化的电场及 QR11.1—QR11.23 的内容, 赵龙编写第十二章光学和 QR12.1—QR12.44 的内容, 林雪松编写第十三章量子物理学基础和 QR13.1—QR13.43 的内容。

我们在编写和出版本教材的过程中得到高等教育出版社理科事业部物理分社的帮助与支持, 在此表示诚挚的谢意!

由于作者学识有限, 教材中缺点、错误及不当之处在所难免, 恳请专家、同行和读者斧正。

编者

2021 年 6 月

目录

第九章

静电场

运动电荷同时激发电场和磁场, 二者相互关联, 但当所研究的电荷相对某参考系静止时, 电荷在这个静止参考系中就只激发电场. 本章学习静电场的有关性质, 用库仑定律及高斯定理计算不同带电体系的静电场, 以 "场" 为中心. 爱因斯坦说过: "我们有两种存在, 实物和场, 场是物理学中出现的新概念, 是自牛顿时代以来最重要的发现. 用来描述物理现象的最重要的不是带电体, 也不是粒子, 而是在带电体之间空间的场, 这需要用科学想象力才能理解." 场的种类很多, 本章主要研究真空中静电场的基本性质和基本规律.

QR9.1 本章内容提要

9.1 电场 电场强度

9.1.1 电荷

1. 电荷

摩擦起电现象和自然界的雷电现象使人类开启了对电荷的最早认识, 实验发现两种不同的物体相互摩擦后, 能够吸引羽毛、头发等轻小物体. 例如丝绸摩擦过的玻璃棒, 或毛皮摩擦过的硬橡胶棒, 物体由于摩擦有了吸引轻小物体的性质, 我们就说它带了电, 或带了电荷. **电荷是物体状态的一种属性**, 处于带电状态的物体称为带电体. 物体所带的电荷有两种: 正电荷和负电荷; 带有同种电荷的物体相排斥, 带有异种电荷的物体相吸引. 带电体所带电荷的多少叫电荷量, 用 Q 或 q 表示, 在国际单位制中, 电荷量的单位是库仑, 符号为 C.

QR9.2 语音导读 9.1.1

2. 电荷的量子化

1897 年, 汤姆孙 (J. J. Thomson) 在阴极射线实验中发现电子. 经过数年努力, 1913 年, 密立根 (R. Milikan) 通过油滴实验得出, 带电体的电荷量是单个电子电荷量的整数倍, 即

$$q = \pm ne(n = 1, 2, 3, \cdots)$$

电荷量的基本单元就是电子所带电荷量的绝对值, 用 e 表示:

$$e = 1.602 \times 10^{-19}\mathrm{C}$$

物体由于失去电子而带正电, 或是得到额外电子而带负电, 但物体所带的电荷量必然是电子电荷量绝对值 e 的整数倍, 这是自然界存在不连续性 (即量子化) 的一个例子, **电荷的这种只能取离散分立的、不连续的量值的性质, 称为电荷的量子化**, 电子的电荷量绝对值 e 称为**元电荷**.

现在自然界中的微观粒子, 包括电子、质子、中子在内, 已有几百种, 其中带电粒子所带的电荷是元电荷的整数倍, 电荷量子化是一个普遍的量子化规则. 量子化是近代物理学中的一个基本概念, 当研究的范围达到原子线度时, 角动量、能量等也都是量子化的, 这些内容将在量子物理学基础中加以介绍.

由于 e 如此之小, 以至电荷的量子性在研究宏观现象的绝大多数实验中未能表现出来, 所以我们常把带电体按电荷连续分布的情况来处理, 并认为电荷的变化是连续的. 近代物理学从理论上预言基本粒子由若干种夸克或反夸克组成, 每一个夸克或反夸克带有 $\pm\frac{1}{3}e$ 或 $\pm\frac{2}{3}e$ 的电荷量. 然而至今尚未从实验中直接发现单独存在的夸克或反夸克, 仅在一些实验中得到间接验证.

QR9.3 教学视频 9.1

3. 电荷守恒定律

大量的实验表明:在一个孤立系统中, 无论发生了怎样的物理过程, 电荷都不会创生, 也不会消失, 只能从一个物体转移到另一个物体, 或从物体的一部分移到另一部分, 即在任何过程中, 系统的电荷代数和保持不变, 这就是电荷守恒定律.

电荷守恒是一切宏观、微观过程均遵守的规律. 例如: 化学反应、放射性衰变、核反应、基本粒子转变等均如此. 当一种电荷出现时, 必然有相等量值的异号电荷同时出现; 一种电荷消失时, 必然有相等量值的异号电荷同时消失. 如粒子物理中的电子对的“产生”: γ(光子)$\rightarrow e^+ + e^-$, 就是一个高能量的光子碰撞一个重原子核, 光子转化为一对正负电子; 而电子对的“湮灭”: $e^+ + e^- \rightarrow 2\gamma$, 就是正负电子在一定条件下相遇时, 会同时消失而产生两个光子. 光子不带电, 而正负电子带等量异号的电荷, 上述左右两边的电荷数不变. 在孤立系统中, 不管其中的电荷如何迁移, 系统电荷的代数和保持不变, 电荷守恒定律仍然保持有效.

QR9.4 密立根实验

实验还表明: 带电体的电荷量与它的运动状态无关, 在不同的参考系中观察, 同一带电粒子的电荷量不变. 这一特性叫电荷的相对论不变性.

9.1.2 库仑定律

QR9.5 语音导读 9.1.2

1785 年, 库仑用扭秤做实验总结出真空中两个点电荷之间的作用规律, 即库仑定律.

库仑定律的内容:真空中两个静止点电荷之间的相互作用力的大小与两个点电荷所带电荷量 q_1、q_2 的乘积成正比, 与它们之间的距离平方成反比, 作用力的方向沿两个点电荷连线, 并且同种电荷相互排斥、异种电荷相互吸引.

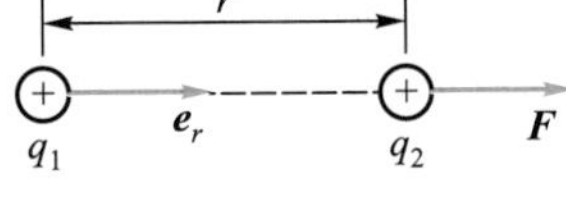

图 9.1

数学表达形式为

$$\boldsymbol{F} = k\frac{q_1 q_2}{r^2}\boldsymbol{e}_r = \frac{1}{4\pi\varepsilon_0}\frac{q_1 q_2}{r^2}\boldsymbol{e}_r \tag{9.1}$$

式 (9.1) 中 $\boldsymbol{F}$ 为 q_1 对 q_2 的作用力, $\boldsymbol{e}_r$ 为由 q_1 指向 q_2 的单位矢量, 如图 9.1 所示. $k=\dfrac{1}{4\pi\varepsilon_0}=8.988\times10^9\ \mathrm{N\cdot m^2\cdot C^{-2}}$ 是一常量, $\varepsilon_0=8.85\times10^{-12}\ \mathrm{C^2\cdot N^{-1}\cdot m^{-2}}$ 称为真空介电常数. q_2 对 q_1 的作用力的大小也等于 F, 但方向与 $\boldsymbol{e}_r$ 相反, 静止的点电荷间的相互作用力, 又称为库仑力或静电力. 近代物理实验表明, 两个点电荷之间的距离在 $10^{-17}\sim10^{7}$ m 范围内库仑定律是极其准确的.

库仑力的叠加原理

库仑定律只适用于两个点电荷之间的作用, 两个点电荷之间的作用力并不因为第三个点电荷的存在而有所改变. 每一对点电荷之间的作用力都服从库仑定律. 当空间同时存在几个点电荷时, 它们共同作用于某一点电荷的静电力等于其他各点电荷单独存在时作用于该点电荷上的静电力的矢量和. 这就是库仑力的叠加原理.

QR9.6 语音导读 9.1.3

9.1.3 电场、电场强度

实物和场是物质的两种存在形态. 两个实物不能同时占据同一空间, 但场是一种弥漫在空间的特殊物质, 它遵从叠加性, 即两个场可以同时占据同一空间, 互不发生影响. 物体带上电荷的同时, 在其内部和周围空间立即激发出特殊物质——电场. 电荷和电荷之间是通过电场这种特殊物质传递相互作用的, 这种作用可以表示为

$$\text{电荷} \rightleftarrows \text{电场} \rightleftarrows \text{电荷}$$

相对于观察者静止的带电体产生的电场称为静电场. 静电场对外表现主要有: (1) 对于放入电场中的任何带电体都会产生作用力; (2) 当在电场中移动带电体时, 带电体所受作用力会对带电体做功; (3) 放入电场中的导体会产生静电感应现象, 放入电场中的电介质会产生极化现象.

1. 电场强度定义

放入电场的任何带电体都将受到电场的作用力. 电场强度就是用来描写电场这一性质的物理量. 在电场中放入一个电荷量和线度足够小的点电荷 q_0 作为试验电荷, 当试验电荷 q_0 放在电场中某一给定点处时, 它所受到的电场力的大小和方向是一定的; 放在电场中的不同点处时, 其所受的电场力的大小和方向一般是不相同的, 如图 9.2 所示. 然而试验电荷 q_0 在电场中某点所受电场力 $\boldsymbol{F}$ 与 q_0 的比与 q_0 无关, 为一不变的矢量, 因此 $\dfrac{\boldsymbol{F}}{q_0}$ 就反映了 q_0 所在点处电场的性质, 称为电场强度, 用 $\boldsymbol{E}$ 来表示, 即

$$\boldsymbol{E}=\frac{\boldsymbol{F}}{q_0} \tag{9.2}$$

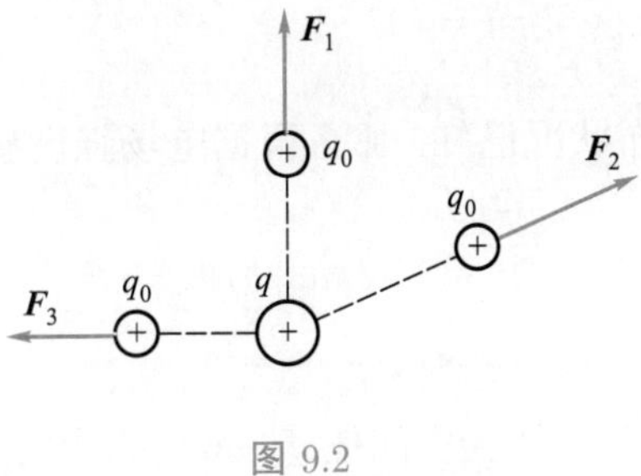

图 9.2

式 (9.2) 表示电场中某点处的电场强度的大小等于带单位电荷量的试验电荷在该点所受的电场力的大小, 电场强度的方向为试验电荷在该点的受力方向. 电场强度的单位为牛顿每库仑, 符号为 $\mathrm{N \cdot C^{-1}}$.

必须明确的是, 电场是客观存在的, 电场强度与试验电荷无关, 只与产生电场的场源电荷和场点位置有关. 试验电荷的电荷量和线度要求足够小, 目的是使放入的试验电荷不影响原有电场的分布.

2. 电场强度叠加原理

如果将试验电荷 q_0 放在由 n 个点电荷 q_1、q_2、$\cdots$、q_n 组成的点电荷系统产生的电场中, 则 q_0 将受到各点电荷的静电力的作用, 如图 9.3 所示, 在 P 点放置试验电荷 q_0. 由库仑力的叠加原理得 q_0 受的总的静电力为

$$\boldsymbol{F} = \boldsymbol{F}_1 + \boldsymbol{F}_2 + \cdots + \boldsymbol{F}_n = \sum_{i=1}^{n} \boldsymbol{F}_i$$

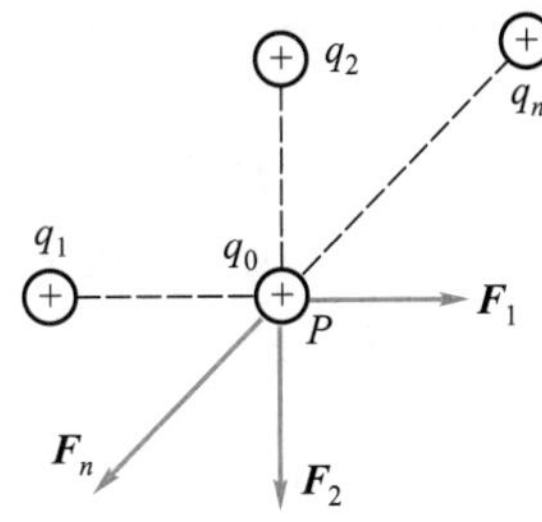

图 9.3

那么由电场强度定义式 (9.2) 可得总的电场强度为

$$\boldsymbol{E} = \frac{\boldsymbol{F}}{q_0} = \frac{\boldsymbol{F}_1}{q_0} + \frac{\boldsymbol{F}_2}{q_0} + \cdots + \frac{\boldsymbol{F}_n}{q_0} = \sum_{i=1}^{n} \boldsymbol{E}_i$$

该式表明电场中任意一点处的总电场强度等于各个点电荷单独存在时在该点各自产生的电场强度的矢量和. 这就是电场强度的叠加原理. 任何带电体都可以看作由多个点电荷组成, 由该原理可以计算任意带电体产生的电场强度.

9.1.4 电场强度的计算

如果场源电荷的分布状况已知, 那么根据电场强度叠加原理, 原则上可以求得电场强度.

1. 点电荷的电场强度

设真空中有一点电荷 q, P 为空间任意一点 (称为场点), $\boldsymbol{r}$ 为从 q 指向 P 点的径矢, 当把试验电荷 q_0 放在 P 点时, q_0 所受静电力为

$$\boldsymbol{F}=\frac{1}{4\pi\varepsilon_0}\frac{qq_0}{r^2}\boldsymbol{e}_r$$

其中 $\boldsymbol{e}_r$ 为沿径矢 $\boldsymbol{r}$ 方向的单位矢量, 则 P 点电场强度

$$\boldsymbol{E}=\frac{\boldsymbol{F}}{q_0}=\frac{1}{4\pi\varepsilon_0}\frac{qq_0}{r^2}\frac{1}{q_0}\boldsymbol{e}_r=\frac{q}{4\pi\varepsilon_0 r^2}\boldsymbol{e}_r \tag{9.3}$$

q 为正电荷时, $\boldsymbol{E}$ 与 $\boldsymbol{r}$ 同方向; q 为负电荷时, $\boldsymbol{E}$ 与 $\boldsymbol{r}$ 反方向; 式 (9.3) 表明了点电荷的电场在空间上的分布具有球对称性.

2. 分立带电系统的电场强度

一对等量异号的点电荷组成的系统, 它们之间的距离 l 比所讨论问题中涉及的距离 r 小得多时, 这一对点电荷系称为电偶极子, 把 $\boldsymbol{p}_{\mathrm{e}}=q\boldsymbol{l}$ 称为电偶极矩, 简称电矩, $\boldsymbol{l}$ 表示从 $-q$ 指向 $+q$ 的矢量. 在研究电介质的极化问题时, 常用到电偶极子的概念以及电偶极子对电场的影响.

例 9.1 求电偶极子中垂线上一点的电场强度和轴线延长线上一点的电场强度.

解 如图 9.4 所示建立坐标系, r 为 P 点到 O 点距离, 设 $+q$ 和 $-q$ 到电偶极子中垂线上一点 P 处的位置矢量分别为 $\boldsymbol{r}_+$ 和 $\boldsymbol{r}_-$, 而 $|\boldsymbol{r}_+|=|\boldsymbol{r}_-|$. 按式 (9.3), 点电荷 $+q$, $-q$ 在 P 点的电场强度 $\boldsymbol{E}_+,\boldsymbol{E}_-$ 分别为

$$\boldsymbol{E}_+=\frac{q\boldsymbol{r}_+}{4\pi\varepsilon_0 r_+^3},\quad \boldsymbol{E}_-=\frac{-q\boldsymbol{r}_-}{4\pi\varepsilon_0 r_-^3}$$

二者大小相等, 而方向如图 9.4 所示, 电偶极子总电场强度为二者叠加, 其结果为 y 轴的电场强度分量抵消, 合电场强度沿 x 轴负方向, 大小为

$$\begin{aligned}E=&2E_+\cos\theta\\=&2\frac{q}{4\pi\varepsilon_0 r_+^2}\frac{l/2}{r_+}=\frac{p_{\mathrm{e}}}{4\pi\varepsilon_0\left(r^2+\dfrac{l^2}{4}\right)^{3/2}}\end{aligned}$$

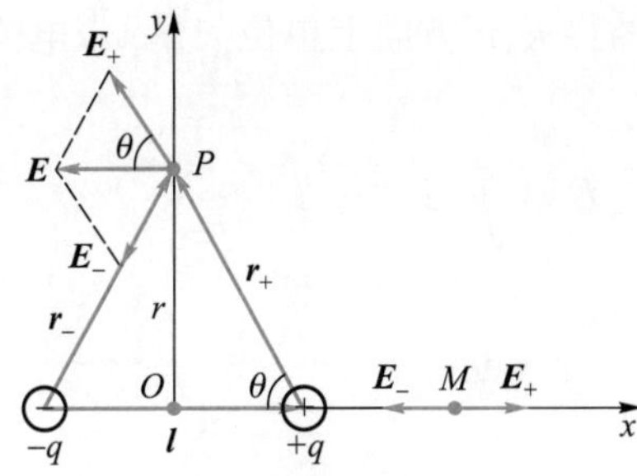

图 9.4

式中 $p_e = ql$, 因为 $r \gg l$, 所以 $E \approx \dfrac{p_e}{4\pi\varepsilon_0 r^3}$, 考虑 $\boldsymbol{E}$ 沿 x 轴负方向, 与电矩 $\boldsymbol{p}_e$ 方向相反, 写成矢量式:

$$\boldsymbol{E} \approx -\frac{\boldsymbol{p}_e}{4\pi\varepsilon_0 r^3} \tag{9.4}$$

同样, 如图 9.4 所示, 对于轴线延长线上一点 M, 点电荷 $+q$, $-q$ 在 M 点的电场强度 $\boldsymbol{E}_+, \boldsymbol{E}_-$ 分别为

$$\boldsymbol{E}_+ = \frac{q}{4\pi\varepsilon_0\left(r-\dfrac{l}{2}\right)^2}\boldsymbol{i}, \quad \boldsymbol{E}_- = \frac{q}{4\pi\varepsilon_0\left(r+\dfrac{l}{2}\right)^2}\boldsymbol{i}$$

式中 r 为 M 点到 O 点距离, 而 $\boldsymbol{i}$ 为 x 轴方向的单位矢量, 二者叠加得

$$\boldsymbol{E}=\boldsymbol{E}_+ + \boldsymbol{E}_- = \frac{q}{4\pi\varepsilon_0\left(r-\dfrac{l}{2}\right)^2}\boldsymbol{i} + \frac{q}{4\pi\varepsilon_0\left(r+\dfrac{l}{2}\right)^2}\boldsymbol{i} = \frac{2qlr}{4\pi\varepsilon_0\left[\left(r-\dfrac{l}{2}\right)\left(r+\dfrac{l}{2}\right)\right]^2}\boldsymbol{i}$$

因为 $r \gg l$, 所以

$$\boldsymbol{E} \approx \frac{2ql}{4\pi\varepsilon_0 r^3}\boldsymbol{i} = \frac{2\boldsymbol{p}_e}{4\pi\varepsilon_0 r^3} \tag{9.5}$$

对于 $r \gg l$ 的其他场点的电场强度, 可以把电偶极矩 $\boldsymbol{p}_e$ 分解为垂直于 $\boldsymbol{r}$ 方向和沿 $\boldsymbol{r}$ 方向的两个分量, 利用式 (9.4) 和式 (9.5) 来叠加求解.

3. 电荷连续分布带电体的电场强度

当带电体不能作为点电荷处理时, 可以把带电体分割成许多足够小的电荷元 $\mathrm{d}q$, 将每个电荷元当作点电荷处理, 如图 9.5 所示, 电荷元 $\mathrm{d}q$ 在 P 点的电场强度为

$$\mathrm{d}\boldsymbol{E} = \frac{1}{4\pi\varepsilon_0}\frac{\mathrm{d}q}{r^2}\boldsymbol{e}_r$$

$\boldsymbol{e}_r$ 为电荷元 $\mathrm{d}q$ 到 P 点的径矢 $\boldsymbol{r}$ 方向上单位矢量, 带电体在 P 点的总电场强度, 由电场强度叠加原理得

$$\boldsymbol{E}=\int_V d\boldsymbol{E}=\int_V \frac{1}{4\pi\varepsilon_0}\frac{\mathrm{d}q}{r^2}\boldsymbol{r}_0$$

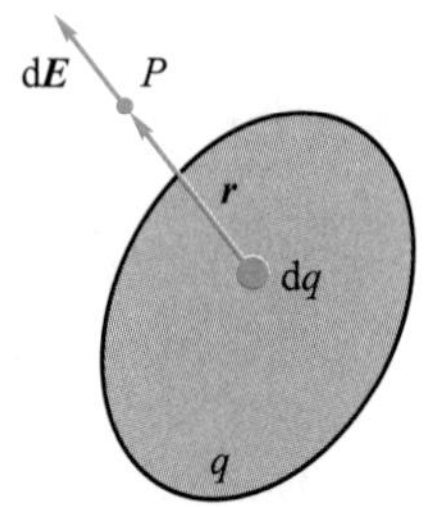

图 9.5

若电荷连续分布在一体积内, 用 ρ 表示电荷体密度, $\mathrm{d}q=\rho\mathrm{d}V$; 若电荷连续分布在一曲面或平面上, 用 σ 表示电荷面密度, $\mathrm{d}q=\rho\mathrm{d}S$; 若电荷连续分布在一曲线或直线上, 用 λ 表示电荷线密度, $\mathrm{d}q=\lambda\mathrm{d}l$. 相应地分别利用体积分、面积分、线积分计算 $\boldsymbol{E}$, 具体计算时, 则是先将总电场强度正交分解后进行分量积分进而求出 $\boldsymbol{E}$.

例 9.2 真空中有一均匀带电直线段, 长为 L, 所带电荷量为 q, 试求到直线段距离为 a 的直线段外一点 P 的电场强度.

解 如图 9.6 所示建立坐标系, 设电荷线密度为 λ, 则有 $\lambda=\dfrac{q}{L}$, P 点到直线段距离为 a, P 点与直线段两端点连线与 x 轴正方向夹角为 θ_1、θ_2, 在直线段上取线元 $\mathrm{d}x$, 其与 O 点距离为 x, 则电荷元为 $\mathrm{d}q=\lambda\mathrm{d}x=\dfrac{q}{L}\mathrm{d}x$, $\mathrm{d}q$ 在 P 点处产生的电场强度 $\mathrm{d}\boldsymbol{E}$ 为

$$\mathrm{d}\boldsymbol{E}=\frac{1}{4\pi\varepsilon_0}\frac{\mathrm{d}q}{r^2}\boldsymbol{e}_r$$

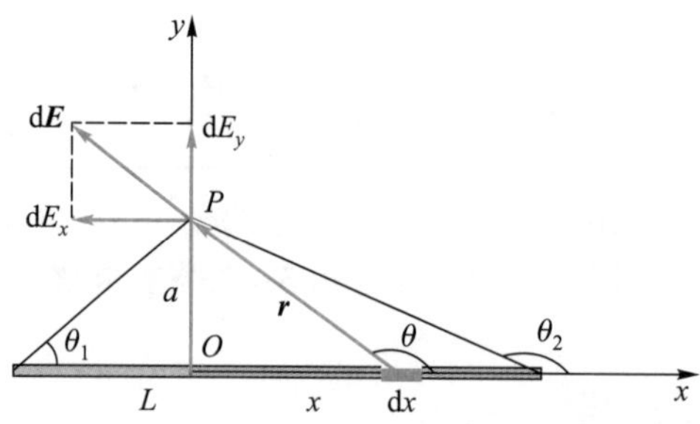

图 9.6

$\boldsymbol{r}$ 为 $\mathrm{d}x$ 到 P 点的矢量, $\boldsymbol{e}_r$ 为该方向上单位矢量, $\boldsymbol{r}$ 与 x 轴正方向夹角为 θ. 电荷元 $\mathrm{d}q$ 在 P 点处产生的电场强度大小为

$$\mathrm{d}E=\frac{1}{4\pi\varepsilon_0}\frac{\lambda\mathrm{d}x}{r^2}$$

将 d$\boldsymbol{E}$ 沿 x 轴和 y 轴分解得

$$\begin{aligned} \mathrm{d}E_x &= -\mathrm{d}E\cos(\pi-\theta) = \mathrm{d}E\cos\theta \\ \mathrm{d}E_y &= \mathrm{d}E\sin(\pi-\theta) = \mathrm{d}E\sin\theta \end{aligned}$$

因为

$$\begin{aligned} &x = a\cot(\pi-\theta) = -a\cot\theta \\ &\mathrm{d}x = a\csc^2\theta\mathrm{d}\theta \\ &r^2 = x^2 + a^2 = a^2\csc^2\theta \end{aligned}$$

所以, 有

$$\begin{aligned} \mathrm{d}E_x &= \mathrm{d}E\cos\theta = \frac{\lambda}{4\pi\varepsilon_0 a}\cos\theta\mathrm{d}\theta \\ \mathrm{d}E_y &= \mathrm{d}E\sin\theta = \frac{\lambda}{4\pi\varepsilon_0 a}\sin\theta\mathrm{d}\theta \end{aligned}$$

积分, 得

$$E_x = \int_{\theta_1}^{\theta_2}\frac{\lambda}{4\pi\varepsilon_0 a}\cos\theta\mathrm{d}\theta = \frac{\lambda}{4\pi\varepsilon_0 a}(\sin\theta_2 - \sin\theta_1)$$

$$E_y = \int_{\theta_1}^{\theta_2}\frac{\lambda}{4\pi\varepsilon_0 a}\sin\theta\mathrm{d}\theta = \frac{\lambda}{4\pi\varepsilon_0 a}(\cos\theta_1 - \cos\theta_2) \tag{9.6}$$

$\boldsymbol{E} = E_x\boldsymbol{i} + E_y\boldsymbol{j}$, 电场强度大小 $E = \sqrt{E_x^2 + E_y^2}$, 方向可根据 E_x, E_y 来判断. 当 λ 为常量, $L\to\infty$ 时, $\theta_1 = 0$, $\theta_2 = \pi$, 则有

$$E_x = 0, E_y = \frac{\lambda}{2\pi\varepsilon_0 a}$$

例 9.3 真空中一半径为 R 的均匀带电圆环, 所带电荷量为 q, 试求通过圆环中心垂直轴上任意一点 P 的电场强度.

解 如图 9.7 所示, 以环的轴线为 x 轴, 轴上 P 点与环心距离为 x, 取线元 dl, 它与 P 点的距离为 r, 所带电荷量为

$$\mathrm{d}q = \lambda\mathrm{d}l = \frac{q}{2\pi R}\mathrm{d}l$$

电荷元 dq 在 P 点产生的电场强度 d$\boldsymbol{E}$ 的大小为

$$\mathrm{d}E = \frac{1}{4\pi\varepsilon_0}\frac{\mathrm{d}q}{r^2} = \frac{\lambda}{4\pi\varepsilon_0}\frac{\mathrm{d}l}{r^2}$$

方向如图 9.7 所示. 将 dE 分解为两个分量: 平行于 x 轴的分量 d$\boldsymbol{E}_{//}$ 和垂直于 x 轴的分量 d$\boldsymbol{E}_{\perp}$.

$$\mathrm{d}E_{//} = \mathrm{d}E\cos\theta = \frac{\lambda}{4\pi\varepsilon_0}\frac{\mathrm{d}l}{r^2}\cos\theta, \quad \mathrm{d}E_{\perp} = \mathrm{d}E\sin\theta = \frac{\lambda}{4\pi\varepsilon_0}\frac{\mathrm{d}l}{r^2}\sin\theta$$

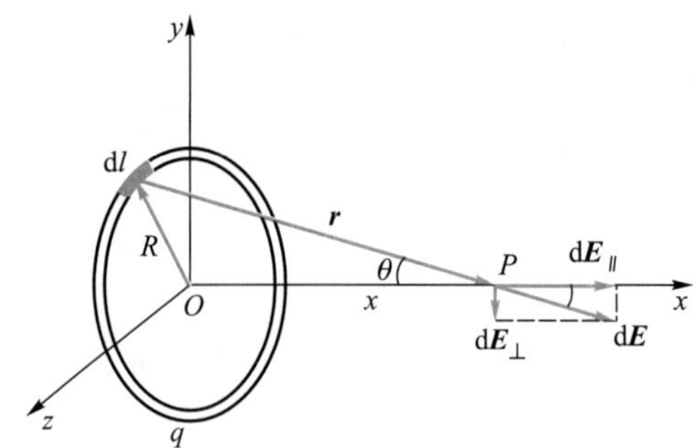

图 9.7

根据对称性可知, 圆环同一直径的两端的电荷元在 P 点产生的电场强度, 垂直于 x 轴方向上的分量大小相等、方向相反, 故互相抵消, P 点的总电场强度等于圆环上所有电荷元在该点产生的电场强度平行于 x 轴的分量之和, 即

$$E=\int_L \mathrm{d}E_{//}=\int_L \mathrm{d}E\cos\theta=\int_0^{2\pi R}\frac{\lambda}{4\pi\varepsilon_0}\frac{\mathrm{d}l}{r^2}\frac{x}{r}$$

$$=\frac{x}{4\pi\varepsilon_0 r^3}\int_0^{2\pi R}\lambda\mathrm{d}l=\frac{xq}{4\pi\varepsilon_0\left(R^2+x^2\right)^{3/2}}$$

当 $q>0$ 时, $\boldsymbol{E}$ 方向沿 x 轴远离 O 点, 当 $q<0$ 时, $\boldsymbol{E}$ 方向沿 x 轴指向 O 点, 在环心处 $\boldsymbol{E}=0$; 当 $x\gg R$ 时, $E\approx\dfrac{q}{4\pi\varepsilon_0 x^2}$, 此时圆环近似视为点电荷.

例 9.4 半径为 R 的均匀带电圆盘, 电荷面密度为 $\sigma\,(\sigma>0)$(单位面积上的电荷), 计算圆盘轴线上任意一点处 P 的电场强度.

解 如图 9.8 所示, 取圆盘轴线为 x 轴, 圆盘可看成由多个同心细圆环组成, 取以圆盘中心 O 为圆心, 半径为 r, 宽度为 dr 的细圆环为电荷元, 该圆环所带电荷量为 $\mathrm{d}q=\sigma\mathrm{d}s=\sigma 2\pi r\mathrm{d}r$, 利用例 9.3 的结果, 此带电细圆环在 P 点产生的电场强度大小为

$$\mathrm{d}E=\frac{1}{4\pi\varepsilon_0}\frac{x\mathrm{d}q}{(x^2+r^2)^{3/2}}=\frac{1}{4\pi\varepsilon_0}\frac{\sigma 2\pi x r\mathrm{d}r}{(x^2+r^2)^{3/2}}$$

各细圆环在 P 点产生的电场强度方向相同, 都沿 x 轴正方向, 所以整个圆盘在 P 点产生的电场强度等于各细圆环的电场强度之和.

$$E=\int\mathrm{d}E=\frac{\sigma 2\pi x}{4\pi\varepsilon_0}\int_0^R\frac{r\mathrm{d}r}{(x^2+r^2)^{3/2}}=\frac{\sigma x}{2\varepsilon_0}\int_0^R\frac{r\mathrm{d}r}{(x^2+r^2)^{3/2}}$$

$$=\frac{\sigma}{2\varepsilon_0}\left[1-\frac{x}{(R^2+x^2)^{1/2}}\right]$$

其方向沿 x 轴正方向, 即垂直于圆盘指向远方.

若 $x \ll R$, 此时可将带电圆盘视为“无限大”带电平面, 即 $R \to \infty$, 则上式化为

$$E = \frac{\sigma}{2\varepsilon_0} \tag{9.7}$$

式 (9.7) 就是均匀带电的无限大平面两侧的电场强度大小的公式.

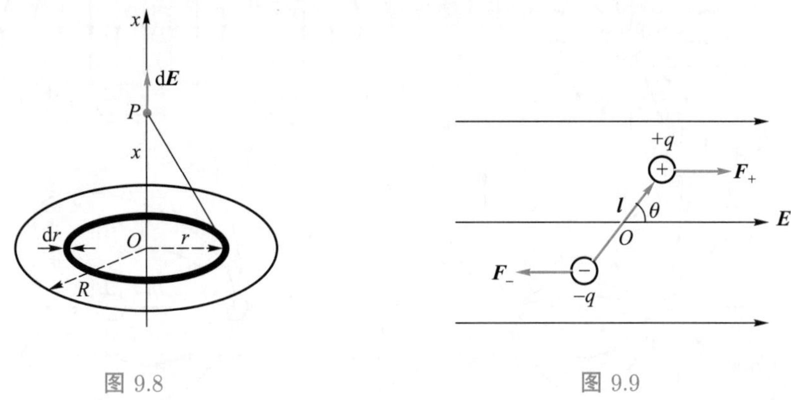

图 9.8 图 9.9

例 9.5 计算电偶极子 $\boldsymbol{p}_{\mathrm{e}} = q\boldsymbol{l}$ 在均匀外电场 $\boldsymbol{E}$ 中所受的合力和合力矩.

解 如图 9.9 所示, 电矩 $\boldsymbol{p}_{\mathrm{e}}$ 的方向与电场强度 $\boldsymbol{E}$ 的方向夹角为 θ, 则正、负点电荷受力分别为

$$\boldsymbol{F}_+ = q\boldsymbol{E}, \boldsymbol{F}_- = -q\boldsymbol{E}$$

所以合力 $\boldsymbol{F} = \boldsymbol{F}_+ + \boldsymbol{F}_- = 0$, 但 $\boldsymbol{F}_+$、$\boldsymbol{F}_-$ 二者不在同一直线上, 形成力偶. 力矩的大小为

$$\begin{aligned} M =& F_+ \frac{l}{2}\sin\theta + F_- \frac{l}{2}\sin\theta \\ =& qEl\sin\theta = p_{\mathrm{e}}E\sin\theta \end{aligned}$$

考虑力矩 $\boldsymbol{M}$ 方向, 上式的矢量式为: $\boldsymbol{M} = \boldsymbol{p}_{\mathrm{e}} \times \boldsymbol{E}$, 所以电偶极子在均匀外电场作用下所受力矩总是使 $\boldsymbol{p}_{\mathrm{e}}$ 转到 $\boldsymbol{E}$ 方向上, 达到稳定平衡状态.

9.2 电通量 高斯定理

9.2.1 电场线

抽象的“场”概念提出后, 法拉第同时引入了力线的概念, 对场的物理图像作出非常直观的形象化描述, 他为了描绘静电场的空间分布, 引入了一些假想曲线来描述静电场性质, 图 9.10 所示为四种典型电场的电场线分布, 这些曲线称为电场线, 也可以称为电力线. 为了使电场线既能显示空间各处的电场强度大小, 又能

QR9.7 语音导读 9.2.1

显示各点电场强度的方向, 在绘制电场线时有如下规定: 在电场线上每一点的切线方向都与该点的电场强度方向一致; 在任一场点处, 通过垂直于电场强度 $\boldsymbol{E}$ 的单位面积的电场线条数, 等于该点处电场强度 $\boldsymbol{E}$ 的量值.

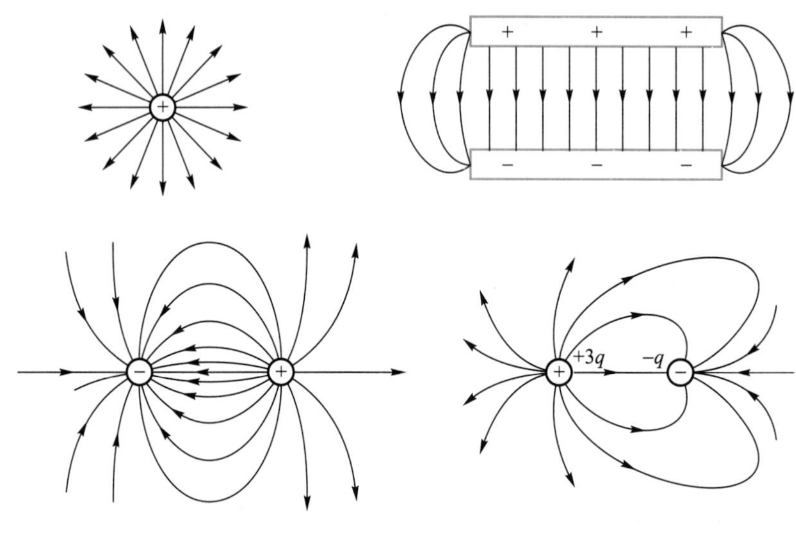

图 9.10

QR9.8 教学视频 9.2

通过图 9.10 中四种典型电场的电场线分布, 可以看出静电场的电场线的基本特性: 电场线总是起始于正电荷 (或无限远), 终止于负电荷 (或无限远), 不形成闭合曲线也不中断; 任何两条电场线不会相交, 电场线的疏密表示电场强度的强弱.

需要注意: 电场线是为了描述电场的分布而引入的曲线, 并不是电荷在电场中的运动轨迹.

9.2.2　电通量

QR9.9 语音导读 9.2.2

通量是描述包括电场在内的一切矢量场的一个重要概念, 理论上有助于说明场和源之间的关系.通过电场中任一面的电场线条数表示通过这个面的电场强度通量, 简称电通量, 用符号 $\varPhi_\mathrm{e}$ 表示, 设 $\mathrm{d}S_\perp$ 是电场中某点垂直于电场强度 $\boldsymbol{E}$ 方向的面积元, 而 $\mathrm{d}\varPhi_\mathrm{e}$ 表示通过该面积元 $\mathrm{d}S_\perp$ 的电场线条数, 根据绘制电场线的规定, 则有

$$E=\frac{\mathrm{d}\varPhi_\mathrm{e}}{\mathrm{d}S_\perp} \tag{9.8}$$

QR9.10 通量思想

如图 9.11 所示, A、B 为两相等面积元, 某点处垂直于电场强度方向的单位面积所通过的电场线条数表示该点电场强度的大小, 在面积元 A 处穿过的电场线条数比 B 处多, 表示 A 处的电场强度比 B 处大.

如图 9.12(a) 所示, 在均匀电场中, 通过与电场强度 $\boldsymbol{E}$ 垂直的平面 $\boldsymbol{S}$ 的电通

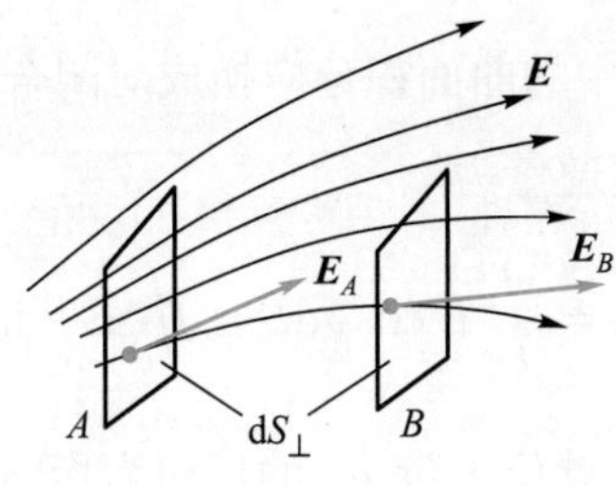

图 9.11

量为

$$\Phi_e = ES$$

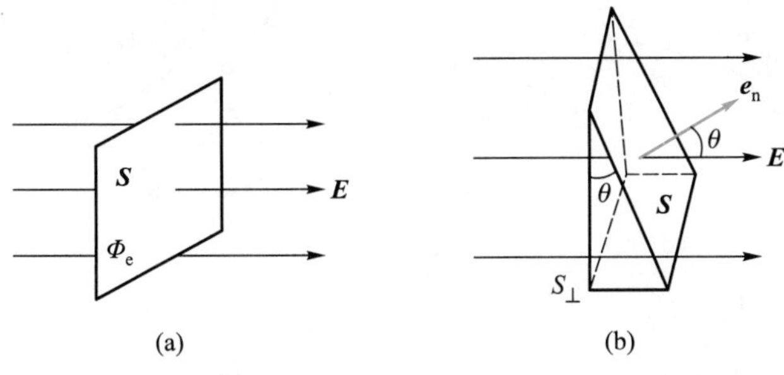

图 9.12

在均匀电场中, 如果电场强度 $\boldsymbol{E}$ 与平面 $\boldsymbol{S}$ 不垂直, 如图 9.12(b) 所示, 取平面的法线方向单位矢量为 $\boldsymbol{e}_n$, 并规定法线向外为正方向, 当平面 $\boldsymbol{S}$ 与电场强度 $\boldsymbol{E}$ 方向成 θ 角时, 通过平面 $\boldsymbol{S}$ 的电通量 Φ_e 与 $\boldsymbol{S}$ 在垂直于 $\boldsymbol{E}$ 方向的投影面积 $S_\perp$ 上的电通量相等, 有

$$\Phi_e = ES_\perp = ES\cos\theta = \boldsymbol{E}\cdot\boldsymbol{S} \tag{9.9}$$

其中矢量面积 $\boldsymbol{S} = S\boldsymbol{e}_n$, 如图 9.12(b) 所示.

在非均匀电场中求任意曲面 S 的电通量 (图 9.13), 可将曲面 S 分成无限多个面积元 $\mathrm{d}\boldsymbol{S}$, 面积元上的电场强度可认为是均匀的, 先计算每个面积元电通量 $\mathrm{d}\Phi_e$, 用式 (9.8) 得每个面积元 $\mathrm{d}\boldsymbol{S}$ 的电场强度通量 $\mathrm{d}\Phi_e$ 为

$$\mathrm{d}\Phi_e = E\mathrm{d}S_\perp = E\mathrm{d}S\cos\theta = \boldsymbol{E}\cdot\mathrm{d}\boldsymbol{S}$$

通过曲面 S 的总电通量等于各面元的电通量的总和, 即

$$\Phi_e = \int_S \mathrm{d}\Phi_e = \int_S \boldsymbol{E}\cdot\mathrm{d}\boldsymbol{S} = \int_S E\cos\theta\mathrm{d}S \tag{9.10}$$

如果曲面是闭合曲面, 上式中的曲面积分应换成对闭合曲面的积分, 用 "$\oint_S$" 表示, 故通过闭合曲面的电场强度通量为

$$\Phi_{\mathrm{e}}=\oint_S E\cos\theta \mathrm{d}S=\oint_S \boldsymbol{E}\cdot\mathrm{d}\boldsymbol{S} \tag{9.11}$$

规定面积元 $\mathrm{d}\boldsymbol{S}$ 的法线方向单位矢量 $\boldsymbol{e}_{\mathrm{n}}$ 的正向为指向闭合面的外侧, 因此, 从曲面上穿出的电场线, 电通量为正值; 穿入曲面的电场线, 电通量为负值, 如图 9.14 所示.

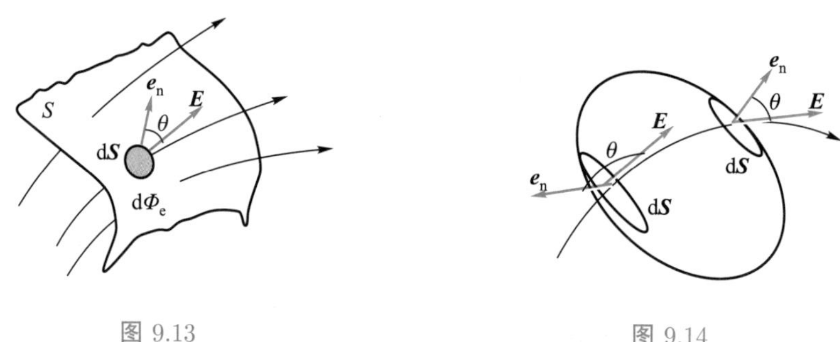

图 9.13　　图 9.14

QR9.11 语音导读 9.2.3

9.2.3 高斯定理

高斯定理是静电场的一条基本原理, 它给出了静电场中通过任一闭合曲面的电通量与该曲面内所包围电荷量之间的关系:在真空中任意静电场内, 通过任一闭合曲面的电通量 Φ_{e}, 等于该闭合曲面所包围的电荷的代数和除以 ε_0. 这就是静电场的高斯定理. 数学表达式为

$$\Phi_{\mathrm{e}}=\oint_S \boldsymbol{E}\cdot\mathrm{d}\boldsymbol{S}=\frac{1}{\varepsilon_0}\sum_i q_i \tag{9.12}$$

利用电通量的概念和电场强度叠加原理来讨论一个静止的点电荷 q 产生的电场, 由于点电荷的电场具有球对称性, 以点电荷 q 为中心作一半径为 r 的闭合球面, 即高斯面 S, 如图 9.15 所示, 球面上各点的电场强度大小相等, 均为 $\dfrac{q}{4\pi\varepsilon_0 r^2}$, 方向与球面法线方向相同. 根据电通量的定义得通过高斯面的电通量为

$$\begin{aligned}\Phi_{\mathrm{e}}&=\oint_S \boldsymbol{E}\cdot\mathrm{d}\boldsymbol{S}=\oint_S E\mathrm{d}S\\&=\oint_S\frac{q}{4\pi\varepsilon_0 r^2}\mathrm{d}S=\oint_S\frac{q\mathrm{d}S}{4\pi\varepsilon_0 r^2}=\frac{q}{4\pi\varepsilon_0 r^2}\oint_S\mathrm{d}S\\&=\frac{q}{4\pi\varepsilon_0 r^2}\cdot 4\pi r^2=\frac{q}{\varepsilon_0}\end{aligned} \tag{9.13}$$

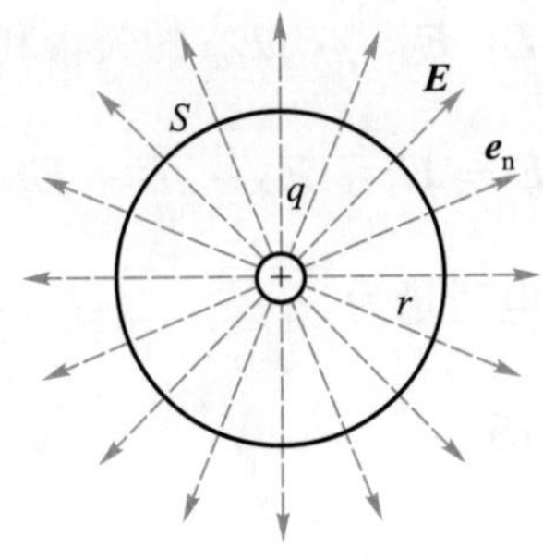

图 9.15

可从式 (9.13) 看出电通量与球面半径无关, 即以点电荷 q 为中心的任一球面, 不论半径大小如何, 通过球面 S 的电通量都等于 $\dfrac{q}{\varepsilon_0}$, 说明从点电荷 q 发出的电场线连续地延伸到无限远处.

现在假想另一个任意的闭合曲面 S', S' 与球面 S 包围同一个点电荷 q, 如图 9.16(a) 所示, 由于电场线的连续性, 可以得出通过闭合曲面 S 和 S' 的电场线的数目是一样的. 因此通过任意形状的包围点电荷 q 的闭合曲面的电通量都是 $\dfrac{q}{\varepsilon_0}$.

如果闭合曲面 S' 不包围点电荷 q, 如图 9.16(b) 所示, 则由电场线的连续性可得出, 由一侧进入 S' 的电场线条数一定等于从另一侧穿出 S' 的电场线条数, 即电通量数值相等, 但符号相反, 互相抵消. 所以有

$$\varPhi_{\mathrm{e}} = \oint_S \boldsymbol{E} \cdot \mathrm{d}\boldsymbol{S} = 0$$

表明高斯面外的电荷, 对穿过高斯面的电场强度通量没有贡献.

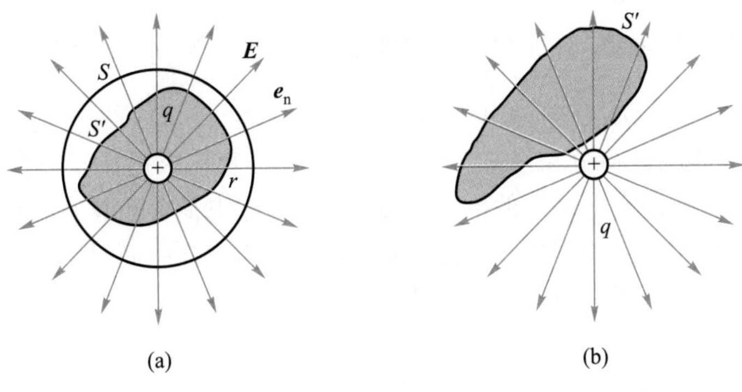

图 9.16

以上是关于单个点电荷电场的结论, 对于由点电荷 $q_1, q_2, \cdots, q_n$ 构成的电荷系来说, 由电场强度叠加原理, 在闭合曲面 S 上任一点的电场强度 $\boldsymbol{E}$ 是各点电荷

在该处单独产生的电场强度 $\boldsymbol{E}_1, \boldsymbol{E}_2, \cdots, \boldsymbol{E}_n$ 的矢量和, 则有

$$\boldsymbol{E} = \boldsymbol{E}_1 + \boldsymbol{E}_2 + \cdots + \boldsymbol{E}_n$$

此时通过闭合曲面 S 的电通量为

$$\begin{aligned}\varPhi_{\mathrm{e}} &= \oint_S \boldsymbol{E} \cdot \mathrm{d}\boldsymbol{S} \\ &= \oint_S \boldsymbol{E}_1 \cdot \mathrm{d}\boldsymbol{S} + \oint_S \boldsymbol{E}_2 \cdot \mathrm{d}\boldsymbol{S} + \cdots + \oint_S \boldsymbol{E}_n \cdot \mathrm{d}\boldsymbol{S} \\ &= \varPhi_{\mathrm{e}1} + \varPhi_{\mathrm{e}2} + \cdots + \varPhi_{\mathrm{e}n}\end{aligned}$$

当 q_i 在闭合曲面内时, $\varPhi_{\mathrm{e}i} = \dfrac{q_i}{\varepsilon_0}$; 当 q_i 在闭合曲面外时, $\varPhi_{\mathrm{e}i} = 0$. 所以上式可以写成

$$\varPhi_{\mathrm{e}} = \oint_S \boldsymbol{E} \cdot \mathrm{d}\boldsymbol{S} = \frac{1}{\varepsilon_0} \sum_i q_i \tag{9.14}$$

如果是连续带电体产生的电场, 同样闭合曲面 S 内的连续带电体可看作由点电荷组成的系统, 进行变换 $\sum\limits_i q_i = \int_V \rho \mathrm{d}V$, 有

$$\oint_S \boldsymbol{E} \cdot \mathrm{d}\boldsymbol{S} = \frac{1}{\varepsilon_0} \int_V \rho \mathrm{d}V$$

式中 ρ 为连续带电体的电荷体密度, V 为所封闭曲面 S 包围的体积.

对于高斯定理需要明确的是: (1) 高斯定理表达式左侧的电场强度 $\boldsymbol{E}$ 是曲面上各点的电场强度, 它是由全部电荷, 既包括闭合曲面内又包括闭合曲面外电荷共同产生的合电场强度, 并非只由闭合曲面内的电荷 $\sum\limits_i q_i$ 所产生; (2) 通过闭合曲面的电通量 $\varPhi_{\mathrm{e}}$ 只取决于与面内所包围的电荷, 而与高斯面外电荷无关.

如果带电体的电荷分布已知, 根据高斯定理很容易求得任意闭合曲面的电通量, 但不一定能确定面上各点的电场强度. 只有静止电荷分布具有某种对称性 (如球对称性、轴对称性、面对称性等), 并且取合适的闭合曲面时, 才可以利用高斯定理方便地计算电场强度分布. 这种计算一般包含两步: 首先根据电荷分布的对称性分析电场分布的对称性; 然后再应用高斯定理计算电场强度数值. 这一方法的技巧是选取合适的闭合曲面, 即高斯面以便使积分 $\oint_S \boldsymbol{E} \cdot \mathrm{d}\boldsymbol{S}$ 中的 $\boldsymbol{E}$ 能以标量的形式从积分号内提出来.

QR9.12 科学家高斯

例 9.6 一半径为 R 的均匀带电球面, 所带的电荷量为 q(设 $q > 0$), 求带电球面的电场分布.

解 由于电荷分布是球对称的, 可判断出空间电场强度分布必然是球对称的, 即与球心 O 距离相等的球面上各点的电场强度大小相等, 方向沿半径呈辐射状 (图 9.17), 取以球心 O 为中心, r 为半径的闭合球面 S 为高斯面, 则 S 上面元 $\mathrm{d}S$ 的法线与面元处电场强度 $\boldsymbol{E}$ 的方向相同, 且高斯面上各点电场强度大小相等, 所以

$$\Phi_\mathrm{e} = \oint_S \boldsymbol{E} \cdot \mathrm{d}\boldsymbol{S} = \oint_S E\mathrm{d}S = E\oint_S \mathrm{d}S = E4\pi r^2$$

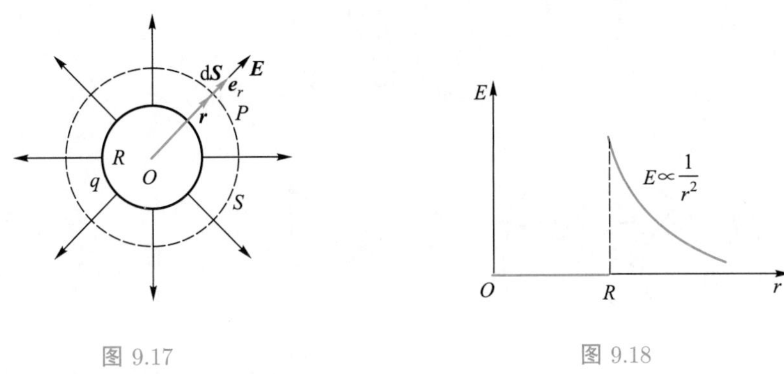

图 9.17　　图 9.18

当 P 点在带电球面内 $(r < R)$ 时, $\sum\limits_i q_i = 0$, 因此 $E = 0$;

当 P 点在带电球面外 $(r > R)$ 时, $\sum\limits_i q_i = q$, 有

$$\boldsymbol{E} = \frac{q}{4\pi\varepsilon_0 r^2}\boldsymbol{e}_r$$

其中 $\boldsymbol{e}_r$ 为 P 点处位矢 $\boldsymbol{r}$ 方向上的单位矢量, 根据上述结果可画出电场强度随距离的变化曲线即 $E-r$ 关系曲线 (图 9.18).

例 9.7 一半径为 R 的均匀带电球体, 所带的电荷为 q(设 $q > 0$), 求带电球体的电场分布.

解 由于电荷分布是球对称的, 则球体内、外各点的电场强度分布也是球对称的, 电场强度的方向沿径向指向无限远处, 并且与球心等距的各点电场强度大小相等, 因此作半径为 r 的球面 S 为高斯面, 球面的法线与电场强度的方向相同, 则电通量为

$$\Phi_\mathrm{e} = \oint_S \boldsymbol{E} \cdot \mathrm{d}\boldsymbol{S} = E4\pi r^2$$

当 $r < R$ 时, 图 9.19 球面 S_1 内的电荷为

$$\sum_i q_i = \frac{q}{\frac{4}{3}\pi R^3}\frac{4}{3}\pi r^3 = \frac{qr^3}{R^3}$$

根据高斯定理得

$$E4\pi r^2=\frac{1}{\varepsilon_0}\sum_i q_i=\frac{1}{\varepsilon_0}\frac{qr^3}{R^3}$$

所以电场强度大小为

$$E=\frac{qr}{4\pi\varepsilon_0 R^3}$$

当 $r>R$ 时, 图 9.19 球面 S_2 内的电荷为 $\sum\limits_i q_i=q$, 由高斯定理得电场强度大小为

$$E=\frac{q}{4\pi\varepsilon_0 r^2}$$

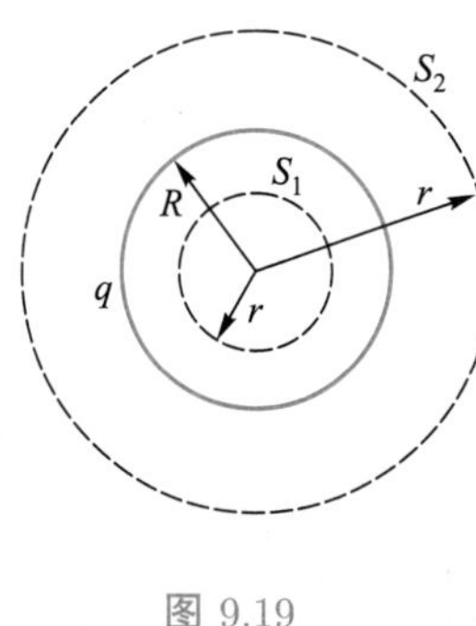

图 9.19

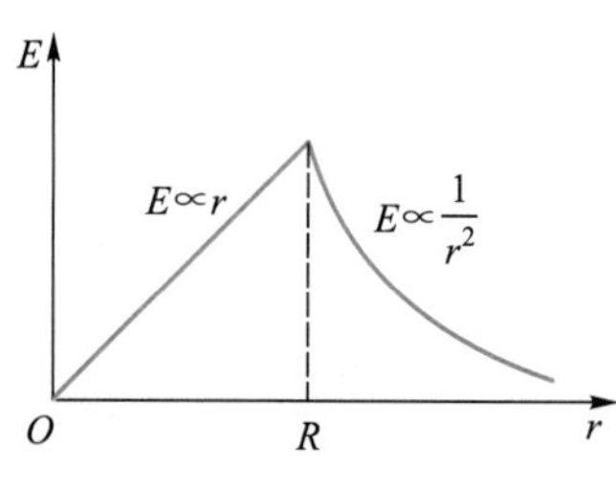

图 9.20

均匀带电球体 $E-r$ 曲线如图 9.20 所示, 由图看到, 带电球体的电场强度是连续分布的.

例 9.8 求无限长均匀带电直线的电场分布 (电荷线密度为 λ).

解 均匀带电直线的电场分布具有轴对称性, 考虑离直线距离为 r 的一点 P 的电场强度 $\boldsymbol{E}$, 如图 9.21 所示, 由于电场分布具有轴对称性, 因而 P 点的电场强度方向为垂直于直线而沿径向, 并且和 P 点在同一柱面 (以带电直线为轴) 上各点的电场强度大小也都相等, 方向均沿径向.

通过 P 点, 作一个以带电直线为轴, 半径为 r, 高为 l 的圆筒形闭合圆柱面为高斯面, 如图 9.21 所示, 它包括三个面. 上底面 S_1 和下底面 S_2, 因其法线方向与电场强度方向垂直, 故电通量为零; 侧面 S_3 的法线方向平行于电场强度方向, 则通过闭合圆柱面的总电通量为

$$\begin{aligned}\varPhi_{\mathrm{e}}&=\oint_S\boldsymbol{E}\cdot\mathrm{d}\boldsymbol{S}=\int_{S_1}\boldsymbol{E}\cdot\mathrm{d}\boldsymbol{S}+\int_{S_2}\boldsymbol{E}\cdot\mathrm{d}\boldsymbol{S}+\int_{S_3}\boldsymbol{E}\cdot\mathrm{d}\boldsymbol{S}\\&=0+0+E\cdot 2\pi rl=E\cdot 2\pi rl\end{aligned}$$

高斯面所包围的电荷 $\sum\limits_i q_i=\lambda l$, 由高斯定理得

$$E\cdot 2\pi rl=\frac{\lambda l}{\varepsilon_0}$$

所以

$$E = \frac{\lambda}{2\pi\varepsilon_0 r}$$

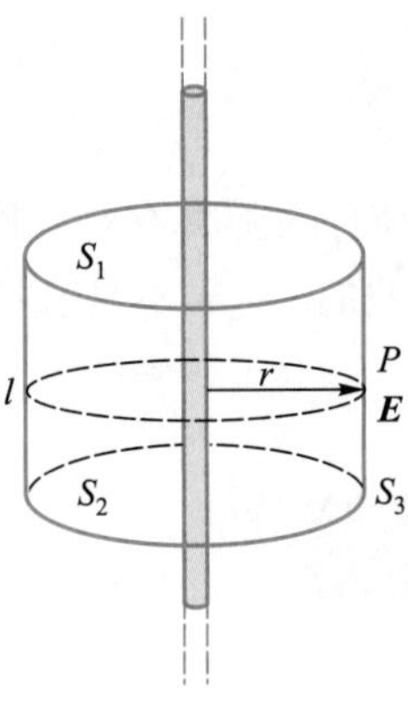

图 9.21

例 9.9 求无限大均匀带电平面的电场强度的分布 (电荷面密度为 $\sigma > 0$).

解 电荷均匀分布于平面, 如图 9.22 所示, 由于平面无限大, 所以电场强度具有面对称性, 电场强度方向垂直于平面指向远处. 在平面的两侧等距处电场强度大小相等, 选一个其轴垂直于带电平面的圆筒形闭合面为高斯面, 带电平面平分此圆筒, P 点位于它的一个底面上.

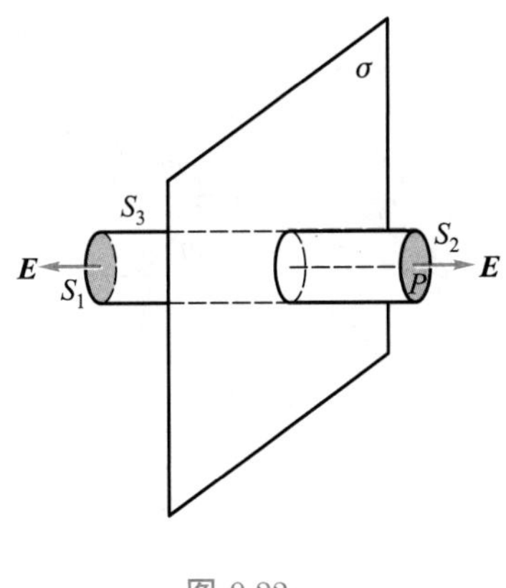

图 9.22

圆筒侧面处的电场强度方向与侧面 S_3 的法线方向垂直, 电通量为零; 底面 S_1 和底面 S_2 的法线方向与所在位置的电场强度的方向平行, 它们的夹角为零; 则通

过圆筒面的总电通量为

$$\Phi_e = \oint_S \boldsymbol{E} \cdot d\boldsymbol{S} = \int_{S_1} \boldsymbol{E} \cdot d\boldsymbol{S} + \int_{S_2} \boldsymbol{E} \cdot d\boldsymbol{S} + \int_{S_3} \boldsymbol{E} \cdot d\boldsymbol{S}$$

$$= ES_1 + ES_2 + 0 = 2ES(\text{ 设 } S_1 = S_2 = S)$$

高斯面所包围的电荷 $\sum_i q_i = \sigma S$, 由高斯定理得 $2ES = \frac{1}{\varepsilon_0}\sigma S$, 所以电场强度为 $E = \frac{\sigma}{2\varepsilon_0}$.

上述各例题中带电体的电荷分布都具有对称性, 此时利用高斯定理计算这类带电体的电场强度分布是很方便的, 对于不具有特定对称性的电荷分布, 其电场不能直接利用高斯定理求出.

9.3 电场力的功 电势

9.3.1 静电场力的功

QR9.13 语音导读 9.3.1

我们从电荷在电场中的受力情况着手研究了静电场的性质. 当电荷在电场中运动时, 电场力对它做功. 本节研究电荷在电场中移动时电场力做的功和电势能及电势.

在点电荷 q 产生的电场中, 试验电荷 q_0 从 a 点经任意路径移到 b 点, 电场力对电荷 q_0 做功. 如图 9.23 所示, 在路径中任一点附近取一元位移 $d\boldsymbol{l}$, q_0 在 $d\boldsymbol{l}$ 上受的电场力 $\boldsymbol{F} = q_0\boldsymbol{E}$, $\boldsymbol{F}$ 与 $d\boldsymbol{l}$ 的夹角为 θ, 则电场力在 $d\boldsymbol{l}$ 上对 q_0 做功为

$$dA = \boldsymbol{F} \cdot d\boldsymbol{l} = q_0\boldsymbol{E} \cdot d\boldsymbol{l} = q_0 E dl \cos\theta$$

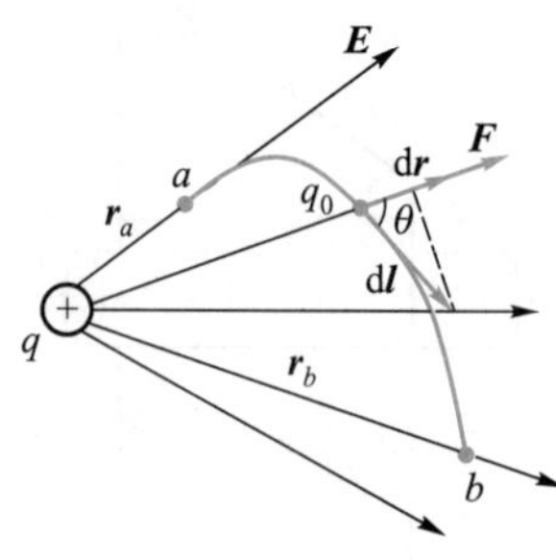

图 9.23

如图 9.23 所示, $dl\cos\theta = dr$ 为位置矢量模的增量, 把点电荷的电场强度表达式代入上式得电场力对试验电荷 q_0 做的元功为

$$dA = q_0 E dr = \frac{1}{4\pi\varepsilon_0}\frac{q_0 q}{r^2}dr$$

q_0 从 a 点移动到 b 点过程中, 电场力做功为

$$A=\int_a^b \mathrm{d}A=\int_{r_a}^{r_b}\frac{1}{4\pi\varepsilon_0}\frac{q_0q}{r^2}\mathrm{d}r=\frac{q_0q}{4\pi\varepsilon_0}\left(\frac{1}{r_a}-\frac{1}{r_b}\right) \tag{9.15}$$

式中的 r_a 和 r_b 分别为点电荷 q 到试验电荷 q_0 的起点和终点的距离. 可见在点电荷的电场中电场力做功取决于始、末位置及试验电荷 q_0 的电荷, 与路径无关.

QR9.14 教学视频 9.3

任意带电体都可以看成由许多点电荷组成的点电荷系. 由电场强度叠加原理, 电场力对试验电荷 q_0 所做的功等于各个点电荷单独存在时对 q_0 做功的代数和, 即

$$\boldsymbol{F}=\boldsymbol{F}_1+\boldsymbol{F}_2+\cdots+\boldsymbol{F}_n=q_0\left(\boldsymbol{E}_1+\boldsymbol{E}_2+\cdots+\boldsymbol{E}_n\right)=q_0\boldsymbol{E}$$

$$\begin{aligned}A_{ab}&=\int_a^b\boldsymbol{F}\cdot\mathrm{d}\boldsymbol{l}=q_0\int_a^b\boldsymbol{E}\cdot\mathrm{d}\boldsymbol{l}\\&=q_0\int_a^b\boldsymbol{E}_1\cdot\mathrm{d}\boldsymbol{l}+q_0\int_a^b\boldsymbol{E}_2\cdot\mathrm{d}\boldsymbol{l}+\cdots+q_0\int_a^b\boldsymbol{E}_n\cdot\mathrm{d}\boldsymbol{l}\end{aligned}$$

由式 (9.15) 知, 上式中每一项均与积分路径无关, 所以它们的代数和也必然与路径无关. 由此得出结论: 在任何静电场中, 试验电荷 q_0 从一个位置移动到另一个位置时, 电场力对它所做的功只与 q_0 及其始、末两个位置有关, 与路径无关.这是静电场力的一个重要特性, 与重力场中重力对物体做功与路径无关的特性相同, 所以静电场力是保守力, 静电场是保守场.

QR9.15 语音导读 9.3.2

9.3.2 静电场的环路定理

QR9.16 环路思想

静电场力做功与路径无关的结论可用另一种方式来描述, 试验电荷 q_0 在静电场中沿任一闭合回路 L 绕行一周, 电场力做功为

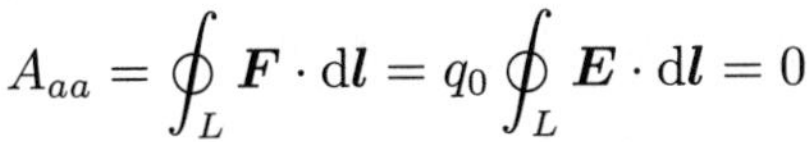

$$A_{aa}=\oint_L\boldsymbol{F}\cdot\mathrm{d}\boldsymbol{l}=q_0\oint_L\boldsymbol{E}\cdot\mathrm{d}\boldsymbol{l}=0$$

由于 $q_0\neq0$, 所以

$$\oint_L\boldsymbol{E}\cdot\mathrm{d}\boldsymbol{l}=0 \tag{9.16}$$

式 (9.16) 等号左边是电场强度 $\boldsymbol{E}$ 沿闭合路径的积分. 称为静电场 $\boldsymbol{E}$ 的环流. 式 (9.16) 表明 静电场中电场强度沿任意闭合路径的线积分恒等于零, 称为静电场的环路定理, 它是静电场为保守场的数学表述, 静电场力同万有引力、弹性力等一样, 都是保守力, 由此可以引入电势能和电势的概念.

静电场中的两条基本定理: 高斯定理指出静电场是有源场; 环路定理指出静电场是有势场 (无旋场).

9.3.3 电势能与电势

1. 电势能

QR9.17 语音导读 9.3.3

在力学里任何保守场都可以引入势能的概念, 并且保守力做功等于势能增量的负值, 静电场力是保守力, 可引入电势能的概念, 由式 (9.15) 可知电场力做功为

$$A=q_0\int_a^b \boldsymbol{E}\cdot\mathrm{d}\boldsymbol{l}=\frac{q_0 q}{4\pi\varepsilon_0}\left(\frac{1}{r_a}-\frac{1}{r_b}\right)=-(E_{\mathrm{p}b}-E_{\mathrm{pa}})=E_{\mathrm{pa}}-E_{\mathrm{p}b} \tag{9.17}$$

电势能与重力势能、弹性势能等其他形式的势能一样是个相对量, 其数值取决于势能零点位置的选取. 当场源电荷为有限大小的带电体时, 习惯上取无限远处作为电势能零点, 设上式中 b 点在无限远处, 即

$$E_{\mathrm{p}b}=E_{\mathrm{p}\infty}=0$$

则试验电荷在 a 点的电势能为

$$E_{\mathrm{pa}}=A_{a\infty}=q_0\int_a^{\infty}\boldsymbol{E}\cdot\mathrm{d}\boldsymbol{l} \tag{9.18}$$

这表明, 试验电荷 q_0 在电场中某点的电势能, 在数值上等于把它从该点移到无限远处 (即电势能零点处) 时静电场力所做的功. 需要注意的是与任何形式的势能相同, 电势能是试验电荷和电场的相互作用能, 属于试验电荷和电场组成的系统的能量, 可正可负, 在国际单位制中, 电势能的单位为焦耳, 符号为 J.

2. 电势和电势差

电势能与试验电荷的电荷量有关, 不能直接描述电场的性质, 实验表明, 试验电荷在场点 a 的电势能与其电荷量之比 (E_{pa}/q_0) 是一个与试验电荷无关的量, 仅取决于场源电荷的分布和场点的位置. 因此, E_{pa}/q_0 是描述电场中任一点 a 的电场性质的一个基本物理量, 称为 a 点的电势, 即

$$V_a=\frac{E_{\mathrm{pa}}}{q_0}=\frac{A_{a\infty}}{q_0}=\int_a^{\infty}\boldsymbol{E}\cdot\mathrm{d}\boldsymbol{l} \tag{9.19}$$

上式表明, **静电场中 a 点的电势, 在数值上等于把单位正试验电荷从该点移到无限远处 (或电势能零点处) 静电场力所做的功.**

电势是标量, 单位是伏特, 简称伏, 符号为 V. 实际上具有意义的是两点之间的电势差, 也称电压, 式 (9.17) 两边同除以 q_0, 得 ab 两点的电势差为

$$U_{ab}=V_a-V_b=\int_a^{\infty}\boldsymbol{E}\cdot\mathrm{d}\boldsymbol{l}-\int_b^{\infty}\boldsymbol{E}\cdot\mathrm{d}\boldsymbol{l}=\int_a^b\boldsymbol{E}\cdot\mathrm{d}\boldsymbol{l}$$

即静电场中 a、b 两点的电势差 U_{ab} 在数值上等于把单位正试验电荷从 a 点移到 b 点时, 静电场力所做的功. 由上式可得

$$A_{ab}=q_0\int_a^b\boldsymbol{E}\cdot\mathrm{d}\boldsymbol{l}=q_0U_{ab} \tag{9.20}$$

要确定电场中某点的电势, 必须选择一个电势为零的参考点 (电势零点), 一般电势零点选取与电势能零点相同, 对有限带电体选无限远处为电势零点. 但当场源电荷的分布延伸到无限远处时, 不能再取无限远处为电势零点, 因为会遇到积分不收敛的困难而无法确定电势, 这时可在电场内另选任意合适的电势零点, 在许多实际问题中常常选大地或机壳的公共地线为电势零点.

QR9.18 科学家伏打

9.3.4 电势的计算

1. 点电荷的电势

在点电荷电场中, 电场强度 $\boldsymbol{E}$ 为

$$\boldsymbol{E}=\frac{q}{4\pi\varepsilon_0 r^2}\boldsymbol{e}_r$$

根据电势定义式 (9.19), 选取无限远处为电势零点时, 电场中任一点 a 的电势为

$$V_a=\int_a^{\infty}\boldsymbol{E}\cdot \mathrm{d}\boldsymbol{l}=\int_r^{\infty}\frac{q}{4\pi\varepsilon_0 r^2}\mathrm{d}r=\frac{q}{4\pi\varepsilon_0 r} \tag{9.21}$$

2. 电势叠加原理

对于多个点电荷组成的系统, 设空间有 $q_1, q_2, \cdots, q_n$ 电荷, 它们各自在空间产生的电场强度为 $\boldsymbol{E}_1, \boldsymbol{E}_2, \cdots, \boldsymbol{E}_n$, 空间某点的电势, 由电势的定义得出:

$$\begin{aligned}V_a&=\int_a^{\infty}\boldsymbol{E}\cdot \mathrm{d}\boldsymbol{l}=\int_a^{\infty}(\boldsymbol{E}_1+\boldsymbol{E}_2+\cdots+\boldsymbol{E}_n)\cdot \mathrm{d}\boldsymbol{l}\\&=\int_a^{\infty}\boldsymbol{E}_1\cdot \mathrm{d}\boldsymbol{l}+\int_a^{\infty}\boldsymbol{E}_2\cdot \mathrm{d}\boldsymbol{l}+\cdots+\int_a^{\infty}\boldsymbol{E}_n\cdot \mathrm{d}\boldsymbol{l}\\&=V_1+V_2+\cdots+V_n=\sum_{i=1}^{n}V_i\end{aligned}$$

上式表明, 空间任一点的电势等于各个点电荷单独存在时在该点处的电势的代数和, 称为电势的叠加原理.

3. 连续分布带电体的电势

对于电荷连续分布的带电体, 可将带电体分割成无限多个电荷元, 每一电荷元可视为点电荷, 它在电场中某点处产生的电势为

$$\mathrm{d}V=\frac{\mathrm{d}q}{4\pi\varepsilon_0 r}$$

根据电势叠加原理, 可得该点的总电势为

$$V=\int_V \mathrm{d}V=\int_V \frac{\mathrm{d}q}{4\pi\varepsilon_0 r}$$

注意上式的积分空间是带电体 (场源) 的体积, 电势零点在无限远处, 若场具有对称性可采用电场强度的线积分来计算.

例 9.10 有一半径为 R, 带有电荷 $+q$ 的均匀带电圆环, 求带电圆环轴线一点 p 的电势.

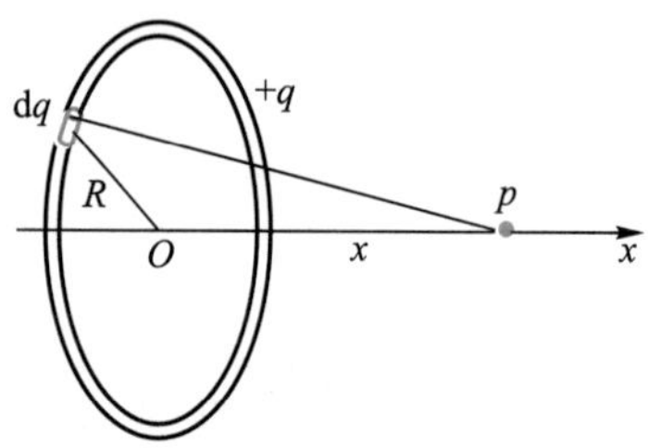

图 9.24

解 如图 9.24 所示, 将均匀带电圆环分割成无限多个电荷元 $\mathrm{d}q=\lambda\mathrm{d}l$, 其中带电圆环的电荷线密度为 $\lambda=\dfrac{q}{2\pi R}$, 每个电荷元到 p 点的距离都是$r=\sqrt{R^2+x^2}$, 取无限远处为电势零点, 每个电荷元在 p 点产生的电势为

$$\mathrm{d}V=\frac{\mathrm{d}q}{4\pi\varepsilon_0\ (R^2+x^2)^{1/2}}$$

根据电势叠加原理, 均匀带电圆环在 p 点产生的电势为

$$V=\int\mathrm{d}V=\int_0^q \frac{\mathrm{d}q}{4\pi\varepsilon_0\ (R^2+x^2)^{1/2}}$$

$$=\frac{1}{4\pi\varepsilon_0\ (R^2+x^2)^{1/2}}\int_0^q \mathrm{d}q=\frac{q}{4\pi\varepsilon_0\ (R^2+x^2)^{1/2}}=\frac{q}{4\pi\varepsilon_0\sqrt{R^2+x^2}}$$

当 $x=0$ 时, 即在圆环中心处, $V=\dfrac{q}{4\pi\varepsilon_0 R}$.

例 9.11 计算半径为 R, 电荷面密度为 σ 的均匀带电圆盘轴线上任一点的电势.

解 把圆盘分割成无限多个电荷元, 再根据点电荷的电势公式和电势叠加原理求解.

以圆盘圆心为坐标原点 O, 建立如图 9.25 所示的坐标系, 在距 O 点 r 到 $r+\mathrm{d}r$, 圆心角 θ 到 $\theta+\mathrm{d}\theta$ 之间取小面元 $\mathrm{d}s=(r\mathrm{d}\theta)\cdot\mathrm{d}r$, 此面元所带电荷为 $\mathrm{d}q=\sigma\mathrm{d}s=\sigma r\mathrm{d}\theta\mathrm{d}r$, 它在轴线上离 O 为 x 的任一点 p 产生的电势为

$$\mathrm{d}V=\frac{1}{4\pi\varepsilon_0}\frac{\mathrm{d}q}{\sqrt{(r^2+x^2)}}=\frac{\sigma}{4\pi\varepsilon_0}\frac{r\mathrm{d}r\mathrm{d}\theta}{\sqrt{(r^2+x^2)}}$$

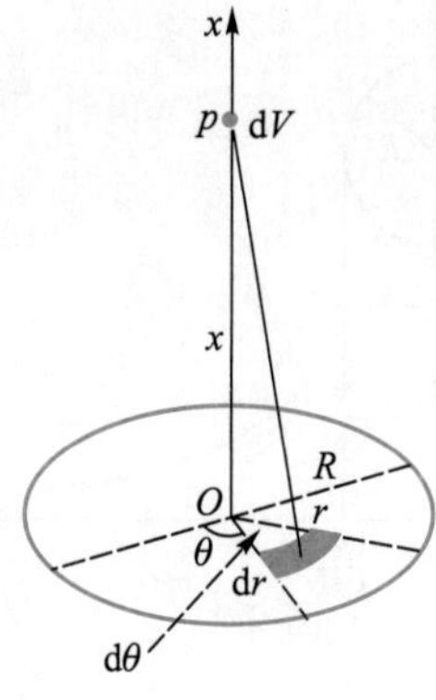

图 9.25

整个圆盘在同一点产生的电势为

$$V=\int \mathrm{d}V=\frac{\sigma}{4\pi\varepsilon_0}\int\frac{r\mathrm{d}r\mathrm{d}\theta}{\sqrt{(r^2+x^2)}}=\frac{\sigma}{4\pi\varepsilon_0}\int_0^{2\pi}\mathrm{d}\theta\int_0^R\frac{r\mathrm{d}r}{\sqrt{(r^2+x^2)}}$$

$$=\frac{\sigma}{2\varepsilon_0}\int_0^R\frac{r\mathrm{d}r}{\sqrt{r^2-x^2}}=\frac{\sigma}{2\varepsilon_0}\left(\sqrt{R^2+x^2}-x\right)$$

也可将图 9.25 中的圆盘分成许多个小圆环, 取距 O 点 r, 宽为 $\mathrm{d}r$ 的小圆环, 该圆环的电荷为 $\mathrm{d}q=\sigma\mathrm{d}s=\sigma 2\pi r\mathrm{d}r$, 利用例 9.10 的计算结果, 有

$$\mathrm{d}V=\frac{1}{4\pi\varepsilon_0}\frac{\mathrm{d}q}{\sqrt{(r^2+x^2)}}=\frac{\sigma}{4\pi\varepsilon_0}\frac{2\pi r\mathrm{d}r}{\sqrt{(r^2+x^2)}}$$

可得带电圆盘在 x 轴上任一点 p 的电势为

$$V=\int\mathrm{d}V=\frac{1}{4\pi\varepsilon_0}\int_0^R\frac{\sigma 2\pi r\mathrm{d}r}{\sqrt{(r^2+x^2)}}=\frac{\sigma}{2\varepsilon_0}\int_0^R\frac{r\mathrm{d}r}{\sqrt{r^2-x^2}}=\frac{\sigma}{2\varepsilon_0}\left(\sqrt{R^2+x^2}-x\right)$$

例 9.12 求所带电荷为 q, 半径为 R 的均匀带电薄球壳的电势分布.

解 在例 9.6 中, 由高斯定理已得球壳空间的电场强度分布为

$$E=\begin{cases}0 & r<R\\ \dfrac{q}{4\pi\varepsilon_0 r^2} & r>R\end{cases}$$

在 $r<R$ 的范围有

$$V=\int_r^R\boldsymbol{E}\cdot\mathrm{d}\boldsymbol{r}+\int_R^\infty\boldsymbol{E}\cdot\mathrm{d}\boldsymbol{r}=0+\int_R^\infty\frac{q}{4\pi\varepsilon_0 r^2}\mathrm{d}r=\frac{q}{4\pi\varepsilon_0 R}$$

在 $r>R$ 的范围有

$$V=\int_r^\infty\boldsymbol{E}\cdot\mathrm{d}\boldsymbol{r}$$

$$=\int_r^\infty\frac{q}{4\pi\varepsilon_0 r^2}\mathrm{d}r=\frac{q}{4\pi\varepsilon_0 r}$$

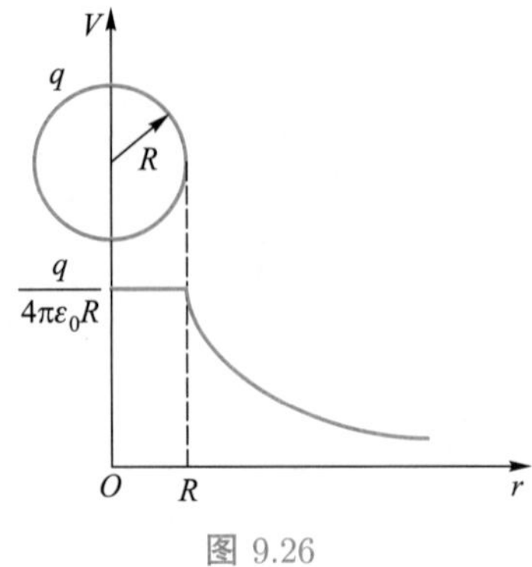

图 9.26

对球面上任一点的电势: $r = R$, 有

$$V = \int_r^{\infty} \boldsymbol{E} \cdot \mathrm{d}\boldsymbol{r}$$

$$= \int_R^{\infty} \frac{q}{4\pi\varepsilon_0 r^2}\mathrm{d}r = \frac{q}{4\pi\varepsilon_0 R}$$

由上式可看到薄球壳外场点电势分布与点电荷相同; 薄球壳内场点电势为常量, 与薄球壳面上的电势相等, 电势分布曲线如图 9.26 所示, 球壳内外电势 V 连续, 而电场强度 $\boldsymbol{E}$ 不连续.

例 9.13 如图 9.27 所示, 两同心球面的半径分别为 R_1 和 R_2 $(R_1 < R_2)$, 分别带有电荷 Q_1 和 Q_2, 求两球面间的电势差.

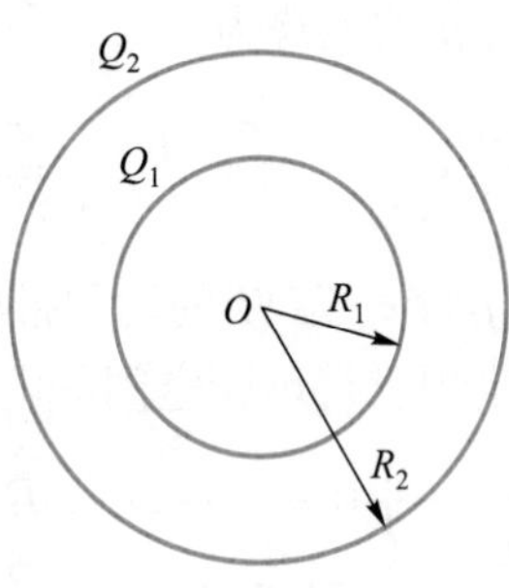

图 9.27

解 方法一: 根据高斯定理, 在 $R_1< r <R_2$ 范围内的电场强度大小为

$$E = \frac{Q_1}{4\pi\varepsilon_0 r^2}$$

由电势的定义求两球面的电势差:

$$U = \int_{R_1}^{R_2} \boldsymbol{E} \cdot \mathrm{d}\boldsymbol{l} = \int_{R_1}^{R_2} \frac{Q_1}{4\pi\varepsilon_0 r^2}\mathrm{d}r = \frac{Q_1}{4\pi\varepsilon_0}\left(\frac{1}{R_1} - \frac{1}{R_2}\right)$$

方法二: 根据电势的叠加原理进行求解.

由例 9.12 的计算结果, 半径为 R_1 的球面上的电荷 Q_1 在半径为 R_1 和 R_2 球面上产生的电势分别为

$$V'_{R_1} = \frac{Q_1}{4\pi\varepsilon_0 R_1} \quad V'_{R_2} = \frac{Q_1}{4\pi\varepsilon_0 R_2}$$

而半径为 R_2 的球面上的电荷 Q_2 在半径为 R_1 和 R_2 球面上产生的电势分别为

$$V''_{R_1} = \frac{Q_2}{4\pi\varepsilon_0 R_2} \quad V''_{R_2} = \frac{Q_2}{4\pi\varepsilon_0 R_2}$$

因此, 半径为 R_1 球面上的总电势为

$$V_{R_1} = V'_{R_1} + V''_{R_1} = \frac{Q_1}{4\pi\varepsilon_0 R_1} + \frac{Q_2}{4\pi\varepsilon_0 R_2}$$

而半径为 R_2 球面上的总电势为

$$V_{R_2} = V'_{R_2} + V''_{R_2} = \frac{Q_1}{4\pi\varepsilon_0 R_2} + \frac{Q_2}{4\pi\varepsilon_0 R_2}$$

两球面的电势差为

$$U = V_{R_1} - V_{R_2} = \frac{Q_1}{4\pi\varepsilon_0}\left(\frac{1}{R_1} - \frac{1}{R_2}\right)$$

通过前面例子看到求连续分布电荷的电场强度或电势时, 一般解题步骤是: 将连续分布的带电体分为无限多个点电荷, 即电荷元; 选取合适的坐标系, 列出电荷元 $\mathrm{d}q$ 的电场强度或电势公式; 运用电场强度或电势的叠加原理, 进行积分运算, 因为电场强度是矢量, 所以运用电场强度叠加原理求连续分布电荷的电场强度时, 要用矢量积分 $\boldsymbol{E} = \int \mathrm{d}\boldsymbol{E}$. 具体计算时, 一般是将电场强度正交分解为各坐标轴上的分量式, 然后分别对各分量式进行标量积分, 再将各分量积分后的结果合成而得到所求的电场强度. 由于电势是标量, 所以电势的计算可直接对标量进行积分, 即 $V = \int \mathrm{d}V$. 电势的计算一般比电场强度的计算更简单.

9.4 电场强度与电势关系

9.4.1 等势面

在描述电场时, 我们借助电场线形象地描述了电场强度的分布, 同样可用绘制等势面的方法来形象地描述电场中电势的分布. 在静电场中, 将电势相等的各点连起来所形成的曲面称为等势面. 如点电荷的电势 $V = \dfrac{q}{4\pi\varepsilon_0 r}$, 凡 r 相同的各

QR9.19 语音导读 9.4.1

点 V 相同, 等势面为球面, 点电荷电场线沿着半径方向, 所以电场线与等势面处处正交, 如图 9.28 所示. 等势面疏密反映了电场强度的大小, 画等势面时, 规定相邻两等势面之间的电势差相等, 因此电场强度大的区域, 等势面密集; 电场强度小的区域, 等势面稀疏.

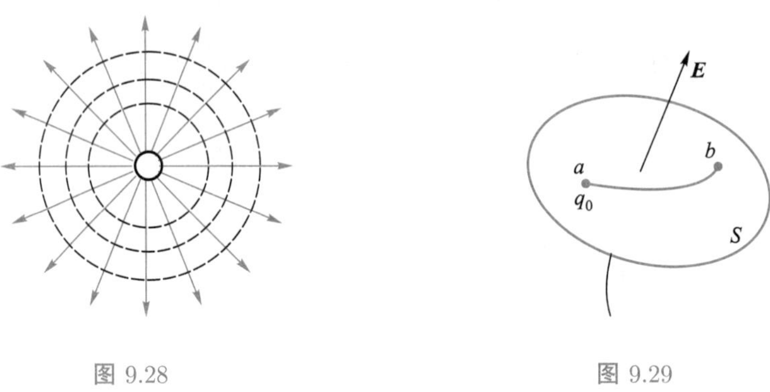

图 9.28　　图 9.29

QR9.20 教学视频 9.4

静电场中等势面具有如下的性质: (1) 电荷在等势面上移动时, 电场力不做功; (2) 等势面与电场线处处正交; (3) 电场线总是指向电势降低的方向.

如图 9.29 所示, 在等势面 S 上, 把电荷 q_0 从 a 点沿微小位移 dl 移到 b 点时, 电场力做功等于零, 即

$$A = q_0 U_{ab} = 0$$

这就证明了第 (1) 点; 对于第 (2) 点, 由于 a、b 是在等势面上任意的两点, 所以

$$U_{ab} = \int_a^b E\mathrm{d}l\cos\theta = 0$$

因为 $\boldsymbol{E}$ 和 $\mathrm{d}\boldsymbol{l}$ 不可能为零, 则 $\cos\theta = 0$, 即 $\theta = \pi/2$, 即电场强度 $\boldsymbol{E}$ 垂直于 $\mathrm{d}\boldsymbol{l}$, 而路径 $\mathrm{d}\boldsymbol{l}$ 在等势面上, 并且 a 是等势面上任选的一点, 所以电场线与等势面正交.

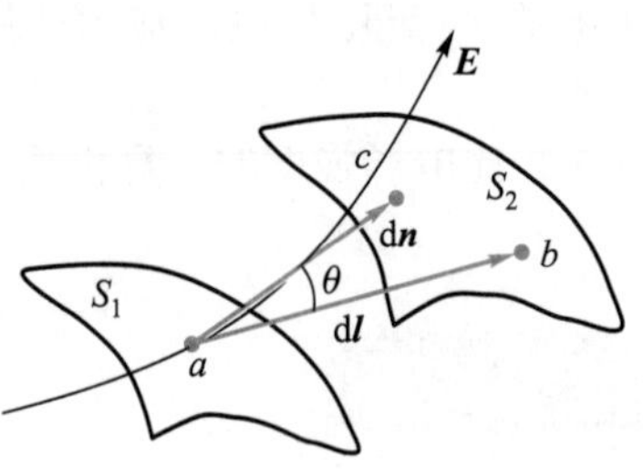

图 9.30

QR9.21 语音导读 9.4.2

如果让正电荷沿任意静电场的电场线上的微小位移 dl 从 a 点移动到 b 点, 图 9.30 所示的 S_1 与 S_2 是相邻的两个等势面, 假设 a 点至 b 点的 d$\boldsymbol{l}$ 的方向为电势降低的方向, 因而 $V_a - V_b = \int_a^b E\mathrm{d}l\cos\theta > 0$, 所以有 $\cos\theta > 0$, 说明电场强度

$\boldsymbol{E}$ 与 $\mathrm{d}\boldsymbol{l}$ 同向. 这就证明了电场强度 $\boldsymbol{E}$ 的方向指向电势降低的方向, 即电场线总是指向电势降低的方向.

9.4.2 电场强度与电势微分关系

电场强度和电势都是描述电场性质的物理量, 式 (9.19) 给出了这两个物理量的积分关系, 下面研究两者的微分关系.

由电场强度与等势面的关系可知, 正电荷沿电场线从高电势处移动到低电势处, 电场力做正功, 电势能降低; 负电荷沿电场线从高电势处移动到低电势处, 电场力做负功, 电势能升高.

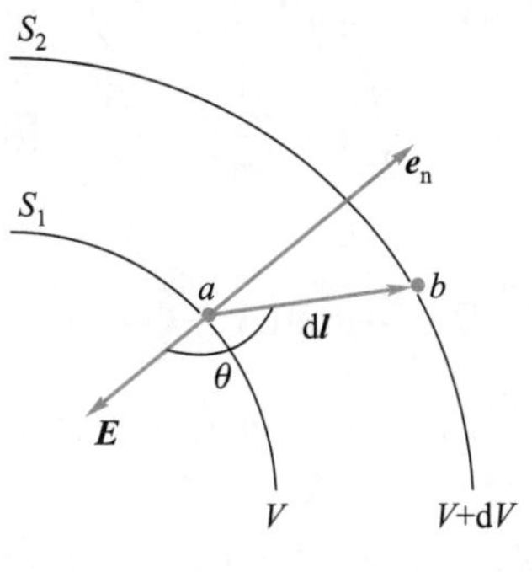

图 9.31

QR9.22 梯度算符

如图 9.31 所示, S_1 与 S_2 是静电场中两个靠得很近的等势面, 电势分别为 V 和 $V+\mathrm{d}V$, 有一试验电荷 q_0 从 a 点移到 b 点, 发生的位移为 $\mathrm{d}\boldsymbol{l}$, 又由于 $\mathrm{d}\boldsymbol{l}$ 很小, 两等势面很近, 可认为它们之间的电场强度 $\boldsymbol{E}$ 是均匀的, 则电场力做的功

$$A_{ab}=q_0\ (V_a-V_b)=q_0[V-(V+\mathrm{d}V)]=-q_0\mathrm{d}V$$

又

$$A_{ab}=q_0\boldsymbol{E}\cdot\mathrm{d}\boldsymbol{l}=q_0E\mathrm{d}l\cos\theta$$

所以

$$\mathrm{d}V=-E\mathrm{d}l\cos\theta$$

式中 θ 是电场强度 $\boldsymbol{E}$ 与位移 $\mathrm{d}\boldsymbol{l}$ 之间的夹角. 有

$$\mathrm{d}V=-E_l\mathrm{d}l$$

其中 $E_l=E\cos\theta$, 表示电场强度 $\boldsymbol{E}$ 在位移 $\mathrm{d}\boldsymbol{l}$ 方向的分量, 因此有

$$E_l=-\frac{\mathrm{d}V}{\mathrm{d}l}$$

上式表明: 电场中某一点的电场强度 $\boldsymbol{E}$ 沿某一方向的分量 E_l 等于电势沿该方向上的变化率的负值, 属于方向微商, 也可称为方向导数. 其单位为伏特每米, 符号为 $\mathrm{V\cdot m^{-1}}$.

在直角坐标系中, V 是坐标 x、y、z 的函数, 电场强度在 x、y、z 轴方向的分量分别为

$$E_x=-\frac{\partial V}{\partial x},\quad E_y=-\frac{\partial V}{\partial y},\quad E_z=-\frac{\partial V}{\partial z}$$

即电场强度的矢量表达式可以写成如下形式:

$$\boldsymbol{E}=-\left(\frac{\partial V}{\partial x}\boldsymbol{i}+\frac{\partial V}{\partial y}\boldsymbol{j}+\frac{\partial V}{\partial z}\boldsymbol{k}\right)=-\mathrm{grad}\ V \tag{9.22}$$

在数学上, 矢量式中 $\mathrm{grad}=\nabla=\dfrac{\partial}{\partial x}\boldsymbol{i}+\dfrac{\partial}{\partial y}\boldsymbol{j}+\dfrac{\partial}{\partial z}\boldsymbol{k}$ 称为梯度算符 (微分算符), 所以式 (9.22) 可以简写成

$$\boldsymbol{E}=-\mathrm{grad}\ V=-\nabla V \tag{9.23}$$

从图 9.31 可以看出, 在两等势面之间, 从 a 点沿不同方向上的电势变化率不同, 其中沿等势面法线方向的电势变化率最大, 以 $\mathrm{d}n$ 表示 a 点处两等势面的法向距离, $\boldsymbol{e}_\mathrm{n}$ 表示法线方向的单位矢量, 同时考虑到电场线与等势面正交且指向电势降落的方向, 即电场强度 $\boldsymbol{E}$ 沿法线的相反方向, 则有

$$\boldsymbol{E}=\boldsymbol{E}_\mathrm{n}=-\frac{\mathrm{d}V}{\mathrm{d}n}\boldsymbol{e}_\mathrm{n} \tag{9.24}$$

而电势梯度与电场强度的关系为

$$\mathrm{grad}\ V=\nabla V=-\boldsymbol{E}$$

所以电势梯度为

$$\mathrm{grad}\ V=\nabla V=\frac{\mathrm{d}V}{\mathrm{d}n}\boldsymbol{e}_\mathrm{n} \tag{9.25}$$

电势梯度的物理意义: 电势梯度是一个矢量, 其大小为电势沿等势面法线方向的变化率, 方向沿等势面法向且指向电势增大的方向. 这就是电场强度与电势的微分关系, 电场中任一点的电场强度由该点电势的空间变化率来决定, 而与该点的电势无关. 利用电场强度与电势的微分关系, 如果已知电势分布函数, 就可求出电场强度分布.

例 9.14 求电偶极子在电场中任一点的电势和电场强度的大小, 已知电偶极矩大小为 $p_\mathrm{e}=ql$, 它的方向从 $-q$ 指向 $+q$.

解 建立如图 9.32 所示的坐标系, O 为电偶极子的中点, 取无限远处为电势零点, 则点电荷 $-q$ 和 $+q$ 在 a 点产生的电势大小分别为

$$V_{-q}=\frac{-q}{4\pi\varepsilon_0 r_2},\quad V_{+q}=\frac{+q}{4\pi\varepsilon_0 r_1}$$

电偶极子在 a 点的合电势为

$$V_a = \frac{-q}{4\pi\varepsilon_0 r_2} + \frac{q}{4\pi\varepsilon_0 r_1} = \frac{q(r_2 - r_1)}{4\pi\varepsilon_0 r_1 r_2}$$

因为 $r \gg l$, 由图 9.32 所示有

$$r_2 - r_1 \approx l\cos\theta \quad 和 \quad r_1 r_2 \approx r^2$$

式中 θ 为电偶极子中点 O 与场点 a 的连线和 x 轴的夹角, 如图 9.32 所示, 合电势为

$$V_a = \frac{q\,(r_2 - r_1)}{4\pi\varepsilon_0 r_1 r_2} = \frac{ql\cos\theta}{4\pi\varepsilon_0 r^2} = \frac{p_{\rm e}\cos\theta}{4\pi\varepsilon_0 r^2}$$

场点 a 坐标为 (x, y), 根据图中几何关系有 $r^2 = x^2 + y^2$ 和 $\cos\theta = \dfrac{x}{r} = \dfrac{x}{\sqrt{x^2 + y^2}}$, 所以电场中任一点 a 的电势大小为

$$V_a = \frac{p_{\rm e} x}{4\pi\varepsilon_0 \left(x^2 + y^2\right)^{3/2}}$$

由电场强度与电势的微分关系有

$$E_x = -\frac{\partial V}{\partial x} = \frac{p_{\rm e}\left(2x^2 - y^2\right)}{4\pi\varepsilon_0 \left(x^2 + y^2\right)^{\frac{5}{2}}}, \quad E_y = -\frac{\partial V}{\partial y} = \frac{3p_{\rm e} xy}{4\pi\varepsilon_0 \left(x^2 + y^2\right)^{\frac{5}{2}}}$$

因此合电场强度的大小为

$$E = \sqrt{E_x^2 + E_y^2} = \frac{p_{\rm e}}{4\pi\varepsilon_0 \left(x^2 + y^2\right)^{\frac{3}{2}}}\sqrt{\frac{3x^2}{x^2 + y^2} + 1} = \frac{p_{\rm e}}{4\pi\varepsilon_0 r^3}\sqrt{3\cos^2\theta + 1}$$

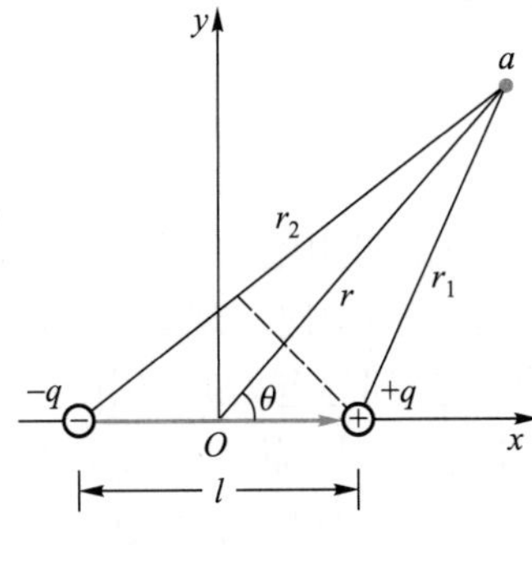

图 9.32

下面讨论两种特殊情况:

对于在电偶极子的轴线上的点, θ 等于 0 或 π, 所以有

$$E = \frac{2p_{\rm e}}{4\pi\varepsilon_0 r^3}$$

对于在电偶极子的中垂线上的点, θ 等于 $\dfrac{\pi}{2}$ 或 $\dfrac{3\pi}{2}$, 所以有

$$E=\frac{p_{\mathrm{e}}}{4\pi\varepsilon_0 r^3}$$

例 9.15 电荷 q 均匀地分布在一半径为 R 的圆环上, 利用电场强度和电势梯度的关系计算在圆环的轴线上任一给定点 P 的电场强度. 设 P 点到环心的距离为 x.

解 由例 9.10 的计算结果可知, 均匀带电圆环上任一点的电势为

$$V=\frac{q}{4\pi\varepsilon_0\sqrt{R^2+x^2}}$$

由于均匀带电圆环的电荷分布关于轴线对称, 所以轴线上各点的电场强度在垂直于轴线方向上的分量和等于零, 总电场强度方向沿 x 轴. 由式 (9.23) 可得

$$E=E_x=-\frac{\partial V}{\partial x}=\frac{qx}{4\pi\varepsilon_0\left(R^2+x^2\right)^{3/2}}$$

这与例 9.3 的计算结果相同.

9.5 静电场中的导体和电介质

前面研究了真空中的静电场, 但实际的电场中总有物质存在, 根据组成物质材料的导电性分为三类: 导电性能好的称为导体; 导电性能差的称为电介质 (也叫绝缘体); 导电性能介于导体和电介质之间的则为半导体. 在电场作用下, 导体或电介质的电荷分布会发生改变, 与原电场发生相互作用、相互影响, 这也反映了电场的物质性.

9.5.1 导体的静电平衡

QR9.23 语音导读 9.5.1

导体的特点是其内存在大量的自由电荷, 当导体不带电也不受电场力作用时, 自由电子作微观热运动, 没有电荷的定向宏观运动, 整个导体呈电中性. 在静电场中, 导体内部大量的自由电子将受到静电力的作用而产生定向运动, 如图 9.33 所示, 在一均匀的电场 $\boldsymbol{E}_0$ (称外电场) 中, 放入一块导体板 C, 由于导体内有大量的自由电子, 在外电场 $\boldsymbol{E}_0$ 的作用下, 导体内的自由电子受电场力的作用向外电场相反的方向移动, 使导体中的电荷分布发生改变, 导体表面出现感应电荷, 这种现象称为静电感应现象.

感应电荷产生一个与外电场 $\boldsymbol{E}_0$ 方向相反的感应电场 $\boldsymbol{E}'$, $\boldsymbol{E}'$ 与 $\boldsymbol{E}_0$ 相互作用削弱了原电场, 导体内的合电场 $\boldsymbol{E}$ 大小为

$$E=E_0-E'$$

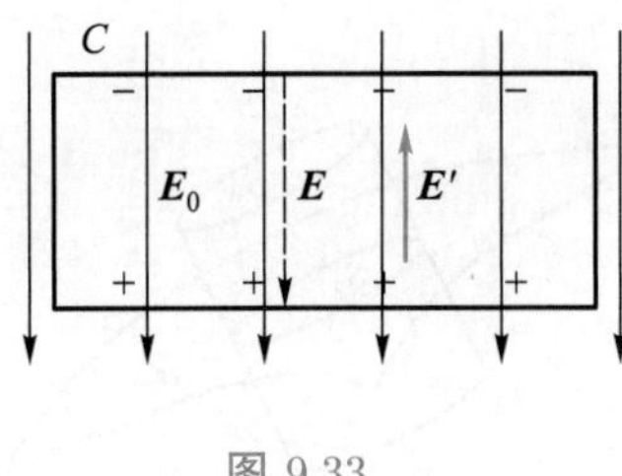

图 9.33

QR9.24 教学视频 9.5

最初感应电场小于外电场, 自由电子在电场力作用下持续作定向运动而使感应电场不断增大直到与外电场大小相等, 从而使导体内的电场 E 等于零. 这时导体内部无宏观电荷的定向移动, 导体处在静电平衡状态.

静电场中的导体处于静电平衡时, 不仅导体内部没有电荷的定向运动, 导体表面也没有电荷的定向运动, 这就要求导体表面附近的电场强度的方向与导体表面垂直. 如若不垂直, 电场强度沿导体表面的切向分量就不为零, 自由电子就会在电场力作用下沿导体表面发生定向移动, 导体就不处于静电平衡状态了. 所以当导体发生静电平衡时必须满足如下条件: 导体内部任一点处的电场强度为零; 导体表面处电场强度的方向都与表面垂直.

导体静电平衡时还具有如下性质:

(1) 导体是等势体, 导体表面是等势面.

导体的静电平衡条件可以用电势来表达, 在静电平衡时, 导体内部的电场强度为零, 因此在导体内部任意取两点 a 和 b, 这两点间电势差根据电势与电场强度的关系式, 有

$$V_a - V_b = \int_a^b \boldsymbol{E} \cdot \mathrm{d}\boldsymbol{l} = 0$$

导体中任意两点间的电势差为零, 即导体内电势处处相等, 所以导体是等势体, 导体表面是等势面.

(2) 导体内部净电荷处处等于零, 所有净电荷只能分布于导体的外表面上.

证明: 在导体内作一任意的高斯面 S, 由高斯定理有

$$\Phi_{\mathrm{e}} = \oint_S \boldsymbol{E} \cdot \mathrm{d}\boldsymbol{S} = \frac{1}{\varepsilon_0} \sum_i q_i$$

因为 $E = 0$, 所以 $\sum\limits_i q_i = 0$, 即高斯面 S 内的电荷代数和为零, 由于导体内部电场强度处处为零, 且高斯面 S 为任取的闭合曲面, 所围体积可无限缩小, 所以导体内任意体积空间内部无净电荷, 电荷只能分布于导体表面上.

QR9.25 演示实验 尖端放电

(3) 导体以外, 靠近导体表面附近的电场强度大小与导体表面在该处的电荷面密度的关系为 $E = \dfrac{\sigma}{\varepsilon_0}$.

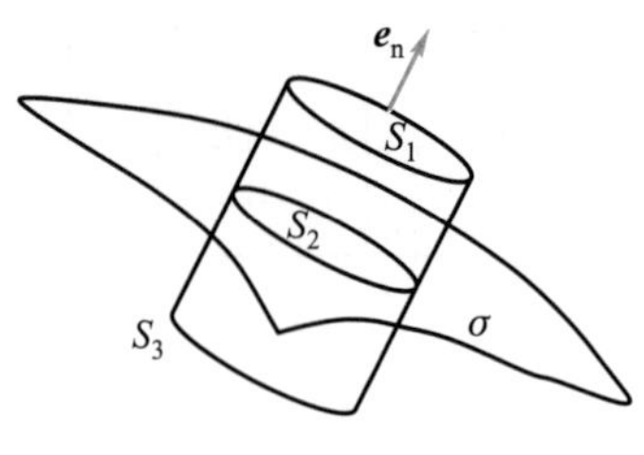

图 9.34

如图 9.34 所示在导体表面上取一面元 S, 作一个垂直导体表面的小高斯柱面, 上底面为 S_1, 面上的电场强度近似不变, 而下底面 S_3 在导体内部, 且与 S_1 平行并无限靠近, 导体内部电场强度为零, 侧面 S_2 与上、下底面垂直, 由高斯定理得小高斯柱面的电场强度通量为

$$\Phi_e = \oint_S ES\cos\theta = \frac{\sum_i q_i}{\varepsilon_0} = \frac{\sigma S}{\varepsilon_0}$$

式中 σ 为导体表面的电荷面密度, 而电场强度通量为

$$\Phi_e = \Phi_1 + \Phi_2 + \Phi_3 = \int_{S_1} E\mathrm{d}S\cos 0^\circ + \int_{S_2} E\mathrm{d}S\cos\frac{\pi}{2} + \int_{S_3} 0\mathrm{d}S\cos 0^\circ$$

则

$$\Phi_e = \int_{S_1} E\mathrm{d}S = E\int_{S_1}\mathrm{d}S = ES_1 = \frac{\sigma S}{\varepsilon_0}$$

因为 $S = S_1$, 所以

$$E = \frac{\sigma}{\varepsilon_0} \tag{9.26}$$

上式表示导体表面附近的电场强度大小与该处电荷面密度成正比, 电场强度的方向与导体表面法线的方向相同还是相反, 取决于电荷面密度的正负. 注意电场强度 $\boldsymbol{E}$ 不仅仅是面元 S 上的电荷产生的, 而是整个导体所有电荷共同产生的.

导体表面上电荷如何分布? 定量研究比较复杂, 导体表面电荷分布不仅与导体的形状有关, 还与导体附近带电体等多种因素有关. 对于孤立带电体而言, 导体表面的电荷面密度与曲率间并不存在单一函数关系, 但大致规律为电荷面密度 σ 与导体表面的曲率半径 R 成反比, 即导体表面凸起而尖锐处曲率较大, σ 大; 导体表面较平坦处曲率较小, σ 也较小; 导体表面凹进去处曲率为负值, σ 则更小. 结合式 (9.26) 可知有 $E \propto \sigma \propto \dfrac{1}{R}$, 导体表面电场强度分布也与 σ 分布相似, 即尖端处电场强度大, 表面平坦处电场强度次之, 凹进去处电场强度最小.

QR9.26 闪电的形成

如图 9.35 所示, 在尖端附近的电荷面密度最大. 尖端上的电荷过多时, 会引起**尖端放电现象**. 这是因为: 尖端上的电荷密度很大, 其周围的电场很强, 空气中的

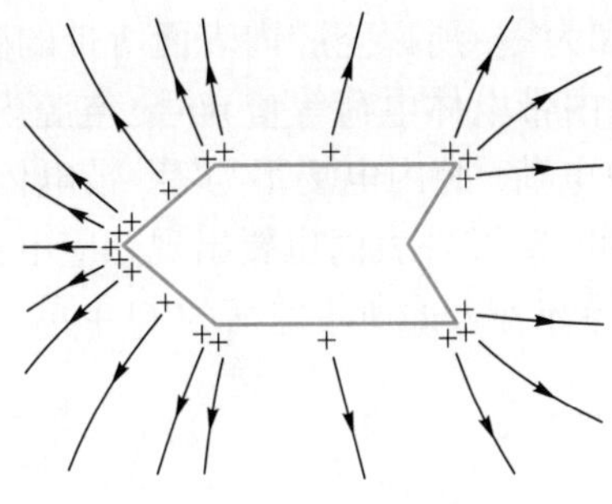

图 9.35

电子或离子在强电场的作用下，作加速运动时就可以获得足够大的能量，以至于它们和空气分子相碰，又产生新的带电粒子，由此产生大量的带电粒子. 与尖端上电荷符号相异的粒子飞向尖端; 而与尖端上电荷符号相同的粒子则飞离尖端，如图 9.35 所示，就像尖端上的电荷被 “喷射” 出来一样，形成高速离子流，尖端附近空气电离时，在黑暗中可以看到尖端附近隐隐笼罩着一层光晕，称 “电晕”. 高压设备为了防范因尖端放电而引起的危害和漏电造成的损失，高压输电线的表面为光滑的，同时高电压的零部件也必须做得十分光滑并尽可能做成球形. 相反火花放电设备的电极往往做成尖端形状，避雷针就是利用尖端放电原理来防止雷击对建筑物的破坏，尖端放电使空气电离后形成放电通道，使云地间电流通过导线流入大地而达到避雷的目的，切记避雷针必须保持良好接地，否则结果适得其反.

9.5.2 空腔导体和静电屏蔽

前述讨论导体在静电平衡时的电荷分布时，是以实心导体为例的，其电荷只能分布在导体的表面，下面讨论空腔导体的电荷分布.

1. 腔内无带电体

将一腔内无电荷的空腔导体置于静电场中，如图 9.36(a) 所示，在空腔导体内外表面之间作一高斯面 S，由于静电平衡时，导体内的电场强度处处为零，所以通过高斯面的电场强度通量为零. 根据高斯定理，高斯面内电荷的代数和必定为零，说明内表面上的净电荷必然为零. 由于空腔导体内表面没有电荷，所以内表面附近的电场强度为零，电场线不可能起于 (或止于) 内表面. 同时，腔内无电荷，在腔内不可能有电场线的起止点，因此腔内不可能有电场线，即空腔内电场强度为零，导体及空腔为等势区域.

QR9.27 语音导读 9.5.2

2. 腔内有带电体

当空腔导体内有其他带电体时，如图 9.36(b) 所示，设空腔内带电体电荷量 $+q_0$，可以同样在空腔内、外表面间作一闭合曲面 S，由静电平衡条件和高斯定

理求出 S 面内电荷代数和为零，所以空腔内表面所带的感应电荷必为 $-q_0$，即导体内表面所带电荷与空腔内带电体电荷等量异号. 空腔内电场线起于带电体电荷 $+q_0$ 而止于内表面的感应电荷，腔内电场不为零，带电体与空腔导体之间有电势差. 根据电荷守恒定律，同时空腔外表面也要出现感应电荷 $+q_0$，如果空腔导体本身带电荷量为 Q，则空腔导体外表面所带电荷为 $Q+q_0$.

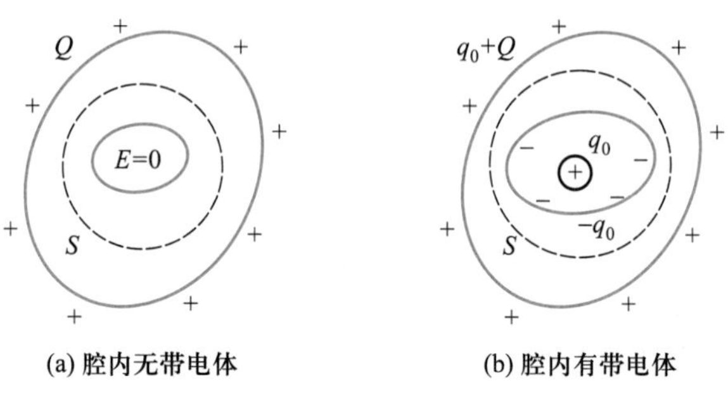

图 9.36

3. 静电屏蔽

QR9.28 演示实验：静电屏蔽

根据空腔导体在静电平衡时的带电特性，只要空腔导体内没有带电体，即使在外电场中，导体和空腔内必定不存在电场，这样空腔导体就屏蔽了外电场或空腔导体外表面的电荷，使它们无法影响空腔内部. 此外，如果空腔导体内部存在带电体，空腔外表面则会出现感应电荷，感应电荷激发的电场会对外电场产生影响. 如果将空腔外壳连上接地线，如图 9.37 所示，这样空腔导体的电势与大地电势相等，则空腔外表面的感应电荷将被大地中的电荷中和，因此空腔内带电体不会对外界产生影响. 综上分析，空腔导体（不论是否接地）的内部空间不受腔外电荷和电场的影响；接地的空腔导体，腔外空间不受腔内电荷和电场的影响，这种现象称为静电屏蔽.

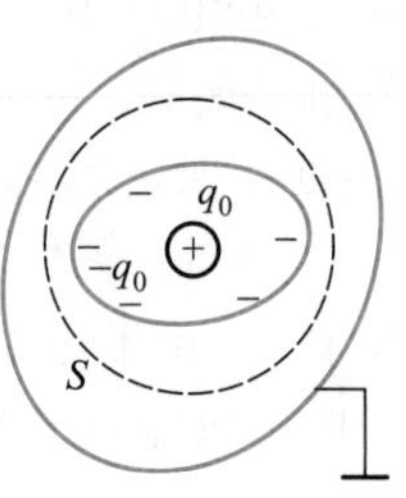

图 9.37

静电屏蔽有着广泛的应用. 为避免外电场对精密的电器设备的干扰，或防止电器设备（如高电压装置等）的电场对外界产生影响，常在这些设备的外面用接地的金属壳或网栅来屏蔽电场. 而有些传送弱电信号的导线，为了增强抗干扰性能，往往在其绝缘层外再加一层金属编织网作为屏蔽层. 高压带电作业人员穿的导电纤维编织的工作服, 家用电器的接地保护等都是应用实例.

9.5.3 电介质的极化及其规律

电介质是电阻率很高, 导电能力极差的绝缘介质, 例如: 空气、氢气等气态电介质, 纯水、油漆等液态电介质和玻璃、云母、橡胶、塑料等固态电介质. 在电介质内部没有可以自由移动的电荷 (自由电子), 但在外电场作用下, 电解质内的正、负电荷仍可作微观的相对移动, 在电介质内部或表面出现带电现象, 这种现象称为电介质的极化, 电介质极化所出现的电荷称为 极化电荷或束缚电荷.

QR9.29 语音导读 9.5.3

从物质的微观结构来看, 电介质的每一个分子都带有等量异号的电荷, 这些正、负电荷并不集中于一点, 而是分散在分子所占有的体积中. 电介质分子一般分为两大类. 如 He、N_2、H_2、CH_4、CO_2 等气体, 在无外电场作用时, 每个分子的正、负电荷中心重合, 因此分子的电偶极矩为零, 这类分子称为无极分子; 另一类电介质如 H_2O、SO_2、H_2S 等, 在无外电场作用时, 其每个分子的正、负电荷中心不重合, 形成一个电偶极子, 本身具有固定的电偶极矩 $\boldsymbol{p}_e$, 称为有极分子.

有外电场作用时, 无极分子的正、负电荷的中心将在电场力的作用下发生相对位移, 如图 9.38 所示, 这样分子的电偶极矩不再为零, 都沿着电场方向有序排列, 因此在该类分子组成的电介质的表面将出现正负极化电荷, 这类极化是由于电荷中心位移引起的, 称为位移极化.

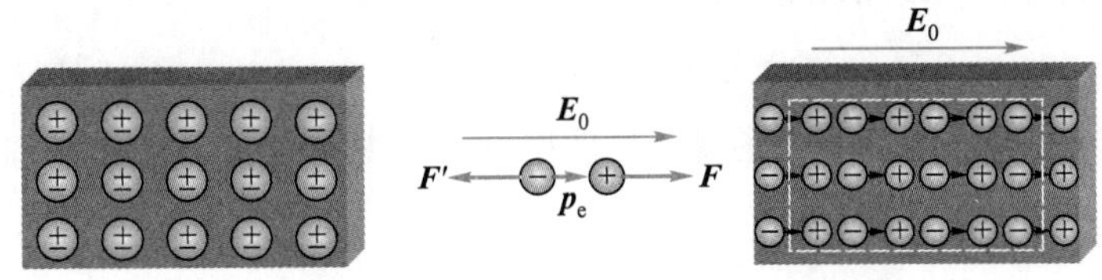

图 9.38

有极分子极化过程与无极分子不同. 尽管单个有极分子有固有电偶极矩, 但是在无外电场时, 大量分子的无规则热运动导致介质中所有分子电偶极矩的矢量和为零, 介质对外不显电性, 但当外电场作用时, 每个有极分子都将受到电场的作用而发生偏转, 分子电偶极矩趋向与外电场方向一致, 使介质带有极化电荷, 这种极化称为取向极化, 如图 9.39 所示.

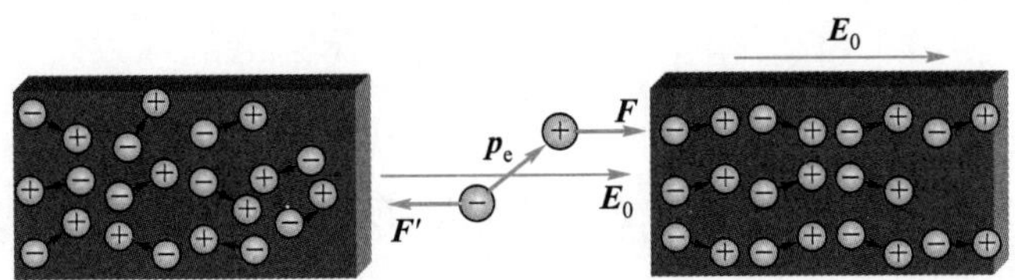

图 9.39

以上分析中虽然两类电介质极化的微观机制有所不同, 但产生的宏观效果却是相同的——电介质在外电场作用下会在表面出现极化电荷. 考虑到电介质表面的极化电荷会产生附加电场 $\boldsymbol{E}'$, 因此, 在电介质内部各处的电场强度 $\boldsymbol{E}$ 是外电场 $\boldsymbol{E}_0$ 与极化电荷产生的附加电场 $\boldsymbol{E}'$ 的矢量和, 即

$$\boldsymbol{E}=\boldsymbol{E}_0+\boldsymbol{E}' \tag{9.27}$$

由图 9.38 和图 9.39, 判断出极化电荷激发的电场与外电场的方向相反, 叠加的结果是介质中的电场强度比原来的电场强度弱.

实验表明, 在无限大各向同性的均匀介质中, 任意一点的电场强度与该处的外电场的电场强度成正比, 即

$$\boldsymbol{E}=\frac{1}{\varepsilon_{\mathrm{r}}}\boldsymbol{E}_0 \tag{9.28}$$

ε_{r} 称为介质的相对介电常数; 相对介电常数 ε_{r} 与真空介电常数 ε_0 的乘积称为介质的介电常数, 用 ε 表示.

需要指出的是, 式 (9.28) 是有条件的, 要求各向同性的均匀介质要充满电场所在的空间. 进一步的理论研究表明, 一种电介质虽未充满整个空间, 但只要介质的表面是等势面; 或者多种各向同性的均匀介质虽未充满电场空间, 但各介质的界面皆为等势面, 式 (9.28) 仍然成立.

9.5.4 电介质中的高斯定理

QR9.30 语音导读 9.5.4

我们在 9.2 节中学习了真空中静电场的高斯定理, 在有电介质的情况下, 总电场 $\boldsymbol{E}$ 包括自由电荷产生的电场 $\boldsymbol{E}_0$ 与极化电荷产生的电场 $\boldsymbol{E}'$, 此时, 高斯定理的表达式为

$$\oint_S \boldsymbol{E}\cdot\mathrm{d}\boldsymbol{S}=\frac{1}{\varepsilon_0}\left(\sum q_0+\sum q'\right)$$

式中 $\sum q_0$ 和 $\sum q'$分别表示自由电荷和极化电荷的代数和. 由于极化电荷的求解比较复杂, 下面我们引入有介质时的高斯定理. 自由电荷激发的电场满足真空中的高斯定理

$$\oint_S \boldsymbol{E}_0\cdot\mathrm{d}\boldsymbol{S}=\frac{1}{\varepsilon_0}\sum q_0 \tag{9.29}$$

上式左右两边同时除以 ε_{r}, 可得

$$\oint_S \frac{1}{\varepsilon_{\mathrm{r}}}\boldsymbol{E}_0\cdot\mathrm{d}\boldsymbol{S}=\frac{1}{\varepsilon_0\varepsilon_{\mathrm{r}}}\sum q_0$$

根据式 (9.28) 极化后总电场 $\boldsymbol{E}$ 与外电场 $\boldsymbol{E}_0$ 的关系, 上式可变为

$$\oint_S \varepsilon_0\varepsilon_{\mathrm{r}}\boldsymbol{E}\cdot\mathrm{d}\boldsymbol{S}=\sum q_0 \tag{9.30}$$

其中 $\boldsymbol{E}$ 为电介质中的总电场强度, 令

$$\boldsymbol{D}=\varepsilon_0\varepsilon_{\mathrm{r}}\boldsymbol{E}=\varepsilon\boldsymbol{E} \tag{9.31}$$

其中, $\boldsymbol{D}$ 称为电位移, 其单位为 $\mathrm{C}\cdot\mathrm{m}^{-2}$, 则式 (9.30) 可以写成

$$\oint_S \boldsymbol{D}\cdot\mathrm{d}\boldsymbol{S}=\sum q_0 \tag{9.32}$$

式 (9.32) 称为电介质中的高斯定理:**通过任意闭合曲面的电位移通量, 等于该闭合曲面所包围的自由电荷的代数和.**

可以证明式 (9.32) 对于有电介质的静电场是普遍成立的, 它是静电场的基本定理之一.

为了形象描述电位移 $\boldsymbol{D}$, 可仿用电场线表示电场强度 $\boldsymbol{E}$ 在空间的分布, 用电位移线表示电位移在空间的分布, 规定电位移线上任意一点的切线方向为电位移的矢量方向.

电场线与电位移线主要区别是, 描述电场强度的电场线可起始于正的自由电荷, 也可起始于正的极化电荷, 终止于负自由电荷或负的极化电荷, 而电位移线只能始于正自由电荷, 止于负自由电荷.

QR9.31 电极化强度

本章讨论的是各向同性的电介质, 如果是各向异性的电介质, 同一点的电位移和电场强度之间的关系不能用式 (9.31) 简单表示, 它们的方向一般也不同.

例 9.16 两块大导体平板 A、B, 面积均为 S, 分别带电 Q_1 和 Q_2, 两板间距远小于板的线度. 求平板各表面的电荷面密度.

解 设平板各表面的电荷面密度为 σ_1、σ_2、σ_3 和 σ_4, 如图 9.40 所示. 四个带电面在导体平板内产生的电场强度的矢量和为零, 取水平向右为 x 轴正向, 则电场强度的形式为

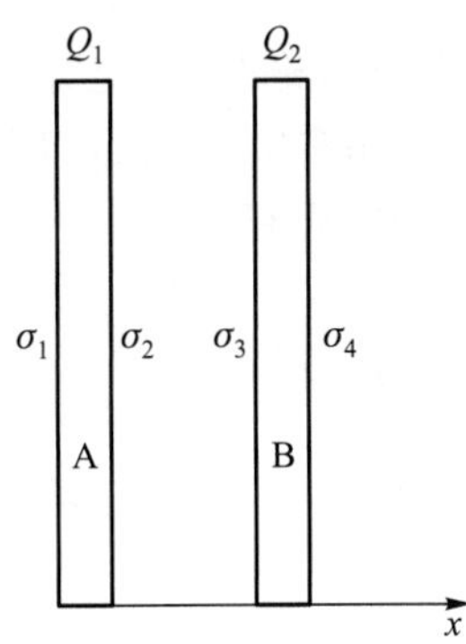

图 9.40

$$E_{\mathrm{A}}=\frac{\sigma_1}{2\varepsilon_0}-\frac{\sigma_2}{2\varepsilon_0}-\frac{\sigma_3}{2\varepsilon_0}-\frac{\sigma_4}{2\varepsilon_0}=0$$

$$E_{\mathrm{B}}=\frac{\sigma_1}{2\varepsilon_0}+\frac{\sigma_2}{2\varepsilon_0}+\frac{\sigma_3}{2\varepsilon_0}-\frac{\sigma_4}{2\varepsilon_0}=0$$

另外, 根据电荷守恒定律有

$$\sigma_1 S+\sigma_2 S=Q_1$$
$$\sigma_3 S+\sigma_4 S=Q_2$$

联立以上四式可得

$$\sigma_1=\sigma_4=\frac{Q_1+Q_2}{2S}$$

$$\sigma_2=-\sigma_3=\frac{Q_1-Q_2}{2S}$$

例 9.17 将电荷 q 放置于半径为 R, 相对介电常数为 ε_r 的电介质球中心, 电介质球内为 I 区, 真空为 II 区. 求: I 区、II 区的电位移 $\boldsymbol{D}$、电场强度 $\boldsymbol{E}$ 及电势 V.

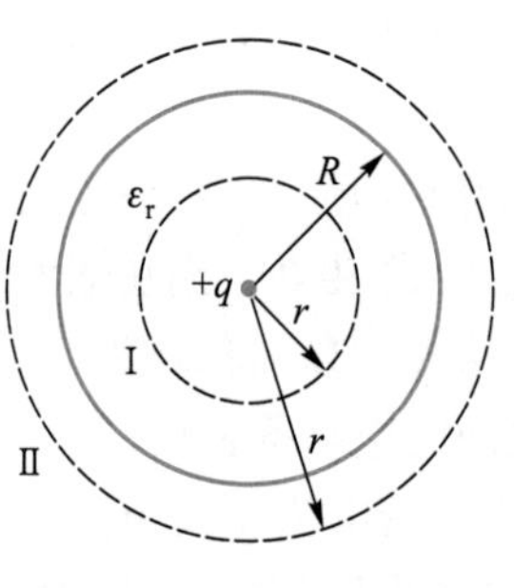

图 9.41

解 由于电荷产生的场具有球对称性, 在电介质球内、外各作半径为 r 的高斯球面, 它们所围的电荷都是 q, 如图 9.41 所示, 球面各点电位移都相等, 方向与球的法线平行, 由电介质中的高斯定理有

$$\oint_S \boldsymbol{D}\cdot \mathrm{d}\boldsymbol{S}=\oint_S D\mathrm{d}S\cos 0^\circ=D4\pi r^2=q$$
$$D=\frac{q}{4\pi r^2}$$

因此 I 区和 II 区电位移大小分别为

$$D_1=\frac{q}{4\pi r^2}\ \text{和}\ D_2=\frac{q}{4\pi r^2}$$

由 $D=\varepsilon_0\varepsilon_r E$ 得 I 区和 II 区的电场强度大小分别为

$$E_1=\frac{D_1}{\varepsilon_0\varepsilon_r}=\frac{q}{4\pi\varepsilon_0\varepsilon_r r^2}\ \text{和}\ E_2=\frac{D_2}{\varepsilon_0}=\frac{q}{4\pi\varepsilon_0 r^2}$$

根据电势的定义: $V_a = \int_a^\infty \boldsymbol{E} \cdot \mathrm{d}\boldsymbol{l} = \int_r^\infty \boldsymbol{E} \cdot \mathrm{d}\boldsymbol{r}$ 得 I 区电势为

$$V_1 = \int_r^R E_1 \mathrm{d}r + \int_R^\infty E_2 \mathrm{d}r = \int_r^R \frac{q}{4\pi\varepsilon_0\varepsilon_\mathrm{r} r^2}\mathrm{d}r + \int_R^\infty \frac{q}{4\pi\varepsilon_0 r^2}\mathrm{d}r$$

$$= \frac{q}{4\pi\varepsilon_0\varepsilon_\mathrm{r}}\left(\frac{1}{r} - \frac{1}{R}\right) + \frac{q}{4\pi\varepsilon_0 R}$$

而 II 区的电势为

$$V_2 = \int_r^\infty E_2 \mathrm{d}r = \int_r^\infty \frac{q}{4\pi\varepsilon_0 r^2}\mathrm{d}r = \frac{q}{4\pi\varepsilon_0 r}$$

例 9.18 半径为 r_1 的导体球带有电荷 q, 球外有一内外半径分别为 r_2、r_3 的同心球壳, 壳上带有电荷 Q, 如图 9.42 所示. 试求: (1) 导体球的电势 V_1 和球壳的电势 V_3; (2) 如将球壳接地, 导体球的电势 V_1' 和球壳的电势 V_3'; 导体球和球壳的电势差 ΔV .

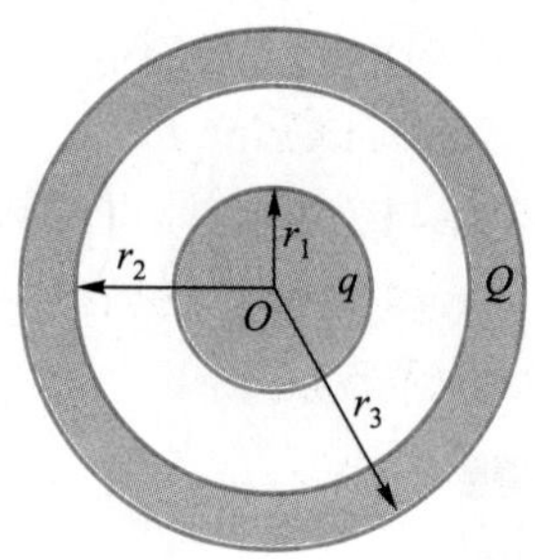

图 9.42

解 (1) 根据静电感应的平衡条件, 达到静电平衡时球壳内表面带电荷为 $-q$, 外表面带电荷为 $Q+q$, 此时空间各点电场强度可看成三个均匀带电圆球面的电场强度的叠加, 球体及球面各处的电场强度利用高斯定理可求得:

$$E = \begin{cases} \dfrac{q}{4\pi\varepsilon_0 r^2}, & r_1 < r < r_2 \\ 0, & r_2 < r < r_3 \\ \dfrac{Q+q}{4\pi\varepsilon_0 r^2}, & r > r_3 \end{cases}$$

所以导体球的电势

$$V_1=\int_{r_1}^{\infty}\boldsymbol{E}\cdot\mathrm{d}\boldsymbol{r}=\int_{r_1}^{r_2}\boldsymbol{E}_1\cdot\mathrm{d}\boldsymbol{r}+\int_{r_2}^{r_3}\boldsymbol{E}_2\cdot\mathrm{d}\boldsymbol{r}+\int_{r_3}^{\infty}\boldsymbol{E}_3\cdot\mathrm{d}\boldsymbol{r}$$

$$=\int_{r_1}^{r_2}\frac{q}{4\pi\varepsilon_0 r^2}\mathrm{d}r+0+\int_{r_3}^{\infty}\frac{Q+q}{4\pi\varepsilon_0 r^2}\mathrm{d}r$$

$$=\frac{1}{4\pi\varepsilon_0}\left(\frac{q}{r_1}-\frac{q}{r_2}+\frac{Q+q}{r_3}\right)$$

球壳的电势

$$V_3=\int_{r_3}^{\infty}\boldsymbol{E}_3\cdot\mathrm{d}\boldsymbol{r}=\int_{r_3}^{\infty}\frac{Q+q}{4\pi\varepsilon_0 r^2}\mathrm{d}r=\frac{Q+q}{4\pi\varepsilon_0 r_3}$$

(2) 如将球壳接地, 此时导体球的电荷为 q, 球壳内表面的电荷为 $-q$, 球壳外表面的电荷为零. 而球壳与地球是等势体, 因而球壳的电势 $V_3'=0$, 此时导体球电势为

$$V_1'=\int_{r_1}^{r_3}\boldsymbol{E}\cdot\mathrm{d}\boldsymbol{r}=\int_{r_1}^{r_2}\boldsymbol{E}_1\cdot\mathrm{d}\boldsymbol{r}+\int_{r_2}^{r_3}\boldsymbol{E}_2\cdot\mathrm{d}\boldsymbol{r}$$

$$=\int_{r_1}^{r_2}\frac{q}{4\pi\varepsilon_0 r^2}\mathrm{d}r=\frac{1}{4\pi\varepsilon_0}\left(\frac{q}{r_1}-\frac{q}{r_2}\right)$$

导体球和球壳的电势差

$$\Delta V=V_1'-V_3'=\frac{1}{4\pi\varepsilon_0}\left(\frac{q}{r_1}-\frac{q}{r_2}\right)$$

9.6 电容 电场能量

9.6.1 电容与电容器

电容是重要的物理量, 反映导体容纳电荷的能力, 理论和实验都表明, 导体具有储存电荷的本领, 在储存电荷的同时, 也储存了电能.

1. 孤立导体的电容

附近没有其他导体和带电体的孤立导体, 它所带电荷量 q 与它的电势 V 成正比, 实验已证明, 电荷量 q 与电势 V 成正比, 当电荷量的数值增大时, 电势也增大, 但它们的比值不变, 定义

$$C=\frac{q}{V}\tag{9.33}$$

上式中 C 称为真空中导体的电容, 是一个与导体所带的电荷和电势多少无关的物理量, 它只与导体的大小、形状有关.

QR9.32 语音导读 9.6.1

在国际标准单位制中电容单位为法拉, 符号为 F, 除此之外, 还有两个常用单位微法 (μF) 和皮法 (pF), 它们之间的关系为 1 μF = 10^{-6} F, 1 pF= 10^{-6}μF = 10^{-12} F.

对于半径为 R, 处于真空的孤立导体球, 其电容为

$$C=\frac{q}{V}=\frac{q}{\dfrac{q}{4\pi\varepsilon_0 R}}=4\pi\varepsilon_0 R$$

2. 电容器的电容

将两个能够带有等值而异号电荷的导体所组成的系统, 称为电容器. 两个导体 A、B 放在真空中, 它们所带的电荷分别为 $+Q$ 和 $-Q$, 如果它们之间的电势差为 $V_{\mathrm{A}}-V_{\mathrm{B}}$, 电容器的电容定义为: 两导体中任何一个导体所带的电荷 Q 与两导体间电势差的比值, 即

QR9.33 教学视频 9.6

$$C=\frac{Q}{V_{\mathrm{A}}-V_{\mathrm{B}}}=\frac{Q}{U_{\mathrm{AB}}} \tag{9.34}$$

如果 A 与 B 相距无限远, 取无限远处的电势为零, 即 $V_{\mathrm{B}}=0$, 式 (9.34) 就变成式 (9.33), 所以孤立导体实际上是相对电势零点而言的, 一般选地球的电势为零, 因此一个孤立导体的电容就是它和地球组成电容器的电容.

电容器的电容 C 与两极板的大小、形状及其相对位置和两极板之间充入的绝缘材料 (电介质) 有关, 而与所带的电荷和两极板的电势差无关. 实际上电容器是储存电能和电荷的元件, 在无线电、电子计算机和电子线路, 乃至大型输电系统等领域起着很重要的作用.

3. 常见电容器电容的计算

平行板电容器

最简单的电容器是由两个靠得很近, 且形状相同、面积相等、互相平行的金属极板组成的, 称为平行板电容器, 如图 9.43 所示, 设两极板面积均为 S, 电荷面密度分别为 $+\sigma$ 和 $-\sigma$, 极板间距离为 d, 充满了相对介电常数为 ε_{r} 的电介质, 由于两极板靠得很近, 极板的线度远大于板间距离, 所以可以忽略边缘效应, 两极板间的电场可以认为是均匀的. 根据高斯定理, 两极板间的电场强度大小为

$$E=\frac{\sigma}{\varepsilon_0\varepsilon_{\mathrm{r}}}$$

两极板间的电势差为

$$U_{\mathrm{AB}}=\int_{\mathrm{A}}^{\mathrm{B}}\boldsymbol{E}\cdot\mathrm{d}\boldsymbol{l}=\int_0^d E\mathrm{d}l=Ed=\frac{\sigma d}{\varepsilon_0\varepsilon_{\mathrm{r}}}$$

所以平行板电容器的电容为

$$C=\frac{Q}{U_{\mathrm{AB}}}=\frac{\sigma S}{\dfrac{\sigma d}{\varepsilon_0\varepsilon_{\mathrm{r}}}}=\frac{\varepsilon_0\varepsilon_{\mathrm{r}}S}{d} \tag{9.35}$$

由上式可知, 若两极板间的间距 d 足够小, 并加大两极板的面积 S, 就可获得较大的电容. 而且板间充满均匀电介质时的电容是板间为真空 ($\varepsilon_{\mathrm{r}}=1$) 时电容的 ε_{r} 倍, 因此 ε_{r} 也被称为相对电容率, 而介电常数则相应地称为电容率.

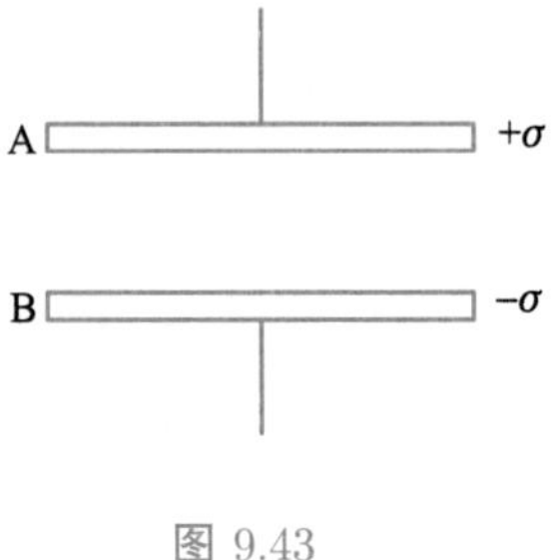

图 9.43

球形电容器

半径为 R_{A} 和 R_{B} 的两个同心金属球壳组成球形电容器, 两球壳间充满相对介电常数为 ε_{r} 的电介质, 如图 9.44 所示, 两球壳即为电容器的两极板, 设一个极板所带电荷量为 q, 两极板间电场强度大小, 由高斯定理得

$$E=\frac{q}{4\pi\varepsilon_0\varepsilon_{\mathrm{r}}r^2}$$

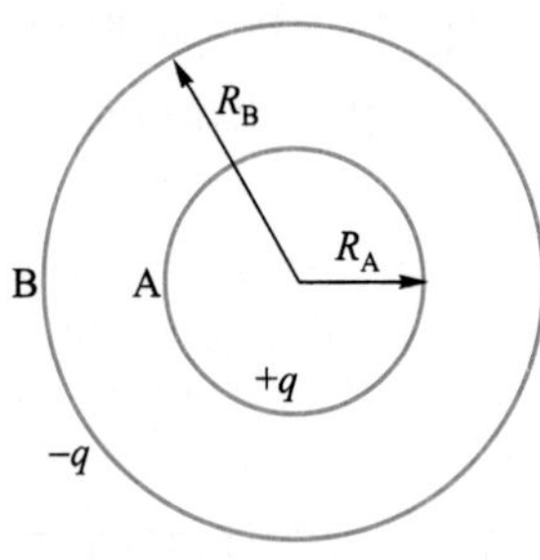

图 9.44

球壳间的电势差为

$$\begin{aligned}U_{\mathrm{AB}}&=\int_{\mathrm{A}}^{\mathrm{B}}\boldsymbol{E}\cdot\mathrm{d}\boldsymbol{l}\\&=\int_{R_{\mathrm{A}}}^{R_{\mathrm{B}}}\frac{q}{4\pi\varepsilon_0\varepsilon_{\mathrm{r}}r^2}\mathrm{d}r\\&=\frac{q}{4\pi\varepsilon_0\varepsilon_{\mathrm{r}}}\left(\frac{1}{R_{\mathrm{A}}}-\frac{1}{R_{\mathrm{B}}}\right)\end{aligned}$$

根据电容定义, 可得球形电容器的电容为

$$C = \frac{q}{U_{\mathrm{AB}}} = \frac{4\pi\varepsilon_0\varepsilon_{\mathrm{r}} R_{\mathrm{A}} R_{\mathrm{B}}}{R_{\mathrm{B}} - R_{\mathrm{A}}} \tag{9.36}$$

由此看到球形电容器的电容 C 只与两球面的半径有关, 而与所带的电荷量 q 无关.

圆柱形电容器

圆柱形电容器由半径分别为 R_{A} 和 R_{B} 的两个同轴金属圆筒 A、B 组成, 圆筒的长度 l 比半径 R_{B} 大得多. 两筒之间充满相对介电常数为 ε_{r} 的电介质, 如图 9.45 所示, 设内外圆柱面带有 $+q, -q$ 的电荷, 则单位长度上的电荷量为 $\lambda = \dfrac{q}{l}$, 由高斯定理可知, 两圆柱面之间的电场强度为

$$E = \frac{\lambda}{2\pi\varepsilon_0\varepsilon_{\mathrm{r}} r}$$

电场强度方向垂直于圆柱轴线, 则两圆柱面间的电势差为

$$U_{\mathrm{AB}} = \int_l \boldsymbol{E} \cdot \mathrm{d}\boldsymbol{l} = \int_{R_{\mathrm{A}}}^{R_{\mathrm{B}}} \frac{\lambda}{2\pi\varepsilon_0\varepsilon_{\mathrm{r}} r} \mathrm{d}r = \frac{\lambda}{2\pi\varepsilon_0\varepsilon_{\mathrm{r}}} \ln \frac{R_{\mathrm{B}}}{R_{\mathrm{A}}}$$

根据电容器电容的定义有

$$C = \frac{q}{U_{\mathrm{AB}}} = \frac{2\pi\varepsilon_0\varepsilon_{\mathrm{r}} l}{\ln \dfrac{R_{\mathrm{B}}}{R_{\mathrm{A}}}} \tag{9.37}$$

电容器种类很多, 按几何形状分类, 有平行板电容器、圆柱形电容器、球形电容器; 按极板间所充的电介质分类, 有空气电容器、云母电容器、纸质电容器和陶瓷电容器等; 按电容的变化分类, 有固定电容器、可变电容器和半可变 (或微调) 电容器. 虽然它们的用途各不相同, 但其基本结构都是相同的.

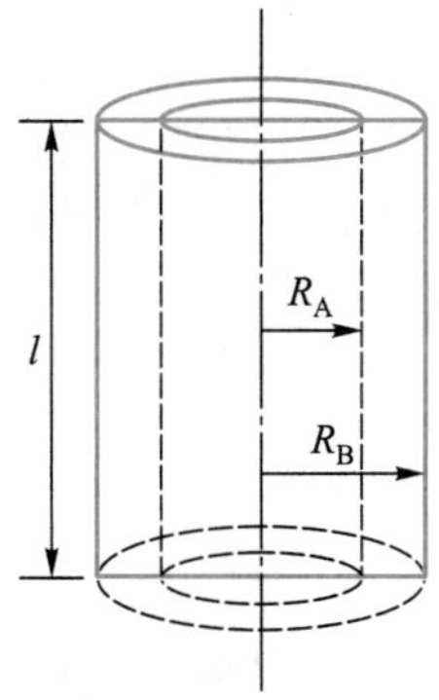

图 9.45

4. 电容器的串并联

QR9.34 电容器击穿

电容器的电容不仅依赖于电容器的形状, 而且还和极板间电介质的相对介电常数有关, 当极板上加一定的电压时, 极板间就有一定的电场强度, 电压越大, 电场强度也越大, 当电场强度增大到某一最大值时, 电介质中分子发生电离, 从而使电介质失去绝缘性, 这使得电介质被击穿, 电介质能承受的最大电场强度称为电介质的击穿电场强度 (也称绝缘强度), 此时两极板的电压称击穿电压.

实际电容器的性能指标主要有电容和耐压能力, 在使用电容器时, 要考虑耐压问题, 当电压超过规定的耐压值, 电介质就被击穿, 使电介质变成导体, 实际应用中要适当地组合多个电容器达到使用要求. 电容器连接的基本方式有串联、并联两种.

电容器的串联

若将 n 个电容器串联起来, 如图 9.46 所示, 将这组电容器接到电源上, 使两边的极板分别带等量异号的电荷 $+q$ 和 $-q$, 由于静电感应, 每个电容器的两极板上也分别感应出等量异号电荷 $+q$ 和 $-q$. 每个极板上的电压为

$$U_1=\frac{q}{C_1},\ U_2=\frac{q}{C_2},\ \cdots,\ U_n=\frac{q}{C_n}$$

这些电压之和等于总电压:

$$U=U_1+U_2+\cdots+U_n=q\left(\frac{1}{C_1}+\frac{1}{C_2}+\cdots+\frac{1}{C_n}\right)=\frac{q}{C}$$

则可得

$$\frac{1}{C}=\frac{1}{C_1}+\frac{1}{C_2}+\cdots+\frac{1}{C_n} \tag{9.38}$$

C 为这组串联电容器的等效电容.**在电容器串联时, 电容器组合的等效电容倒数等于各个电容器电容的倒数之和.**

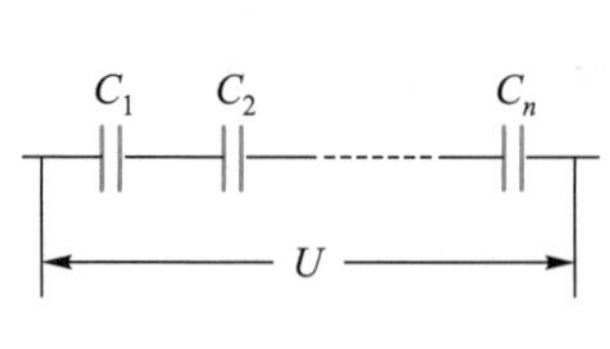

图 9.46

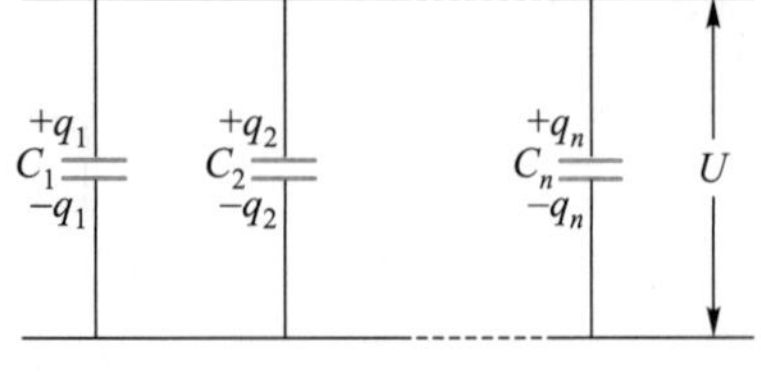

图 9.47

QR9.35 范德格拉夫起电机

电容器的并联

若将 n 个电容器并联起来, 如图 9.47 所示, 将这组电容器接到电源上, 加在每个电容器上的电压均为 U, 每个电容器上的带电荷量为

$$q_1=C_1U,\ q_2=C_2U,\ \cdots,\ q_n=C_nU$$

将此电容器组视为一个整体, 则等效电容器的两极板分别带等量异号的电荷 $+q$ 和 $-q$, 它等于各电容器同侧极板上的所带电荷之和, 即

$$q=q_1+q_2+\cdots+q_n=(C_1+C_2+\cdots+C_n)U=CU$$

于是可得这组并联电容器的等效电容为

$$C=C_1+C_2+\cdots+C_n \tag{9.39}$$

上式说明, **在电容器并联时, 等效电容等于各个电容器的电容之和.** 可见, 电容器的并联可使电容增加, 但耐压不变. 在实际应用中视需要可采用串联和并联组合的方式.

9.6.2 静电场的能量

1. 带电系统的能量

任何物体带电的过程都可看成电荷之间的相对迁移过程, 在迁移的过程中, 外力必须克服电场力做功而消耗能量, 根据能量转化和守恒定律, 外界消耗的能量转化为带电物体的静电能, 对于电荷为 Q 的带电体, 可以设想是不断地把微小电荷 $\mathrm{d}q$ 从无限远处迁移到带电体上的过程中, 外界克服电场力做功增加了带电体自身的能量, 即

QR9.36 语音导读 9.6.2

$$\mathrm{d}W_\mathrm{e}=\mathrm{d}A=U\mathrm{d}q$$

所以带电体从不带电到带有电荷 Q 的整个过程积蓄的能量为

$$W_\mathrm{e}=\int \mathrm{d}W_\mathrm{e}=\int_0^Q U\mathrm{d}q$$

实际上, 电容器 (设 A、B 两板原来不带电) 的充电过程就是在电源作用下不断地从原来中性的极板 B 取正电荷移动到极板 A 上的过程, 如图 9.48 所示, 给电容器充电过程可看成把微小电荷 $+\mathrm{d}q$ 无数次从极板 B 迁移到极板 A 上, 也就是不断地把正电荷从低电势处移到高电势处.

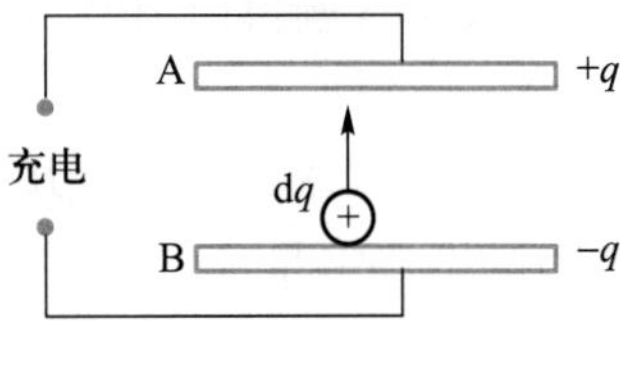

图 9.48

设某一时刻 A 与 B 两极板的电荷分别为 $+q$ 和 $-q$, 两板的电势差为 $U_\mathrm{AB}=V_\mathrm{A}-V_\mathrm{B}$, 假设这时将 $+\mathrm{d}q$ 的电荷从 B 移到 A, 那么外力所做的元功为

$$\mathrm{d}W_\mathrm{e}=U_\mathrm{AB}\mathrm{d}q=\frac{q}{C}\mathrm{d}q$$

式中 C 为电容器的电容, 当极板的电荷从 0 增到 Q 时, 外界做功为

$$W_{\mathrm{e}}=\int_0^Q \mathrm{d}W_{\mathrm{e}}=\int_0^Q \frac{q}{C}\mathrm{d}q=\frac{Q^2}{2C}$$

$$W_{\mathrm{e}}=\frac{Q^2}{2C}=\frac{1}{2}CU^2=\frac{1}{2}QU \tag{9.40}$$

上式表明, 当电压 U 一定时, 电容量大的能量就大, 电容 C 是电容器储存能量本领的标志.

2. 电场能量和能量密度

电场能量

电容器充电后具有了能量. 在图 9.48 中, 平行板电容器有了电荷, 其周围同时存在电场, 电荷与电场是相互依存, 无法分离的, 电容器的能量实际上就是电场的能量.

仍以图 9.48 为例, 假设平行板电容器极板面积为 S, 两板间距离为 d, 两板之间充满相对介电常数为 ε_{r} 的电介质, 在不考虑边缘效应的情况下, 电容器电容和极板上所带电荷分别为

$$C=\frac{\varepsilon_0\varepsilon_{\mathrm{r}}S}{d}=\frac{\varepsilon S}{d}$$

$$Q=\sigma_0 S=DS$$

由式 (9.40) 有

$$W_{\mathrm{e}}=\frac{1}{2}\frac{Q^2}{C}=\frac{1}{2}\frac{d}{\varepsilon S}D^2S^2=\frac{1}{2}\frac{D^2}{\varepsilon}V$$

式中 $V=Sd$ 是平行板电容器内电场空间的体积, 又由 $\boldsymbol{D}=\varepsilon\boldsymbol{E}$ 得

$$W_{\mathrm{e}}=\frac{1}{2}\varepsilon E^2V=\frac{1}{2}EDV \tag{9.41}$$

以上结论虽然是由平行板电容器这一特例得出, 但可以证明它具有普遍的意义.

电场的能量密度

在不考虑边缘效应时, 平行板电容器内部的电场是均匀电场, 电场能量均匀分布在电场中, 因此单位体积内的电场能量为

$$w_{\mathrm{e}}=\frac{W_{\mathrm{e}}}{V}=\frac{1}{2}\varepsilon E^2=\frac{1}{2}\frac{D^2}{\varepsilon}=\frac{1}{2}ED=\frac{1}{2}\boldsymbol{E}\cdot\boldsymbol{D} \tag{9.42}$$

式中 w_{e} 称为电场能量密度, 式 (9.42) 虽然从平行板电容器这一特例推出, 但在电动力学中将会证明它对一般情况 (包括静电场和变化的电场) 也成立.

对于非均匀电场能量的计算, 由于场中各点的电场能量密度是不均匀的, 此时可在场中取一微小的体积元 $\mathrm{d}V$, 在体积元 $\mathrm{d}V$ 中电场能量密度可认为是均匀

的, 求出这体积元内的能量, 再对整个电场积分可得总能量, 即

$$W_\mathrm{e}=\int_V w_\mathrm{e}\mathrm{d}V=\int_V \frac{1}{2}\boldsymbol{D}\cdot\boldsymbol{E}\mathrm{d}V \tag{9.43}$$

在各向异性的电介质中 $\boldsymbol{D}$ 和 $\boldsymbol{E}$ 的方向不同, 故写成上式的形式.

例 9.19 求半径为 R、带电荷量为 Q 的均匀带电球体电场能量 (设带电球处于真空, 并且球内的介电常数为 ε_0).

解 用式 (9.42) 和式 (9.43) 计算, 体积元 $\mathrm{d}V=4\pi r^2\mathrm{d}r$, 在这里, 球体内、外的电场强度是不同的, 因此要分区域积分. 如图 9.49 所示, 已知均匀带电球体的球内和球外的电场强度分别为

$$E_1=\frac{Qr}{4\pi\varepsilon_0R^3} \text{ 和 } E_2=\frac{Q}{4\pi\varepsilon_0r^2}$$

则静电场的能量为

$$\begin{aligned}W_\mathrm{e}&=\int_V\frac{1}{2}\varepsilon_0E^2\mathrm{d}V=\frac{1}{2}\int_{V_1}\varepsilon_0E_1^2\mathrm{d}V+\frac{1}{2}\int_{V_2}\varepsilon_0E_2^2\mathrm{d}V\\&=\frac{\varepsilon_0}{2}\int_0^R(\frac{Qr}{4\pi\varepsilon_0R^3})^2 4\pi r^2\mathrm{d}r+\frac{\varepsilon_0}{2}\int_R^\infty(\frac{Q}{4\pi\varepsilon_0r^2})^2 4\pi r^2\mathrm{d}r\\&=\frac{Q^2}{40\pi\varepsilon_0R}+\frac{Q^2}{8\pi\varepsilon_0R}=\frac{3Q^2}{20\pi\varepsilon_0R}\end{aligned}$$

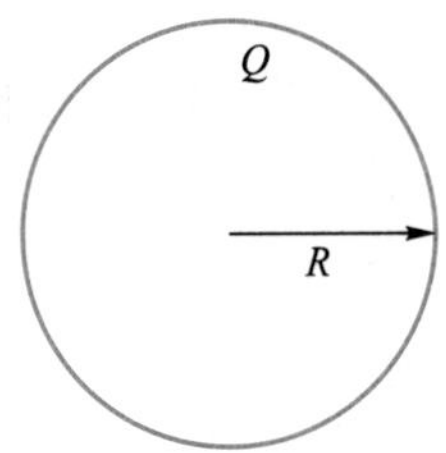

图 9.49

同理, 若球外充满介电常数为 ε_r 的均匀电介质, 则电场的能量的求法相同, 根据式 (9.31) 知此时球外部的电场强度 E_2 减弱至 $E_3=E_2/\varepsilon_\mathrm{r}$, 球内的电场强度不变, 仍为 E_1, 上式电场能量的表达式第一项不变, 第二项有变化, 即

$$\begin{aligned}W_\mathrm{e}&=\int_{V_1}\frac{1}{2}\varepsilon_0E_1^2\mathrm{d}V+\int_{V_3}\frac{1}{2}\varepsilon_\mathrm{r}\varepsilon_0E_3^2\mathrm{d}V\\&=\frac{\varepsilon_0}{2}\int_0^R\left(\frac{Qr}{4\pi\varepsilon_0R^3}\right)^2 4\pi r^2\mathrm{d}r+\frac{\varepsilon_\mathrm{r}\varepsilon_0}{2}\int_R^\infty\left(\frac{Q}{4\pi\varepsilon_\mathrm{r}\varepsilon_0r^2}\right)^2 4\pi r^2\mathrm{d}r\\&=\frac{Q^2}{4\pi\varepsilon_0R}+\frac{Q^2}{8\pi\varepsilon_\mathrm{r}\varepsilon_0R}\end{aligned}$$

习题 9

QR9.37 习题 9 参考答案

9.1 如图所示, 一电荷面密度为 σ 的“无限大”平面, 在距离平面 a 处的一点的电场强度大小的一半是由平面上的一个半径为 R 的圆面积范围内的电荷所产生的, 试求该圆半径的大小.

9.2 半径为 R 的带电细圆环, 其电荷线密度为 $\lambda = \lambda_0 \cos\phi$, 式中 λ_0 为一常量, ϕ 为半径 R 与 x 轴所成的夹角, 如图所示, 试求环心 O 处的电场强度.

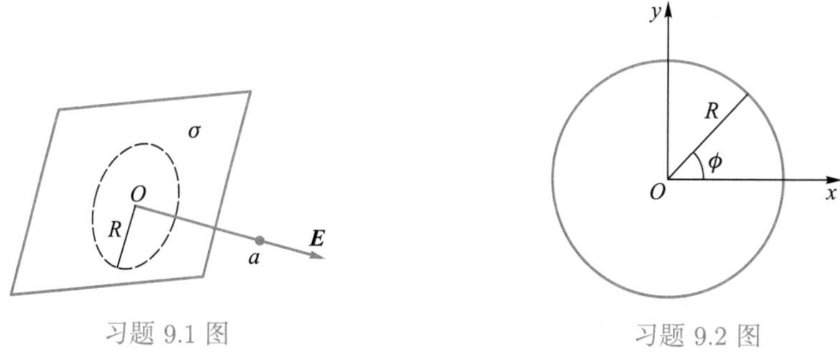

习题 9.1 图　　习题 9.2 图

9.3 一个细玻璃棒被弯成半径为 R 的半圆形, 沿其上半部分均匀分布有电荷 $+Q$, 沿其下半部分均匀分布有电荷 $-Q$, 如图所示. 试求圆心 O 处的电场强度.

9.4 图示为一球形电容器, 在外球壳的半径 b 及内外导体间的电势差 U 维持恒定的条件下, 内球半径 a 为多大时才能使内球表面附近的电场强度最小? 求这个最小电场强度的大小.

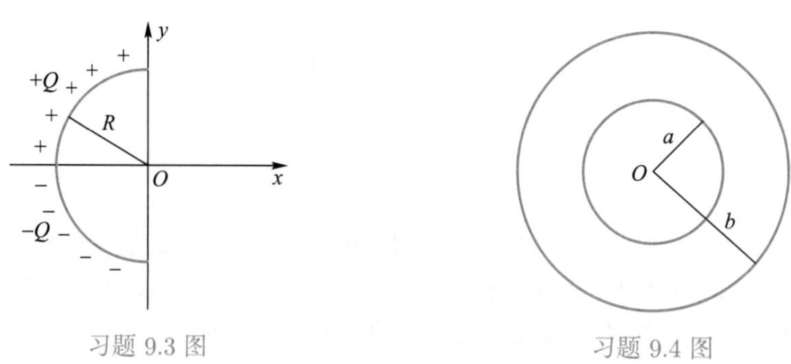

习题 9.3 图　　习题 9.4 图

9.5 两个同心的导体球壳, 半径分别为 $R_1 = 0.145\ \text{m}$ 和 $R_2 = 0.207\ \text{m}$, 内球壳上带有负电荷 $q = -6.0 \times 10^{-8}\ \text{C}$. 一电子以零初速度自内球壳逸出. 设两球壳之间的区域是真空, 试计算电子撞到外球壳上时的速率.(电子电荷 $-e = -1.6 \times 10^{-19}\ \text{C}$, 电子质量 $m_\text{e} = 9.1 \times 10^{-31}\ \text{kg}$, $\varepsilon_0 = 8.85 \times 10^{-12}\ \text{C}^2 \cdot \text{N}^{-1} \cdot \text{m}^{-2}$.)

9.6 如图所示, 两个无限大的平行平面都均匀带电, 电荷的面密度分别为 σ_1 和 σ_2, 试求空间各处电场强度.

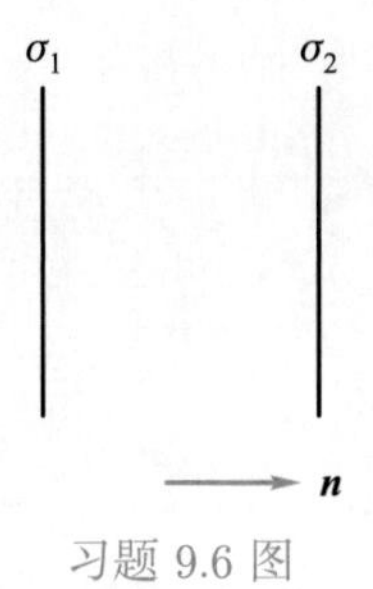

习题 9.6 图

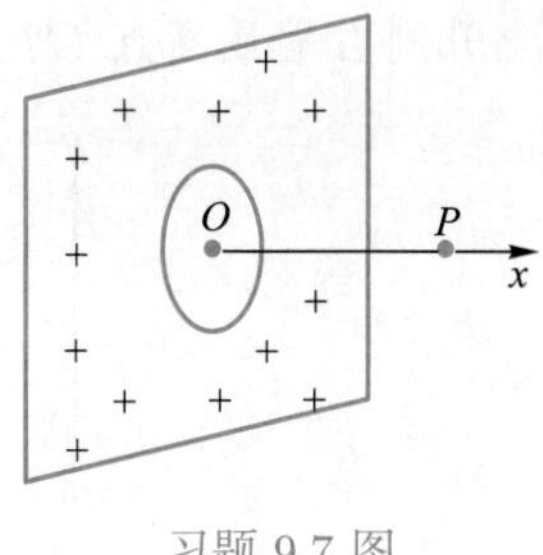

习题 9.7 图

9.7 如图所示, 一无限大平面, 中部有一半径为 R 的圆孔. 设平面上均匀带正电, 而电荷面密度为 σ. 选孔中心 O 点处电势为零, 试求通过小孔中心并与平面垂直的直线上一点 P 的电势.

9.8 厚度为 d 的"无限大"均匀带电导体板两表面电荷面密度为 σ. 试求图示离左板面距离为 a 的一点与离右板面距离为 b 的一点之间的电势差.

9.9 如图所示, 一内半径为 a、外半径为 b 的金属球壳, 带有电荷 Q, 在球壳空腔内距离球心 r 处有一点电荷 q. 设无限远处为电势零点, 试求 (1) 球壳内外表面上的电荷; (2) 球心 O 点处, 由球壳内表面上的电荷产生的电势; (3) 球心 O 点处的总电势.

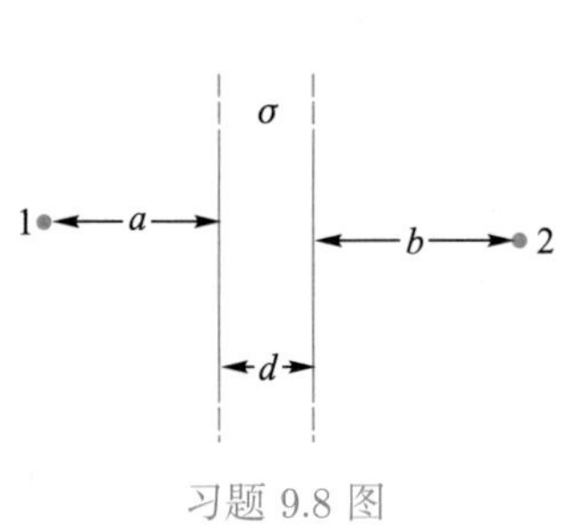

习题 9.8 图

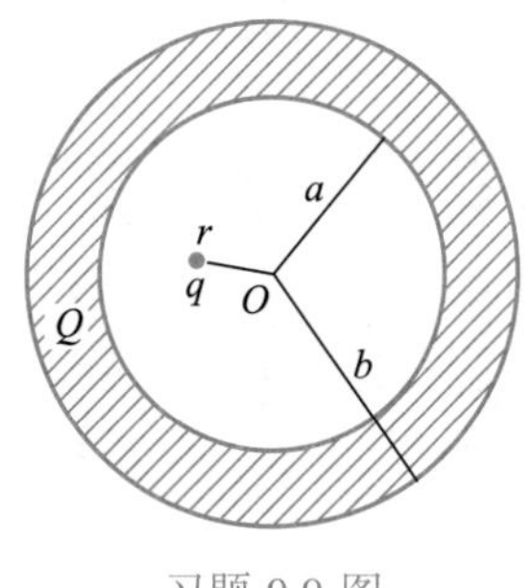

习题 9.9 图

9.10 两个半径分别为 R_1 和 R_2 $(R_1 < R_2)$ 的同心薄金属球壳, 现使内球壳带电 $+q$. 试计算: (1) 外球壳上的电荷分布及电势大小; (2) 先把外球壳接地, 然后断开接地线重新绝缘, 此时外球壳的电荷分布及电势; (3) 再使内球壳接地, 此时内球壳上的电荷以及外球壳上的电势的改变量.

9.11 一圆柱形电容器, 外柱的直径为 4 cm, 内柱的直径可以适当选择, 若其间充满各向同性的均匀电介质, 该介质的击穿电场强度的大小为 $E_0 = 200\ \mathrm{kV/cm}$. 试求该电容器可能承受的最高电压 (自然对数的底 $\mathrm{e} = 2.7183$).

9.12 在电场强度大小为 E, 方向竖直向上的均匀电场中, 有一半径为 R 的半球形光滑绝缘槽, 且该槽放在光滑水平面上 (如图所示). 槽的质量为 m', 一质量为 m 带有电荷 q 的小球从槽的顶点 A 处由静止释放. 如果忽略空气阻力且质点受到的重力大于其所受电场力, (1) 求小球由顶点 A 滑至半球最低点 B 时相对地面的速度; (2) 求小球通过 B 点时, 槽相对地面的速度; (3) 小球通过 B 点后,能不能再上升到右端最高点 C?

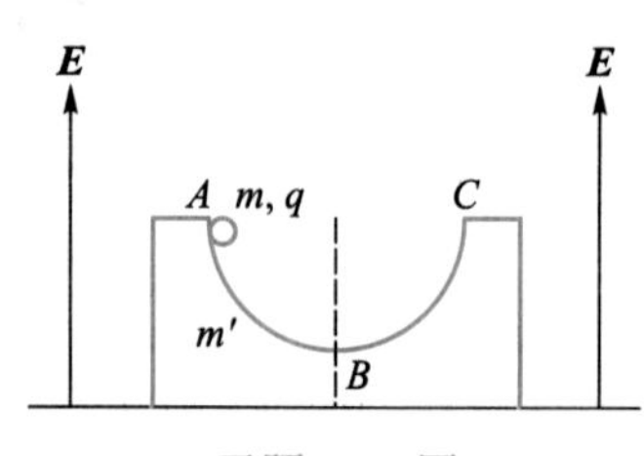

习题 9.12 图

9.13 两同轴均匀带电圆柱面, 高度均为 l, 半径分别为 R_1 和 R_2, 内、外柱面单位长度上的电荷量分别为 $+\lambda$ 和 $-\lambda$, 两柱面间充满了相对介电常数为 ε_r 的电介质. 用能量法计算该电容器的电容.

9.14 空气的击穿电场强度为 3×10^3 kV/m. 当一个平行板电容器两极板间是空气而电势差为 50 kV 时, 每平方米面积的电容最大是多少?

9.15 范德格拉夫静电加速器的球形电极半径是 18 cm. 求这个球的电容多大? 如果使它的电势升到 2×10^5 V, 需要使它带多少电荷?

9.16 实验证明, 地球表面上方电场不为零, 晴天大气电场的平均电场强度约为 120 V/m, 方向向下, 这意味着地球表面上有多少过剩电荷? 用每平方厘米的电子数表示.

第十章

恒定磁场

上一章我们研究了相对观察者静止的电荷产生的静电场的基本性质和规律. 如果电荷在运动, 则在运动电荷周围, 除了存在电场, 还存在另一种性质的场——磁场. 当运动电荷形成恒定电流时, 恒定电流产生的磁场不随时间变化, 称为恒定磁场.

QR10.1 本章内容提要

本章主要讨论描述磁场性质的物理量——磁感应强度 $\boldsymbol{B}$; 电流激发磁场的规律——毕奥–萨伐尔定律; 反映磁场性质的基本定理——磁场的高斯定理和安培环路定理; 磁场对运动电荷和电流的作用以及磁场和介质的相互作用规律.

10.1 磁感应强度

10.1.1 基本磁现象

我国是世界上最早发现并应用磁现象的国家之一, 早在公元前 300 年的战国时期, 人们就已发现磁铁矿石能吸铁的现象. 11 世纪 (北宋) 时, 我国科学家沈括制造了航海用的指南针, 并发现了地磁偏角.

QR10.2 语音导读 10.1.1

磁现象和电现象虽然早已被人们发现, 但在很长时期内, 人们把磁和电看成本质上完全不同的两种现象, 因此磁学和静电学各自独立地发展着. 直到 1820 年, 丹麦物理学家奥斯特发现, 在一根通有电流的导线附近放置的小磁针会发生偏转, 如图 10.1 所示. 这显示了磁针受到了电流的作用力. 该实验在历史上第一次揭示了电现象和磁现象的联系, 对电磁学的发展起到了重要作用. 不久之后, 法国物理学家安培发现, 放在磁铁附近的载流导线或载流线圈也会受到作用力而运动, 如图 10.2 和图 10.3 所示. 随后安培又发现载流导线之间也存在相互作用力, 如图 10.4 所示. 一个阴极射线管的两个电极之间加上电压后, 会有电子束从阴极 K 射向阳极 A. 当把一个蹄形磁铁放到阴极射线管的附近时, 会看到电子束发生偏转. 这显示出运动的电子受到了磁铁的作用力, 如图 10.5 所示. 磁铁与磁铁之间、电流与磁铁之间、电流与电流之间、磁铁与运动电荷之间的力都称为磁力.

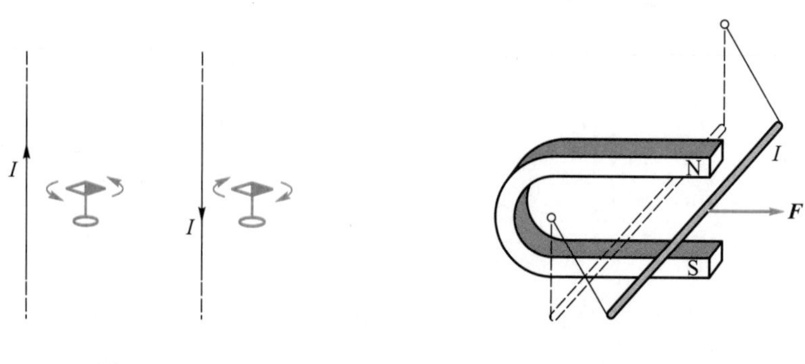

图 10.1　　图 10.2

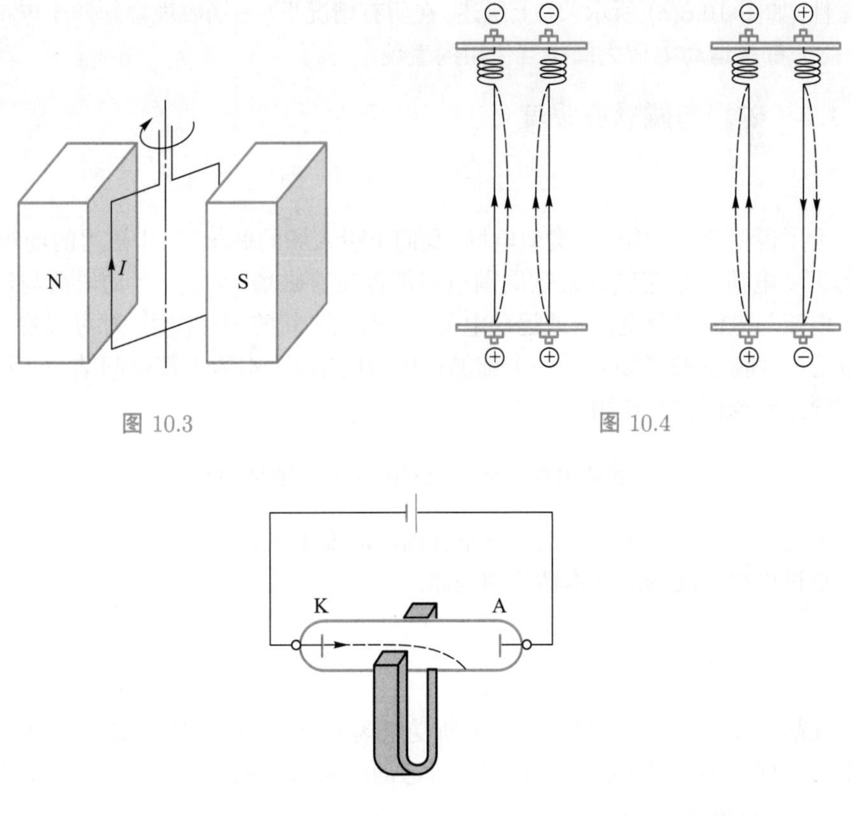

图 10.3

图 10.4

图 10.5

在这些实验中, 电流之间的相互作用可以说是运动电荷的相互作用, 因为电流是电荷的定向运动形成的. 其他几类现象都用到永磁体, 它的磁现象本质是什么呢? 关于磁现象的本质, 1822 年, 安培提出了有关物质磁性本质的假说, 他认为一切磁现象的根源是电流. 物质内部任何一个分子都相当于一个小的回路电流, 称之为**分子电流**. 每一个分子电流都和一个小磁针等效, 磁针的 N 极和 S 极对应于分子电流的两侧, 如图 10.6(a) 所示. 宏观物质的磁性取决于其内部大量分子电流产生的磁效应的总和. 如果物质内部各分子电流排列整齐, 则在宏观上就会显现出磁性, 如图 10.6(b) 所示; 反之, 如果各分子电流的排列杂乱无章, 则宏观上不显

QR10.3 几种磁现象

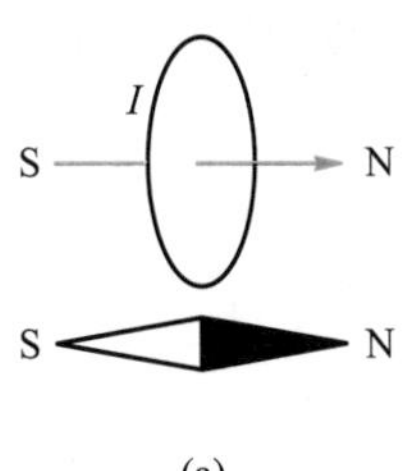

(a)

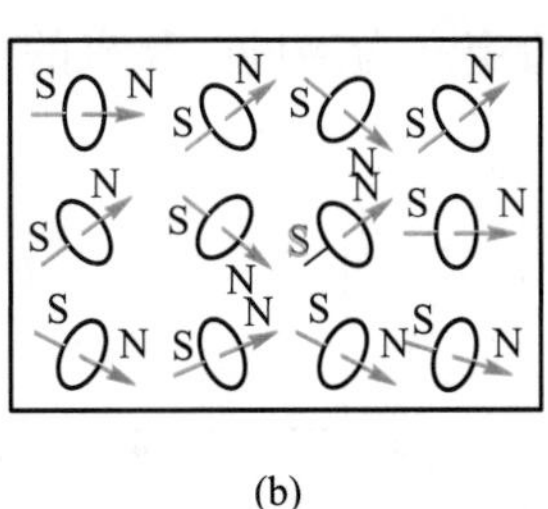

(b)

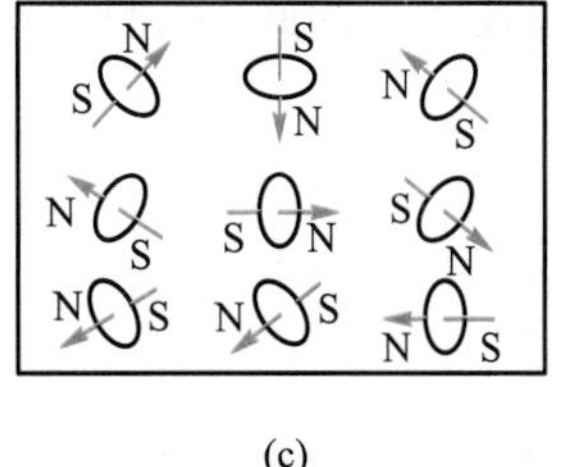

(c)

图 10.6

现磁性, 如图 10.6(c) 所示. 综上所述, 在所有情况下, 一切磁现象起源于电荷的运动, 磁力都是运动电荷之间相互作用的表现.

10.1.2 磁场与磁感应强度

1. 磁场

QR10.4 语音导读 10.1.2

为了说明磁力的作用, 类似电场, 我们也引入场的概念, 产生磁力的场叫磁场. 任何运动电荷、电流以及磁铁周围空间都存在着磁场, 因此, 运动电荷与运动电荷、电流与电流以及电流 (或运动电荷) 与磁铁之间的相互作用, 都可以看成它们中任意一个激发的磁场对另一个施加作用力的结果. 本质上都可归结为运动电荷之间通过磁场而相互作用.

$$\text{运动电荷} \rightleftharpoons \text{磁场} \rightleftharpoons \text{运动电荷}$$

恒定电流在它周围激发的磁场不会随时间发生变化, 因此称为恒定磁场. 本章将着重讨论恒定磁场的基本性质和规律.

2. 磁感应强度

在静电场中, 我们通过试验电荷所受电场力, 引入电场强度 $\boldsymbol{E}$ 来描述电场的强弱和方向. 同样, 在磁场中, 我们通过运动电荷所受磁场力, 引入磁感应强度 $\boldsymbol{B}$ 来描述磁场的强弱和方向.

我们用下述方法定义磁感应强度 $\boldsymbol{B}$, 实验发现:

磁场中存在一个特定方向, 当正电荷 q 以速度 $\boldsymbol{v}$ 沿该方向或其反方向运动时, 受力为零, 与 q 无关, 这说明磁场本身具有方向性. 我们就可以用这个特定方向或其反方向来规定磁场的方向. 实验发现当 q 沿其他方向运动时, q 受的磁力 $\boldsymbol{F}$ 的方向总与此不受力的方向以及 q 本身的速度 $\boldsymbol{v}$ 的方向垂直. 这样我们就可以定义 $\boldsymbol{B}$ 的方向为使得 $\boldsymbol{v}\times\boldsymbol{B}$ 的方向正是 $\boldsymbol{F}$ 的方向.

QR10.5 磁感应强度的另一定义

当正电荷 q 以速度 $\boldsymbol{v}$ 沿垂直于磁场方向运动时, 电荷所受的磁场力最大, 用 $\boldsymbol{F}_{\max}$ 表示, 如图 10.7 所示.$\boldsymbol{F}_{\max}$ 的大小正比于电荷量 q 与速率 v 的乘积, 但对磁场中某一定点来说, 比值 $\dfrac{F_{\max}}{qv}$ 是确定的, 与 qv 的大小无关, 它反映了该点磁场的强弱. 因此, 我们把这个比值定义为磁场中某点的磁感应强度 $\boldsymbol{B}$ 的大小, 即

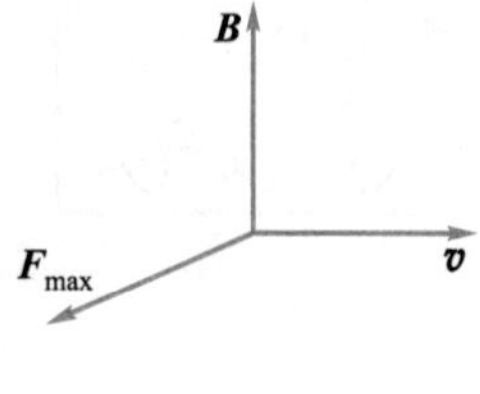

图 10.7

$B=\dfrac{F_{\max}}{qv}$, 其矢量表达式为

$$\boldsymbol{B}=\frac{\boldsymbol{F}_{\max}\times\boldsymbol{v}}{qv^2} \tag{10.1}$$

在国际单位制中磁感应强度单位为特斯拉 (符号 T). 除了特斯拉之外, 习惯上还用高斯 (符号 G), 它们之间的关系为 $1\ \text{T}=10^4\ \text{G}$.

地球磁场在不同的位置是不同的, 地球两极磁场的磁感应强度大小约为 6×10^{-5} T, 地球赤道磁场的磁感应强度大小约为 3×10^{-5} T, 天然磁铁和人工磁铁统称为永久磁铁, 它的磁场的磁感应强度约为 10^{-2} T 数量级, 大型电磁铁可产生大小 2 T 的磁场, 超导体的磁场的磁感应强度可达 25 T 以上.

10.1.3 磁场中的高斯定理

1. 磁感线

在磁场中, 类似于电场中的电场线, 我们引入磁感线 (也称磁感应线) 来形象地描述磁场的分布. 磁感线是在磁场中描绘的一系列有方向的曲线, 通常规定: 磁感线上任一点的切线方向都与该点磁感应强度的方向一致, 同时, 为了用磁感线的疏密来表示空间各点磁场的强弱, 还规定通过垂直于磁感应强度单位面积的磁感线条数等于该点磁感应强度的大小. 显然, 磁感线越密的地方, 磁场越强, 磁感线越疏的地方, 磁场越弱. 因而磁感线的分布能形象地反映磁场的方向和大小的特征.

根据把小磁针放入磁场里的取向, 绘制了几种不同形状的电流所产生的磁场的磁感线分布, 如图 10.8 所示. 由图中可以看出, 磁感线具有以下特征:

磁感线是与电流套链的无头无尾的闭合曲线.

磁感线的环绕方向与电流方向满足右手螺旋定则. 若拇指指向电流方向, 则四指环绕的方向为磁感线的方向, 如图 10.8(a) 所示; 反之, 若四指环绕的方向沿着电流方向, 则拇指所指的方向即为磁感线的方向, 如图 10.8(b)、图 10.8(c) 所示.

QR10.6 语音导读 10.1.3

任何两条磁感线永不相交, 因为磁场中任一点的磁场方向都是唯一确定的.

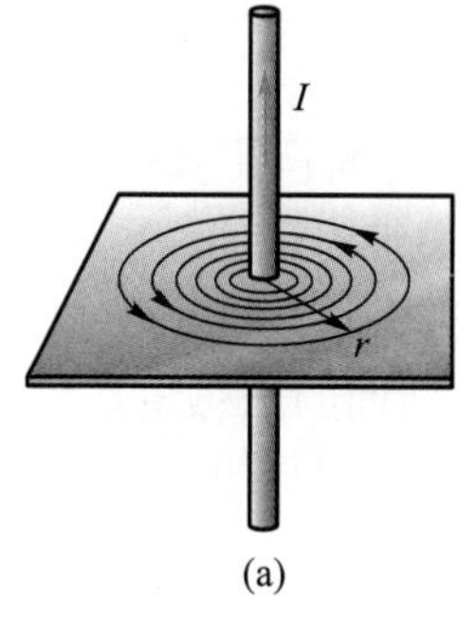

(a)

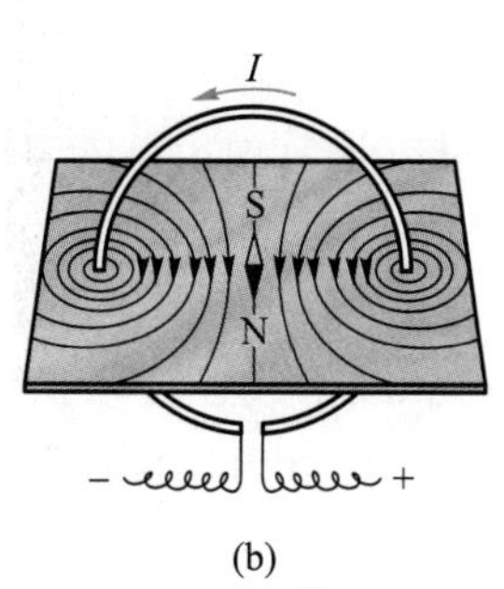

(b)

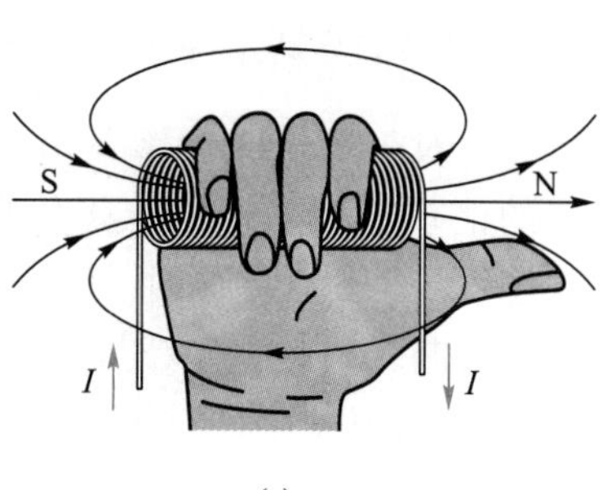

(c)

图 10.8

2. 磁通量

电场中引入电通量描述电场的性质, 类似地, 磁场中也可引入磁通量来描述磁场的性质.

穿过磁场中某一曲面的磁感线条数, 称为穿过该曲面的磁通量, 用符号 Φ_m 表示.

磁通量的计算方法与电场强度通量 Φ_e 的计算方法类似. 如图 10.9 所示, 在非均匀磁场中任一给定曲面 S 上取面积元 $\mathrm{d}\boldsymbol{S}$, $\mathrm{d}\boldsymbol{S}$ 上磁感应强度是均匀的, $\mathrm{d}\boldsymbol{S}$ 可视为平面, 若 $\mathrm{d}\boldsymbol{S}$ 的法线方向单位矢量 $\boldsymbol{e}_\mathrm{n}$ 与该处磁感应强度 $\boldsymbol{B}$ 的夹角为 θ, 则通过 $\mathrm{d}\boldsymbol{S}$ 的磁通量为

$$\mathrm{d}\Phi_\mathrm{m} = B\mathrm{d}S\cos\theta = \boldsymbol{B}\cdot\mathrm{d}\boldsymbol{S} \tag{10.2}$$

式中, $\mathrm{d}\boldsymbol{S}$ 是面积元矢量, 其大小为 $\mathrm{d}\boldsymbol{S}$, 方向沿法线方向, 用法线方向单位矢量 $\boldsymbol{e}_\mathrm{n}$ 表示.

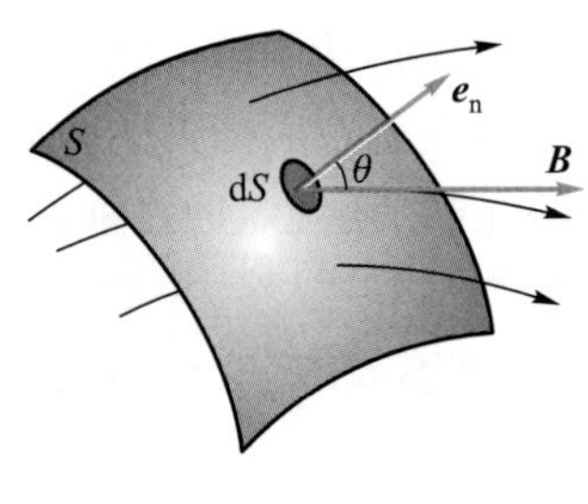

图 10.9

通过整个曲面 S 的磁通量为

$$\Phi_\mathrm{m} = \int_S \mathrm{d}\Phi_\mathrm{m} = \int_S B\mathrm{d}S\cos\theta = \int_S \boldsymbol{B}\cdot\mathrm{d}\boldsymbol{S} \tag{10.3}$$

在国际单位制中, 磁通量的单位为韦伯, 符号为 Wb, 1 Wb=1 T·m^2.

3. 磁场的高斯定理

QR10.7 教学视频 10.1.3

对于闭合曲面, 和静电场中一样, 通常规定自内向外的方向为面积元 $\mathrm{d}\boldsymbol{S}$ 法线的正方向. 当磁感线从闭合曲面内穿出时, $0 \leqslant \theta < \pi/2$, 则磁通量为正值; 而当磁感线穿入闭合曲面时, $\pi/2 < \theta \leqslant \pi$, 则磁通量为负值. 由于磁感线是无头无尾的闭合曲线, 所以穿入闭合曲面的磁感线条数必然等于穿出闭合曲面的磁感线条数, 如图 10.10 所示. 因此, 通过磁场中任一闭合曲面的总磁通量恒等于零, 即

$$\Phi_\mathrm{m} = \oint_S \boldsymbol{B}\cdot\mathrm{d}\boldsymbol{S} = 0 \tag{10.4}$$

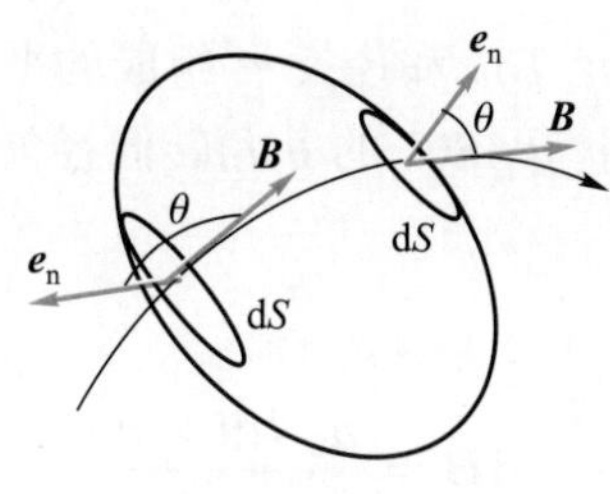

图 10.10

上式称为**磁场的高斯定理**, 它是表明磁场基本性质的重要方程之一. 其形式与静电场的高斯定理 $\oint_S \boldsymbol{E}\cdot \mathrm{d}\boldsymbol{S}=\dfrac{1}{\varepsilon_0}\sum_i q_i$ 很相似, 但两者有本质上的区别. 在静电场中, 由于自然界存在单独的正、负电荷, 因此通过任一闭合曲面的电通量可以不为零. 而在磁场中, 自然界的磁极总是成对出现, 没有单独存在的磁极, 因此通过任一闭合曲面的磁通量必然恒等于零.

10.1.4 毕奥–萨伐尔定律

19 世纪 20 年代, 受奥斯特发现电流磁效应的启发, 类比由点电荷电场强度和电场强度叠加原理求带电体电场强度的方法, 法国科学家毕奥、萨伐尔、拉普拉斯根据大量的实验资料, 总结出了载流导线上任意小段电流产生的磁场的规律, 即毕奥–萨伐尔定律.

QR10.8 语音导读 10.1.4

如图 10.11 所示, 真空中一载流导线通有电流 I, 在导线上任取一小段电流, 其长度为 $\mathrm{d}l$, 写成矢量 $\mathrm{d}\boldsymbol{l}$, 它的方向沿小段电流 I 的方向, 把 $I\mathrm{d}\boldsymbol{l}$ 称为电流元. 电流元 $I\mathrm{d}\boldsymbol{l}$ 在给定点 P 处所产生的磁场 $\mathrm{d}\boldsymbol{B}$ 的大小与电流元 $I\mathrm{d}\boldsymbol{l}$ 的大小成正比, 与电流元和它到 P 点的径矢 $\boldsymbol{r}$ 之间的夹角的正弦成正比, 并与电流元 $I\mathrm{d}\boldsymbol{l}$ 到 P 点的距离 r 的平方成反比, 即

$$\mathrm{d}B=\frac{\mu_0}{4\pi}\frac{I\mathrm{d}l\sin\theta}{r^2} \tag{10.5}$$

QR10.9 教学视频 10.1.4

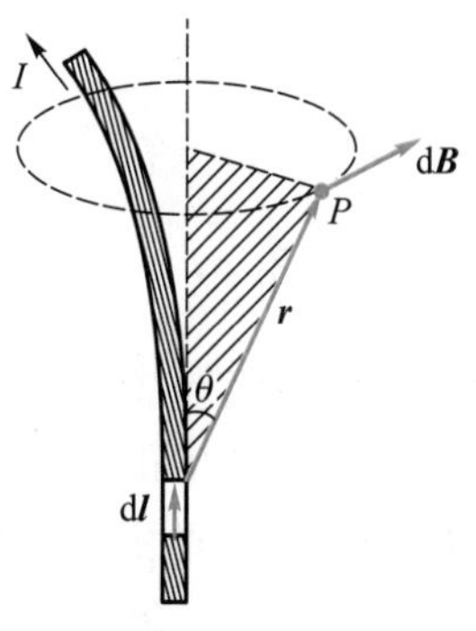

图 10.11

$\mathrm{d}\boldsymbol{B}$ 的方向垂直于电流元 $I\mathrm{d}\boldsymbol{l}$ 和径矢 $\boldsymbol{r}$ 组成的平面, 指向可由右手螺旋定则确定, 即右手四指由 $I\mathrm{d}\boldsymbol{l}$ 经小于 180° 的 θ 角转向径矢 $\boldsymbol{r}$ 时, 大拇指的指向即 $\mathrm{d}\boldsymbol{B}$ 的方向, 如图 10.11 所示.

若用矢量式表示, 则有

$$\mathrm{d}\boldsymbol{B} = \frac{\mu_0}{4\pi}\frac{I\mathrm{d}\boldsymbol{l} \times \boldsymbol{r}}{r^3} \tag{10.6}$$

式 (10.6) 就是毕奥–萨伐尔定律的数学表达式.

实验指出, 磁场服从叠加原理, 任意形状载流导线在 P 点产生的磁感应强度, 等于各段电流元在该点产生磁感应强度的矢量和, 即

$$\boldsymbol{B} = \int \mathrm{d}\boldsymbol{B} = \frac{\mu_0}{4\pi}\int \frac{I\mathrm{d}\boldsymbol{l} \times \boldsymbol{r}}{r^3} \tag{10.7}$$

需要指出的是, 由于电流元不能孤立存在, 所以毕奥–萨伐尔定律的正确性无法直接通过实验验证, 但由该定律计算出的一些通电导线产生的磁场与实验测量的结果符合得很好, 从而间接证明了该定律的正确性.

10.1.5 磁感应强度的计算

1. 载流直导线的磁场

QR10.10 电流元思想

如图 10.12 所示, 一段有限长载流直导线, 通有电流 I, 求距导线垂直距离为 a 处一点 P 的磁感应强度.

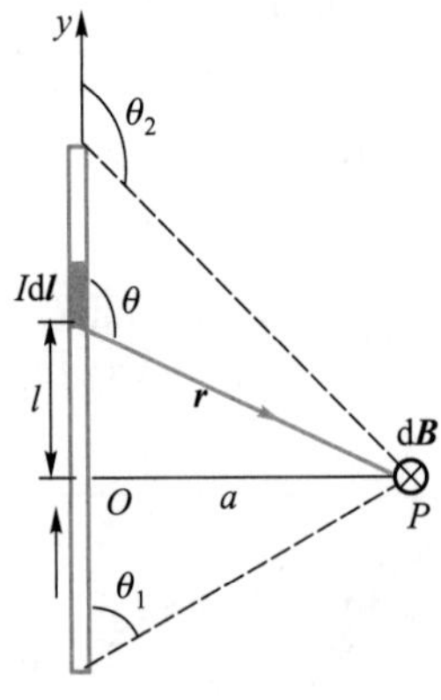

图 10.12

建立如图 10.12 所示的坐标系, 载流导线电流方向沿 y 轴正方向, 沿 y 轴离 O 点 l 处取一电流元 $I\mathrm{d}\boldsymbol{l}$, P 点相对于 $I\mathrm{d}\boldsymbol{l}$ 的径矢为 $\boldsymbol{r}$, $I\mathrm{d}\boldsymbol{l}$ 与 $\boldsymbol{r}$ 的夹角为 θ. 根据毕奥–萨伐尔定律, 电流元 $I\mathrm{d}\boldsymbol{l}$ 在 P 点产生的磁感应强度的大小

$$\mathrm{d}B = \frac{\mu_0}{4\pi}\frac{I\mathrm{d}l\sin\theta}{r^2}$$

根据右手螺旋定则, 可知所有电流元在 P 点产生的磁感应强度 $\mathrm{d}\boldsymbol{B}$ 的方向均垂直于纸面向内, 因而整个载流直导线在 P 点的磁感应强度 $\boldsymbol{B}$ 的方向也垂直纸面向内, 如图 10.12 所示. 这样, 总磁感应强度 $\boldsymbol{B}$ 的矢量积分可化为标量积分, 其大小等于 $\mathrm{d}B$ 对整个载流导线的积分, 即

$$B=\int \mathrm{d}B=\frac{\mu_0}{4\pi}\int\frac{I\mathrm{d}l\sin\theta}{r^2}$$

式中, r、l、θ 均为变量, 要进一步积分必须先统一积分变量. 由图 10.12 可以看出, 各变量之间的几何关系为

QR10.11 语音导读 10.1.5

$$r=\frac{a}{\sin\theta},\quad l=-a\cot\theta$$

对 l 取微分, 有

$$\mathrm{d}l=\frac{a\mathrm{d}\theta}{\sin^2\theta}$$

将上述关系式代入积分式内, 可得到 P 点的磁感应强度 $\boldsymbol{B}$ 的大小为

QR10.12 教学视频 10.1.5

$$B=\frac{\mu_0 I}{4\pi}\int_{\theta_1}^{\theta_2}\frac{\sin\theta\mathrm{d}\theta}{a}=\frac{\mu_0 I}{4\pi a}(\cos\theta_1-\cos\theta_2)\tag{10.8}$$

式中, θ_1 和 θ_2 分别为载流直导线起点和终点处电流元与它们到 P 点径矢之间的夹角. $\boldsymbol{B}$ 的方向垂直纸面向内.

若载流直导线为 "无限长", 即导线的长度远大于 a, $\theta_1=0$, $\theta_2=\pi$, 则场点 P 处的磁感应强度大小为

$$B=\frac{\mu_0 I}{2\pi a}\tag{10.9}$$

上式表明, "无限长" 载流直导线附近的磁感应强度的大小与电流 I 成正比, 与场点到导线的垂直距离成反比, 它的磁感线是在垂直于导线的平面内, 以导线上各点为圆心的一系列同心圆, 磁场具有轴对称性.

若载流直导线为 "半无限长", 即 $\theta_1=0,\theta_2=\pi/2$(或 $\theta_1=\pi/2,\theta_2=\pi$), 则 P 点的磁感应强度 $\boldsymbol{B}$ 的大小为

$$B=\frac{\mu_0 I}{4\pi a}$$

对于直导线上及其延长线上的一点, 因为 $\theta=0$ 或 π, 则

$$\mathrm{d}B=\frac{\mu_0}{4\pi}\frac{I\mathrm{d}l\sin\theta}{r^2}=0$$

即磁感应强度 $B=0$.

2. 圆电流在其轴线上的磁场

设真空中有一圆电流 (载流线圈) 的半径为 R, 通有电流 I, 试计算其轴线上距圆心 O 为 x 的 P 点的磁感应强度.

建立如图 10.13 所示的坐标系, 将圆环分割为无限多个电流元 $I\mathrm{d}\boldsymbol{l}$, 电流元 $I\mathrm{d}\boldsymbol{l}$ 在轴线 P 点上产生的磁感应强度 $\mathrm{d}\boldsymbol{B}$ 的大小为

$$\mathrm{d}B = \frac{\mu_0 I \mathrm{d}l \sin 90^\circ}{4\pi r^2} = \frac{\mu_0 I \mathrm{d}l}{4\pi r^2}$$

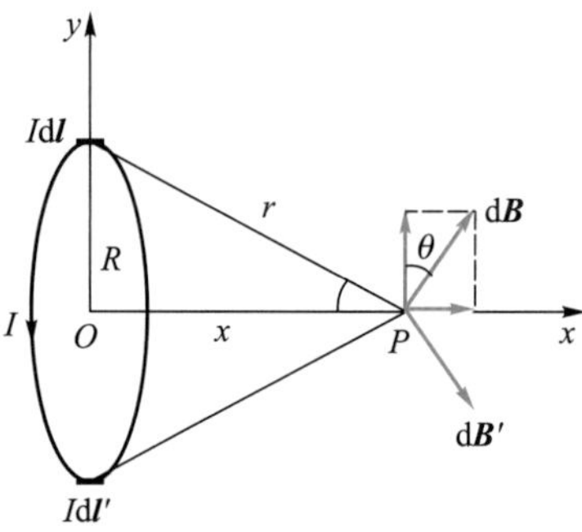

图 10.13

显然, 圆电流上所有电流元在 P 点的磁感应强度 $\mathrm{d}\boldsymbol{B}$ 的大小因距离 r 相同而相等, 但 $\mathrm{d}\boldsymbol{B}$ 的方向却各不相同. 如图 10.13 所示, 所有 $\mathrm{d}\boldsymbol{B}$ 形成以 P 点为顶点的锥面分布. 根据对称性, 在 x 轴下方与 $I\mathrm{d}\boldsymbol{l}$ 对称有一个电流元 $I\mathrm{d}\boldsymbol{l}'$, 它在 P 点产生的磁感应强度为 $\mathrm{d}\boldsymbol{B}'$, 这一对电流元在 P 点产生的磁感应强度, 在 x 轴方向的分量大小相等、方向相同, 垂直于 x 轴方向的分量相互抵消. 从而所有电流元的磁感应强度与 x 轴方向垂直分量的总和为零, 因此有

$$B = \int \mathrm{d}B_x = \int \mathrm{d}B \sin\theta = \int \mathrm{d}B \frac{R}{r}$$

$$B = \int_0^{2\pi R} \frac{\mu_0 I}{4\pi r^2} \frac{R}{r} \mathrm{d}l = \frac{\mu_0 I R}{4\pi r^3} \int_0^{2\pi R} \mathrm{d}l = \frac{\mu_0 I R^2}{2r^3}$$

而 $r = (x^2 + R^2)^{1/2}$, 所以

$$B = \frac{\mu_0 I R^2}{2(x^2 + R^2)^{3/2}} \tag{10.10}$$

磁感应强度的方向垂直于圆电流平面指向 x 轴. 它的方向可用右手螺旋定则判断: 用右手弯曲的四指代表电流的方向, 伸直的拇指表示 $\boldsymbol{B}$ 的方向.

在圆电流圆心 O 处, $x = 0$, 该处磁感应强度的大小为

$$B = \frac{\mu_0 I}{2R} \tag{10.11}$$

圆心角为 θ 的圆弧电流, 在圆心 O 处激发的磁感应强度大小为

$$B=\frac{\mu_0 I}{2R}\cdot\frac{\theta}{2\pi} \tag{10.12}$$

利用载流直导线、圆电流等产生的磁场, 结合磁场的叠加原理, 可以求出一些其他载流导体磁场的磁感应强度.

3. 载流长直密绕螺线管内部的磁场

设有一长直密绕螺线管, 每匝通有电流 I, 半径为 R, 单位长度上绕有 n 匝线圈, 求螺线管内部轴线上任意一点 P 处的磁感应强度.

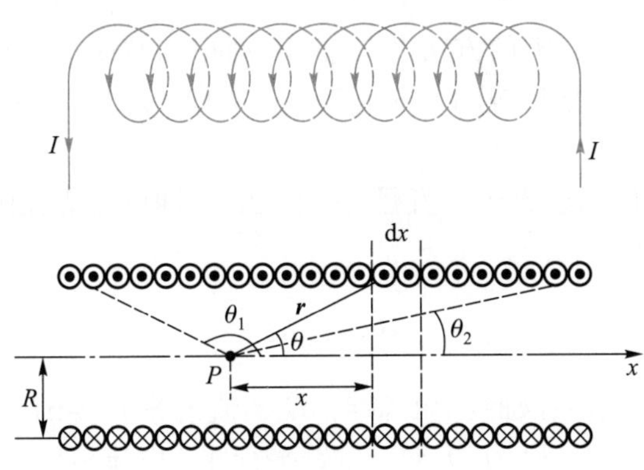

图 10.14

螺线管上的线圈绕得很密, 每匝线圈相当于一个圆电流, 整个螺线管可看成多个圆电流的集合. 螺线管内部轴线上任意一点的磁感应强度应该是各匝线圈在该点产生的磁感应强度的矢量和. 建立如图 10.14 所示的坐标系, 在距 P 点 x 处任取一小段线元 $\mathrm{d}x$, 该小段上的线圈匝数为 $n\mathrm{d}x$, 由于螺线管上的线圈绕得很密, 可以将它看成所带电流为 $\mathrm{d}I=In\mathrm{d}x$ 的圆电流. 由式 (10.10) 可得它在 P 点激发的磁感应强度 $\mathrm{d}\boldsymbol{B}$ 的大小为

$$\mathrm{d}B=\frac{\mu_0 R^2\mathrm{d}I}{2(R^2+x^2)^{3/2}}=\frac{\mu_0 R^2 nI\mathrm{d}x}{2(R^2+x^2)^{3/2}}$$

$\mathrm{d}\boldsymbol{B}$ 的方向沿 x 轴正方向. 因为螺线管上各小段在 P 点产生的磁感应强度的方向都相同, 所以整个螺线管在 P 点产生的磁感应强度 $\boldsymbol{B}$ 的矢量积分可化为标量积分, 其大小为

$$B=\int\mathrm{d}B=\int\frac{\mu_0 R^2 nI\mathrm{d}x}{2(R^2+x^2)^{3/2}}$$

为了便于积分, 我们引入参量 θ 角, 由图中的几何关系有

$$x=R\cot\theta$$

对上式求微分, 可得

$$dx = -R\csc^2\theta d\theta$$

又由于

$$R^2 + x^2 = r^2 = \left(\frac{R}{\sin\theta}\right)^2 = R^2\csc^2\theta$$

将以上关系式代入上述积分式, 整理可得

$$B = \frac{\mu_0 nI}{2}\int_{\theta_1}^{\theta_2}(-\sin\theta)\,d\theta = \frac{\mu_0 nI}{2}(\cos\theta_2 - \cos\theta_1) \tag{10.13}$$

P 点的磁感应强度 $\boldsymbol{B}$ 的方向沿 x 轴正方向, 与螺线管中的电流方向满足右手螺旋定则, 即右手四指环绕的方向代表电流方向, 大拇指所指的方向为磁场方向.

若螺线管的长度远远大于其直径 ($l \gg 2R$), 即可视为无限长螺线管, 此时 $\theta_1 = \pi$, $\theta_2 = 0$, 所以

$$B = \mu_0 nI \tag{10.14}$$

还可以证明, 螺线管内不在轴线上的各点, B 的值也等于 $\mu_0 nI$, 因此, 无限长载流螺线管内部的磁场是均匀磁场, 方向与轴线平行并与电流满足右手螺旋定则.

若 P 点位于载流长直螺线管的一端, 左端 $\theta_1 = \frac{\pi}{2}$, $\theta_2 = 0$ 或右端 $\theta_1 = \pi$, $\theta_2 = \frac{\pi}{2}$, 则有

$$B = \frac{1}{2}\mu_0 nI$$

即载流长直螺线管两端中心轴线上的磁感应强度的大小为管内的一半. 载流长直螺线管轴线上各点 B 的量值变化情况如图 10.15 所示. 可以看出, 载流长直螺线管内中部附近的磁场完全可以视为均匀磁场.

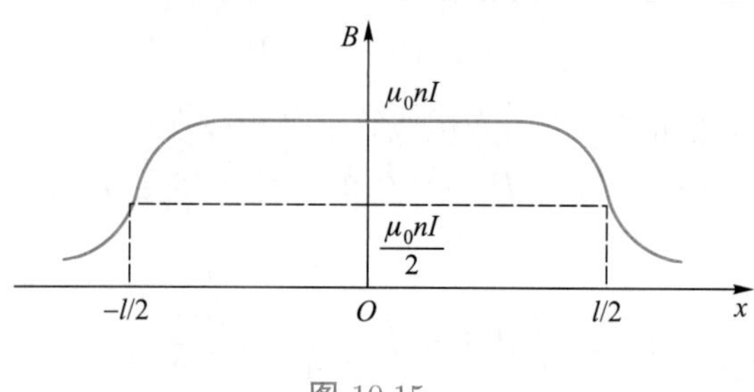

图 10.15

下面将在直线电流和圆电流的基础上, 根据叠加原理, 计算一些典型的电流所激发的磁场.

例 10.1 如图 10.16 所示, ab、cd 为长直导线, $\widehat{bc}$ 是圆心在 O 点的半圆形导线, 其半径为 R. 若通以电流 I, 求 O 点处的磁感应强度.

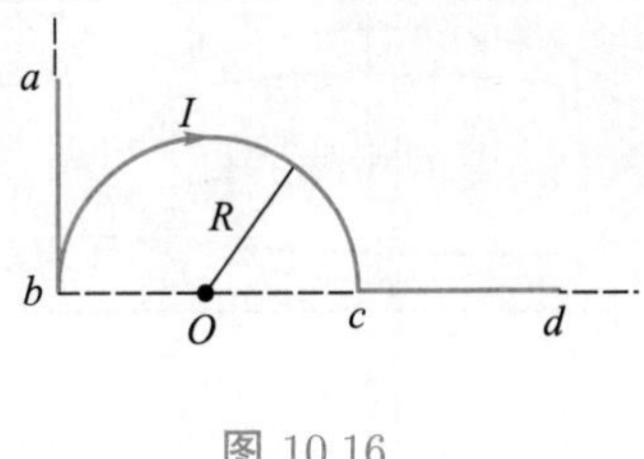

图 10.16

解 O 点磁场由 ab、cd 和 $\widehat{bc}$ 三部分电流产生. 即 $\boldsymbol{B}=\boldsymbol{B}_{ab}+\boldsymbol{B}_{\widehat{bc}}+\boldsymbol{B}_{cd}$. 取垂直纸面向里为正方向. 其中

ab 产生 $\boldsymbol{B}_{ab}=-\dfrac{\mu_0 I}{4\pi R}$

$\widehat{bc}$ 产生 $\boldsymbol{B}_{\widehat{bc}}=\dfrac{\mu_0 I}{4R}$

cd 产生 $\boldsymbol{B}_{cd}=0$

所以 $\boldsymbol{B}=\boldsymbol{B}_{ab}+\boldsymbol{B}_{\widehat{bc}}+\boldsymbol{B}_{cd}=\dfrac{\mu_0 I}{4R}-\dfrac{\mu_0 I}{4\pi R}=\dfrac{\mu_0 I}{4R}\left(1-\dfrac{1}{\pi}\right)$

10.2 安培环路定理

静电场中, 电场强度 E 沿任意闭合路径的线积分为零, 即 $\oint_L \boldsymbol{E}\cdot \mathrm{d}\boldsymbol{l}=0$, 表明了静电场是保守场. 那么在恒定电流激发的磁场中, 磁感应强度沿任意闭合路径的线积分 $\oint_L \boldsymbol{B}\cdot \mathrm{d}\boldsymbol{l}$ 等于多少? 它和电流有何关系?

10.2.1 安培环路定理

下面通过一个特例来看此问题, 即磁场由长直载流导线产生.

如图 10.17 所示, 一根无限长的载流直导线周围的磁场为

$$B=\frac{\mu_0 I}{2\pi r}$$

磁感线是在垂直于导线平面内的同心圆.

QR10.13 教学视频 10.2.1

任意形状的闭合回路 L 包围载流直导线, 且处于和直电流垂直的平面内, 则

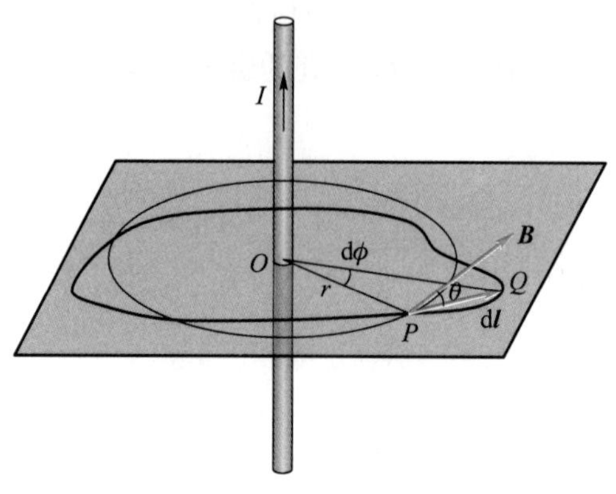

图 10.17

$$\oint_L \boldsymbol{B}\cdot\mathrm{d}\boldsymbol{l}=\oint_L B\cos\theta\mathrm{d}l=\oint_L \frac{\mu_0 I}{2\pi r}\cos\theta\mathrm{d}l$$

$$=\oint_L \frac{\mu_0 I}{2\pi r}r\mathrm{d}\phi=\frac{\mu_0 I}{2\pi}2\pi=\mu_0 I$$

上式表明, 磁感应强度 $\boldsymbol{B}$ 沿闭合回路 L 的线积分, 与闭合回路形状无关, 只和闭合回路内包围的电流有关.

如果积分路径的绕行方向相反或电流反向, 则 $\mathrm{d}\boldsymbol{l}$ 反向或 $\boldsymbol{B}$ 反向, 有

$$\oint_L \boldsymbol{B}\cdot\mathrm{d}\boldsymbol{l}=-\mu_0 I$$

这说明, 电流流向与积分路径的绕行方向满足右手螺旋定则时, 电流 I 取正号; 否则电流 I 取负号.

QR10.14 语音导读 10.2.1

如图 10.18 所示, 如果在垂直电流的平面内的任一闭合回路 L 不包围电流, 则可以从载流长直导线出发, 引与闭合回路相切的两条切线, 切点 a、b 将闭合回路 L 分成 L_1、L_2 两部分, 同一张角 $\mathrm{d}\phi$ 对应于两个线元 $\mathrm{d}\boldsymbol{l}_1$ 和 $\mathrm{d}\boldsymbol{l}_2$, $\mathrm{d}\boldsymbol{l}_1$ 与 $\boldsymbol{B}_1$ 成

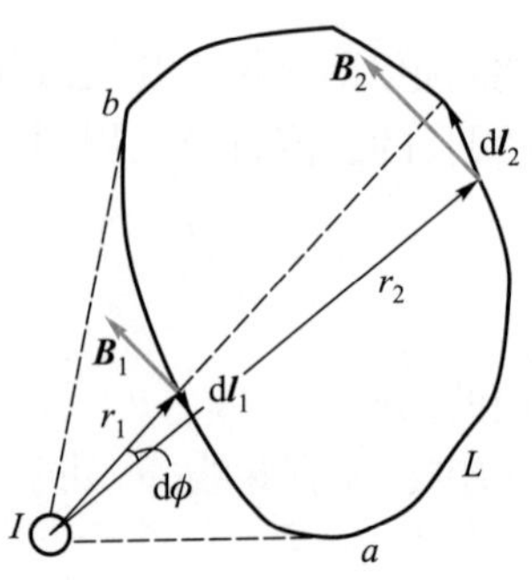

图 10.18

钝角, $\mathrm{d}\boldsymbol{l}_2$ 与 $\boldsymbol{B}_2$ 成锐角. 按上面的分析, 可以得出

$$\begin{aligned}\oint_L \boldsymbol{B}\cdot\mathrm{d}\boldsymbol{l} &= \int_{L_1}\boldsymbol{B}_1\cdot\mathrm{d}\boldsymbol{l}+\int_{L_2}\boldsymbol{B}_2\cdot\mathrm{d}\boldsymbol{l}\\ &=\frac{\mu_0 I}{2\pi}\left(-\int_{L_1}\mathrm{d}\phi+\int_{L_2}\mathrm{d}\phi\right)=0\end{aligned}$$

可见, 当闭合回路 L 不包围电流时, 回路上各点的磁感应强度虽不为零, 但磁感应强度沿该闭合回路的线积分等于零, 即回路外的电流对 $\boldsymbol{B}$ 沿闭合回路的线积分没有贡献.

以上结果虽然是以载流长直导线产生的磁场为例推出的, 但其结论具有普遍性, 对任意几何形状的载流导线产生的磁场都是适用的.

如果空间磁场由 n 个电流共同激发, 其中闭合回路 L 包含 m 个电流, 其余 $n-m$ 个电流没有穿过闭合回路. 回路上任一点的磁感应强度 $\boldsymbol{B}$ 应为各个电流在该点产生的磁感应强度的矢量和, 即 $\boldsymbol{B}=\boldsymbol{B}_1+\boldsymbol{B}_2+\cdots+\boldsymbol{B}_n$, 则对该闭合回路 L, $\boldsymbol{B}$ 的线积分为

$$\begin{aligned}\oint_L \boldsymbol{B}\cdot\mathrm{d}\boldsymbol{l} &= \oint_L(\boldsymbol{B}_1+\boldsymbol{B}_2+\cdots+\boldsymbol{B}_m+\cdots+\boldsymbol{B}_n)\cdot\mathrm{d}\boldsymbol{l}\\ &=\oint_L\boldsymbol{B}_1\cdot\mathrm{d}\boldsymbol{l}+\oint_L\boldsymbol{B}_2\cdot\mathrm{d}\boldsymbol{l}+\cdots+\oint_L\boldsymbol{B}_m\cdot\mathrm{d}\boldsymbol{l}+\cdots+\oint_L\boldsymbol{B}_n\cdot\mathrm{d}\boldsymbol{l}\\ &=\mu_0 I_1+\mu_0 I_2+\cdots+\mu_0 I_m+0+\cdots+0\\ &=\mu_0\sum_i I_i\end{aligned}$$

由此可归纳出安培环路定理, 表述为 在真空中的恒定磁场中, 磁感应强度 B 沿任意闭合回路 L 的线积分 (B 的环流), 等于穿过该闭合回路的电流 (即穿过以闭合回路为边界的任意曲面的电流) 的代数和的 μ_0 倍, 即

QR10.15 安培环路定理的证明

$$\oint_L \boldsymbol{B}\cdot\mathrm{d}\boldsymbol{l}=\mu_0\sum_i I_i \tag{10.15}$$

式 (10.15) 就是安培环路定理的数学表达式. 为了更好地理解这个定理的含义, 需要进行以下几点说明:

首先, 电流有正负号之分. 如图 10.19 所示, 回路 L 的绕行方向可以任意选择, 当电流 I_i 与回路 L 的绕行方向满足右手螺旋定则时 (右手四指环绕的方向沿着回路绕行方向, 大拇指所指的方向沿着电流方向), 电流 I_i 取正值, 反之取负值. $\sum\limits_i I_i$ 是指穿过闭合回路 L 的电流的代数和.

$$\oint_L \boldsymbol{B}\cdot\mathrm{d}\boldsymbol{l}=\mu_0\sum_i I_i=\mu_0(I_1-I_2)$$

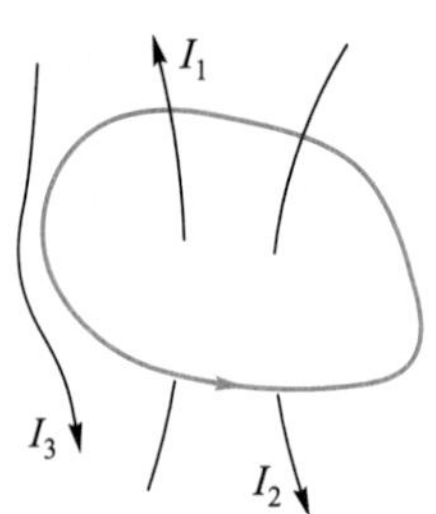

图 10.19

其次, 要注意区分 $\boldsymbol{B}$ 的环流与 $\boldsymbol{B}$. 如图 10.19 所示, $\boldsymbol{B}$ 的环流只与穿过闭合回路 L 的电流 I_1、I_2 有关, 而回路上任一点的磁感应强度 $\boldsymbol{B}$ 是由所有电流 I_1、I_2、I_3 共同激发的. 这一点与讨论静电场的高斯定理时有相似之处.

再次, 与静电场的环路定理 $\oint_L \boldsymbol{E}\cdot \mathrm{d}\boldsymbol{l} = 0$ 相比较, 恒定磁场中 $\boldsymbol{B}$ 的环流 $\oint_L \boldsymbol{B}\cdot \mathrm{d}\boldsymbol{l} \neq 0$, 这说明恒定磁场与静电场是本质上不同的两种场. 静电场是保守场, 恒定磁场则是非保守场, 不能像静电场那样引入标量势的概念来描述磁场.

最后, 要说明的是, 安培环路定理只适用于真空中闭合的恒定电流产生的磁场, 对一段载流导线不成立.

10.2.2 安培环路定理应用

QR10.16 语音导读 10.2.2

利用毕奥–萨伐尔定律和磁场的叠加原理, 原则上可以求解任意电流系统产生的磁场的问题, 但一般计算比较复杂. 当电流分布具有某种对称性时, 利用安培环路定理能很简单地求出磁感应强度的分布. 下面举几个例子来说明.

1. 无限长载流圆柱体内外的磁场分布

设真空中有一无限长载流圆柱形导体, 半径为 R, 电流 I 沿轴向均匀分布在导体的横截面上, 如图 10.20(a) 所示. 求圆柱体内外的磁场分布.

首先, 根据电流的对称性, 分析磁场分布的对称性. 载流圆柱体可视为无数长直线电流的集合, 任取一横截面, O 是圆柱轴线上的点, 如图 10.20(b) 所示. 长直线电流 $\mathrm{d}I_1$ 和 $\mathrm{d}I_2$ 关于 OP 对称, 在 P 点激发的磁感应强度 $\mathrm{d}\boldsymbol{B}_1$ 和 $\mathrm{d}\boldsymbol{B}_2$ 的合矢量 $\mathrm{d}\boldsymbol{B}$ 垂直于直线 OP, 沿以 O 点为圆心, $r(r = OP)$ 为半径的圆的切线方向. 这些长直线电流的分布具有轴对称性, 因此激发的磁场分布也具有轴对称性. 其磁感线是在垂直于轴线的平面内以轴线上各点为圆心的同心圆, 同一磁感线上各点 $\boldsymbol{B}$ 的大小相等, $\boldsymbol{B}$ 的方向沿磁感线的切线方向, 方向与电流符合右手螺旋定则.

其次, 选择合适的闭合回路 L. 由于磁场具有轴对称性, 对圆柱体外任一点 P, 以过 P 点的磁感线 L 为闭合回路, 如图 10.20(b) 所示, 规定其绕行方向沿逆时针

方向, 则 $\boldsymbol{B}$ 的环流

$$\oint_L \boldsymbol{B}\cdot \mathrm{d}\boldsymbol{l} = \oint_L B\mathrm{d}l = B\oint_L \mathrm{d}l = B\cdot 2\pi r$$

当 $r > R$ 时, 穿过闭合回路 L 的电流为 $\sum_i I_i = I$, 则

$$B2\pi r = \mu_0 I$$

$$B = \frac{\mu_0 I}{2\pi r} \tag{10.16}$$

上式表明, 无限长载流圆柱体外的磁场与无限长载流直导线的磁场相同.

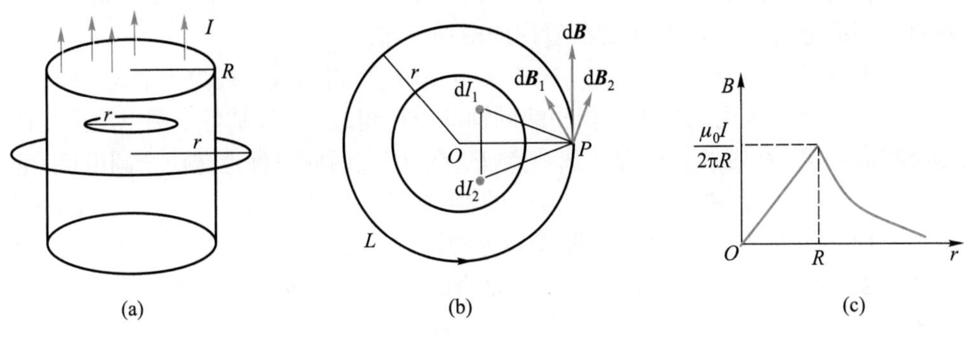

图 10.20

当 $r < R$ 时, 即圆柱体内的场点, 可进行类似的处理, 穿过闭合回路 L 的电流为 $\sum_i I_i = \frac{I}{\pi R^2}\pi r^2$, 则

$$B\cdot 2\pi r = \mu_0 \frac{I}{\pi R^2}\pi r^2$$

$$B = \frac{\mu_0 I r}{2\pi R^2} \tag{10.17}$$

上式表明, 在无限长载流圆柱体内部, $\boldsymbol{B}$ 的大小与 r 成正比. 无限长载流圆柱体产生的磁场随 r 变化曲线如图 10.20(c) 所示.

QR10.17 教学视频 10.2.2

实际上, 只要是无限长载流柱状导体, 都可用安培环路定理计算磁场.

例如半径为 R 通有电流 I 的无限长圆柱面, 磁场分布如下:

当半径 $r > R$ 时, 积分回路所围的电流为 I, 所得结果与上述圆柱体一样, 为

$$B = \frac{\mu_0 I}{2\pi r} \tag{10.18}$$

当半径 $r < R$ 时, 积分回路所围的电流为零, 由安培环路定理得磁感应强度为

$$B = 0 \tag{10.19}$$

磁感应强度 $\boldsymbol{B}$ 的大小随半径 r 变化的曲线如图 10.21 所示.

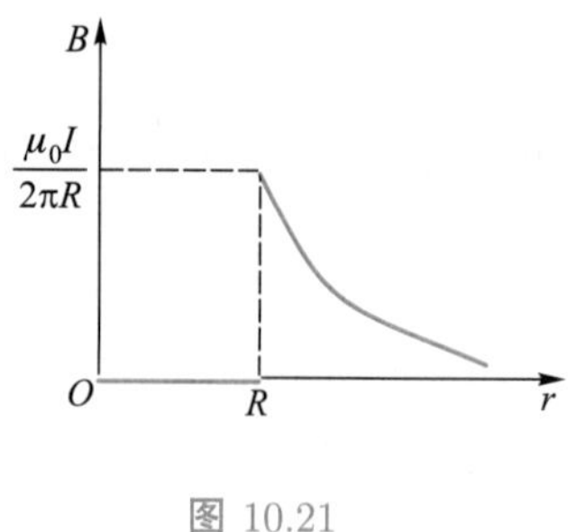

图 10.21

2. 载流长直密绕螺线管内的磁场

一长直均匀密绕螺线管, 长为 L, 半径为 R, 单位长度上绕有 n 匝线圈, 通过每匝线圈的电流强度为 I, 求螺线管内的磁场分布.

首先分析磁场分布的对称性. 通常 $L > 20R$, 可将螺线管视为无限长. 无限长载流螺线管可看成由无数半径相同的同轴圆电流组成, 磁场是各个圆电流产生磁场叠加的结果. 在螺线管内部任选一点 P, 在 P 点两侧对称地选两个圆电流, 它们在 P 点产生的合磁场方向与螺线管的轴线平行. 由于螺线管为无限长, 磁场只有沿着轴线的分量, 而且离轴线距离相等的各点, 磁感应强度 $\boldsymbol{B}$ 的大小相等, 如图 10.22 所示. 管外的磁场沿着与轴线垂直的圆周方向, 磁感应强度很弱, 可视为趋于零.

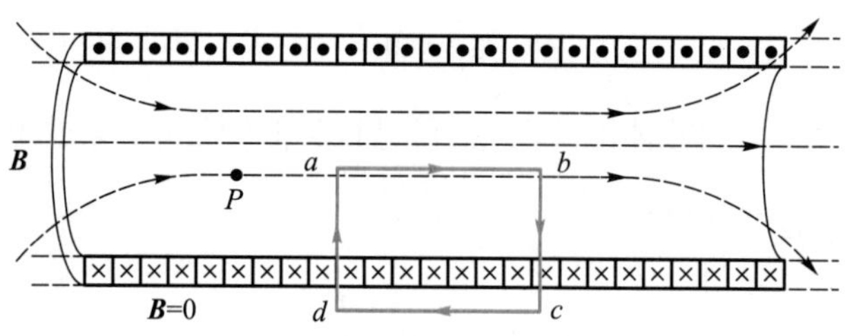

图 10.22

其次, 选择合适的闭合回路 L. 根据磁场的对称性特点, 选取如图 10.22 的闭合回路 $abcda$, 环路内电流代数和为 $\sum\limits_i I_i = nI\overline{ab}$, $\boldsymbol{B}$ 沿该闭合回路的线积分为

$$\oint_L \boldsymbol{B}\cdot \mathrm{d}\boldsymbol{l} = \int_a^b \boldsymbol{B}\cdot \mathrm{d}\boldsymbol{l} + \int_b^c \boldsymbol{B}\cdot \mathrm{d}\boldsymbol{l} + \int_c^d \boldsymbol{B}\cdot \mathrm{d}\boldsymbol{l} + \int_d^a \boldsymbol{B}\cdot \mathrm{d}\boldsymbol{l}$$

$$= \int_a^b \boldsymbol{B}\cdot \mathrm{d}\boldsymbol{l} = B\cdot\overline{ab}$$

根据安培环路定理 $\oint_L \boldsymbol{B}\cdot \mathrm{d}\boldsymbol{l} = \mu_0 \sum\limits_i I_i$ 有

$$B\cdot\overline{ab} = \mu_0 nI\overline{ab}$$

则

$$B = \mu_0 n I$$

上式与毕奥–萨伐尔定律计算的结果, 即式 (10.14) 完全相同, 但应用安培环路定理计算要简便得多.

3. 载流螺绕环的磁场

将线圈均匀密绕在环形管上, 则构成了**螺绕环**, 如图 10.23(a) 所示. 线圈总匝数为 N, 环形管的轴线半径为 R, 通有电流 I, 求螺绕环内外的磁场分布.

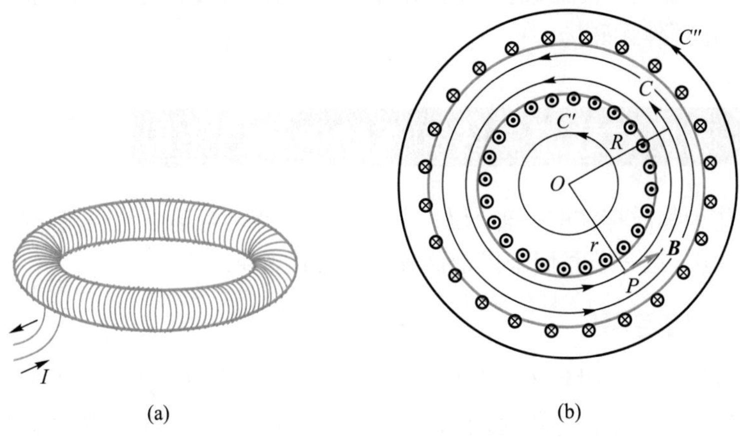

图 10.23

首先分析磁场分布的对称性. 根据电流分布的对称性, 仿照载流长直螺线管内的磁场的分析, 可得与螺绕环共轴的圆周上各点 $\boldsymbol{B}$ 的大小相等, 方向沿圆周的切线方向, 并与电流方向符合右手螺旋定则, 如图 10.23(b) 所示.

其次, 选择合适的闭合回路, 对管内任一点, 过该点作以 O 点为圆心, 以 r 为半径的圆周为闭合回路 C, C 内包围的电流为 NI, 则

$$\oint_L \boldsymbol{B} \cdot \mathrm{d}\boldsymbol{l} = B \cdot 2\pi r$$

而由安培环路定理, 有

$$B \cdot 2\pi r = \mu_0 N I$$

则

$$B = \frac{\mu_0 N I}{2\pi r}$$

当环形管横截面半径比半径 R 小得多时, 可忽略从环心到管内各点 r 的区别而取 $r \approx R$, 这样就有

$$B = \frac{\mu_0 NI}{2\pi r} \approx \frac{\mu_0 NI}{2\pi R} = \mu_0 nI \tag{10.20}$$

式中 $n = \dfrac{N}{2\pi R}$, 为螺绕环单位长度上线圈匝数.

对管外任一点, 过该点作以 O 点为圆心的圆周为闭合回路 C' 或 C'', 它们内部包围电流为 $\sum\limits_i I_i = 0$, 则

$$B = 0 \tag{10.21}$$

上述结果表明, 载流螺绕环内部的磁场可近似看成是均匀的, 磁场几乎全部集中在环内, 环外无磁场.

10.3 磁场对载流导线和运动电荷的作用

磁场作为物质存在的一种形态, 其表现之一就是对场中的载流导线和运动电荷有力的作用, 这一节我们来讨论这种作用及其规律.

10.3.1 安培定律

QR10.18 语音导读 10.3.1

把载流导线放入磁场里, 导线就会受到磁场的作用力, 这种力称为安培力. 安培通过大量实验总结出它们之间的关系, 该关系称为安培定律. 其内容为: **磁场对电流元 $I\mathrm{d}\boldsymbol{l}$ 的作用力为 $\mathrm{d}\boldsymbol{F}$, 其大小等于电流元的大小、电流元所在处 $\boldsymbol{B}$ 的大小以及 $I\mathrm{d}\boldsymbol{l}$ 和 $\boldsymbol{B}$ 之间的夹角 θ 的正弦的乘积**, 在国际单位制中, 数学表达式为

$$\mathrm{d}F = I\mathrm{d}lB\sin\theta \tag{10.22}$$

$\mathrm{d}\boldsymbol{F}$ 指向 $I\mathrm{d}\boldsymbol{l} \times \boldsymbol{B}$ 的方向, 由右手螺旋定则确定, 如图 10.24 所示.

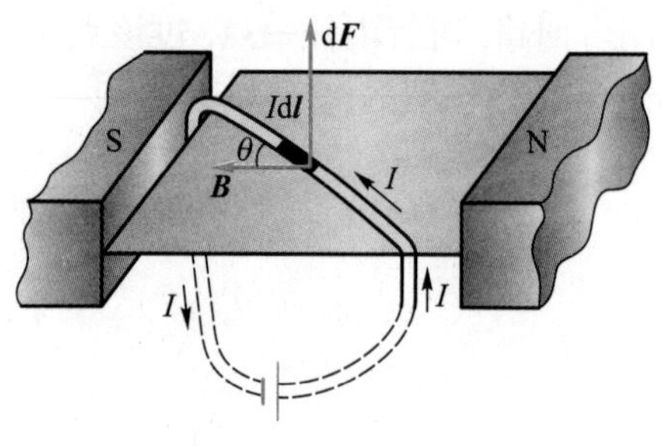

图 10.24

矢量式为

$$\mathrm{d}\boldsymbol{F} = I\mathrm{d}\boldsymbol{l} \times \boldsymbol{B} \tag{10.23}$$

任意载流导线在磁场中所受的安培力 $\boldsymbol{F}$, 应等于导线上各个电流元所受安培力 $\mathrm{d}\boldsymbol{F}$ 的矢量和, 即

$$\boldsymbol{F}=\int_L \mathrm{d}\boldsymbol{F}=\int_L I\mathrm{d}\boldsymbol{l}\times\boldsymbol{B} \tag{10.24}$$

由于电流元不能孤立存在, 所以安培定律不能直接用实验进行验证. 但是, 对于一些具体的载流导线, 理论计算的结果和实验测量的结果是相符的, 这就间接证明了安培定律的正确性.

QR10.19 教学视频 10.3.1

10.3.2 磁场对载流线圈的作用

电动机及传统电磁类仪器电表指针的转动都与载流线圈在磁场中的运动有关.

1. 载流线圈的磁矩

对于载流线圈, 人们采用磁矩反映它本身的特性. 设载流线圈中电流为 $\boldsymbol{I}_0$, 所围面积为 S, 则其磁矩定义为

$$\boldsymbol{P}_{\mathrm{m}}=I_0S\boldsymbol{e}_{\mathrm{n}} \tag{10.25}$$

$\boldsymbol{e}_{\mathrm{n}}$ 是线圈的法线方向的单位矢量, 它与电流满足右手螺旋定则, 如图 10.25 所示.

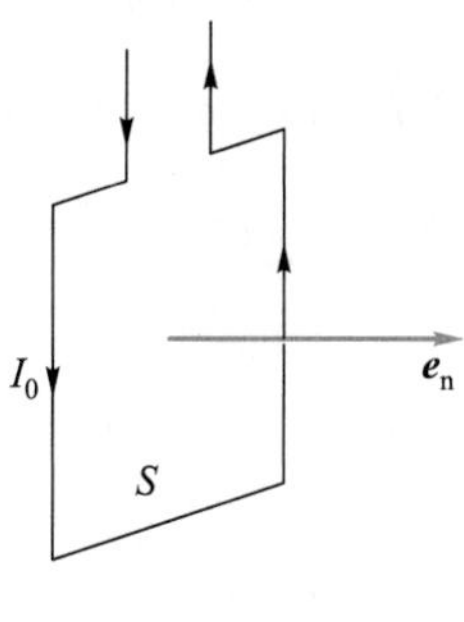

图 10.25

2. 均匀磁场对平面载流线圈的作用

如图 10.26(a) 所示, 在磁感应强度为 $\boldsymbol{B}$ 的均匀磁场中, 有一刚性矩形平面载流线圈 $abcd$, 其边长分别为 l_1 和 l_2, 电流为 I, 设线圈平面与磁场方向成任意角 θ, 则线圈平面的法线方向与 $\boldsymbol{B}$ 之间的夹角为 $\phi=\dfrac{\pi}{2}-\theta$, 据安培定律, 导线 da 和 bc 所受的安培力大小相等, 即

QR10.20 语音导读 10.3.2

$$F_1=F_1'=BIl_1\sin\theta$$

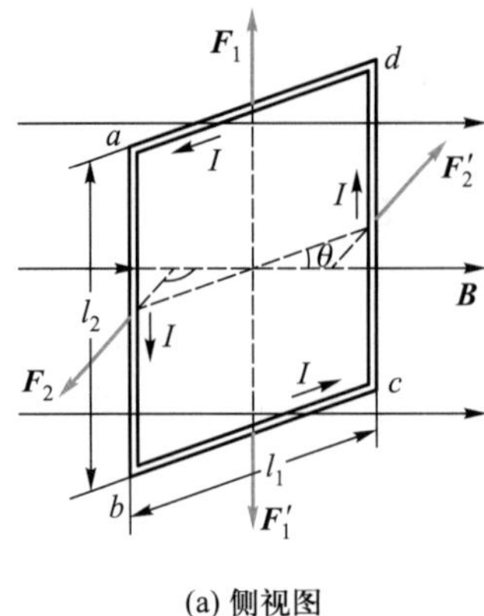

(a) 侧视图

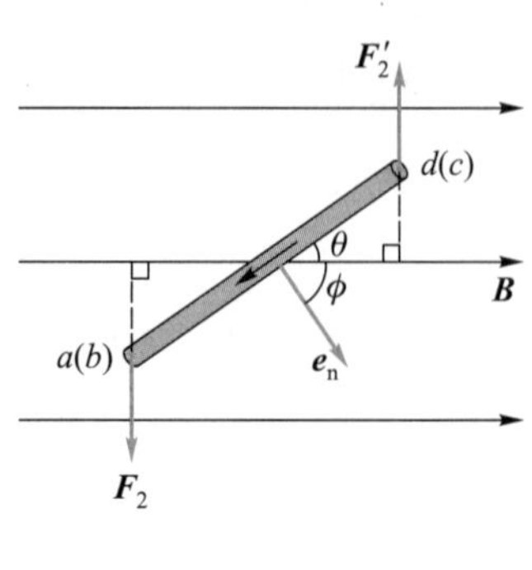

(b) 俯视图

图 10.26

它们方向相反, 且在同一直线上, 对刚性矩形载流线圈不起任何作用.

导线 ab 和 cd 所受的安培力 $\boldsymbol{F}_2$ 和 $\boldsymbol{F}_2'$ 的大小也相等, 即

$$F_2 = F_2' = BIl_2$$

如图 10.26(b) 所示, 它们方向也相反, 但不在同一直线上, 形成一力偶, 所以载流线圈所受磁力矩大小为

$$M = F_2\frac{l_1}{2}\cos\theta + F_2'\frac{l_1}{2}\cos\theta = BIl_1l_2\cos\theta = BIS\sin\phi$$

式中, $S = l_1l_2$ 为载流线圈的面积, 设线圈有 N 圈, 那么磁力矩大小为

$$M = NBIS\sin\phi = P_{\rm m}B\sin\phi \tag{10.26}$$

QR10.21 教学视频 10.3.2

式中 $P_{\rm m} = NIS$ 为线圈磁矩的大小. 考虑方向后 $\boldsymbol{P}_{\rm m} = NIS\boldsymbol{e}_{\rm n}$, 因此磁力矩可写成矢量式为

$$\boldsymbol{M} = \boldsymbol{P}_{\rm m} \times \boldsymbol{B} \tag{10.27}$$

$\boldsymbol{M}$ 的方向为 $\boldsymbol{P}_{\rm m} \times \boldsymbol{B}$ 的方向.

可以证明, 式 (10.27) 对均匀磁场中任意形状的平面载流线圈都适用, 带电粒子在平面内沿闭合回路的运动以及带电粒子的自旋所形成的磁矩, 在均匀磁场中受到的磁力矩也可以用上式表示.

由以上讨论可知, 平面载流线圈在均匀磁场中所受合力为零, 仅受磁力矩作用. 因此, 整个线圈只绕竖直轴转动, 不会平动. 在非均匀磁场中, 可以证明, 载流线圈受到的合力一般不等于零, 因而线圈除转动外还会发生平动.

10.3.3 磁力与磁力矩的功

当载流导线和载流线圈在磁场中受到磁力和磁力矩的作用而运动时, 磁力和磁力矩要做功. 它们做功是将电磁能转化为机械能的途径, 具有重要的实际意义. 下面讨论两种特殊情况.

1. 载流导线在磁场中运动时磁力所做的功

QR10.22 语音导读 10.3.3

在磁感应强度为 $\boldsymbol{B}$ 的均匀磁场中, 如图 10.27 所示, 有一通有恒定电流的闭合回路 $abcda$, 回路上导体 ab 长为 l, ab 沿 da 和 cb 滑动, 按安培定律, 导体 ab 所受磁力大小为

$$F = BIl$$

图 10.27

方向如图 10.27 所示. 在磁力作用下, 导体 ab 向右移动 Δx 的过程中, 磁力做功为

$$A = F\Delta x = BIl\Delta x = BI\Delta S = I\Delta\varPhi_{\mathrm{m}} \tag{10.28}$$

式 (10.28) 表明在保持电流恒定的情况下, 磁力做功等于电流乘以回路所围面积内磁通量的增量.

2. 载流线圈在磁场中转动时磁力矩所做的功

若使图 10.26(a) 中通有恒定电流的载流线圈转过一个微小的角度 $\mathrm{d}\phi$, 作俯视图如图 10.28 所示. 此时平面线圈法线单位矢量 $\boldsymbol{e}_{\mathrm{n}}$ 方向与磁感应强度 $\boldsymbol{B}$ 的方向之间的夹角从 ϕ 增大到 $\phi+\mathrm{d}\phi$, 磁力矩所做的负功为

QR10.23 教学视频 10.3.3

$$\begin{aligned}\mathrm{d}A &= -M\mathrm{d}\phi = -ISB\sin\phi\mathrm{d}\phi\\ &= I\mathrm{d}\,(BS\cos\phi) = I\mathrm{d}\varPhi_{\mathrm{m}}\end{aligned}$$

当线圈从 ϕ_1 位置转到 ϕ_2 位置时, 若线圈中电流不变, 则磁力矩所做的总功为

$$\begin{aligned}A &= \int \mathrm{d}A = \int_{\varPhi_{\mathrm{m1}}}^{\varPhi_{\mathrm{m2}}} I\mathrm{d}\varPhi_{\mathrm{m}}\\ &= I(\varPhi_{\mathrm{m2}}-\varPhi_{\mathrm{m1}}) = I\Delta\varPhi_{\mathrm{m}}\end{aligned} \tag{10.29}$$

式中 $\varPhi_{\mathrm{m1}}$ 和 $\varPhi_{\mathrm{m2}}$ 分别表示在 ϕ_1 和 ϕ_2 位置时通过线圈的磁通量.$\Delta\varPhi_{\mathrm{m}}$ 表示在转动过程中通过载流线圈磁通量的增量.

可以证明, 任意的闭合载流回路在磁场中改变位置或形状时, 即使磁场是非均匀的, 只要回路电流 I 保持不变, 那么磁力或磁力矩的功都可由 $A = I\Delta\varPhi_{\mathrm{m}}$ 来

计算, 即磁力或磁力矩所做的功等于电流乘以通过载流回路磁通量的增量, 这是磁力做功的一般表示, 具有普遍意义.

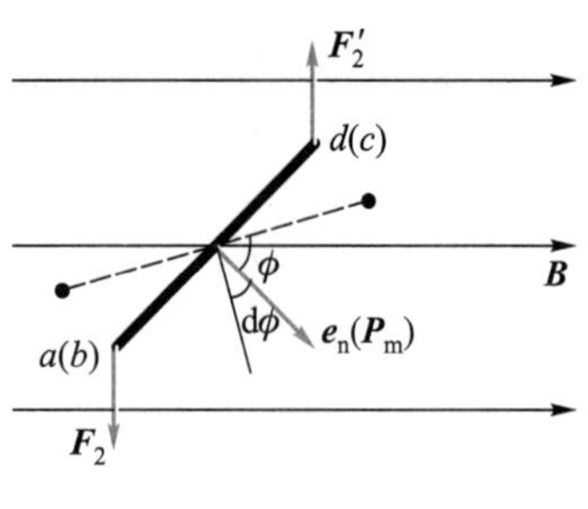

图 10.28

10.3.4 磁场对运动带电粒子的作用

1. 洛伦兹力

载流导线中的电流是由带电粒子定向运动形成的. 载流导线在磁场中的受力, 可以看成定向运动的带电粒子受力的矢量和. 因此由安培定律可以推出每一个运动的带电粒子在磁场中受的力.

QR10.24 语音导读 10.3.4

如图 10.29, 由安培定律, 任一电流元 $I\mathrm{d}\boldsymbol{l}$ 在磁感应强度为 $\boldsymbol{B}$ 的磁场中所受的力为

$$\mathrm{d}\boldsymbol{F} = I\mathrm{d}\boldsymbol{l} \times \boldsymbol{B}$$

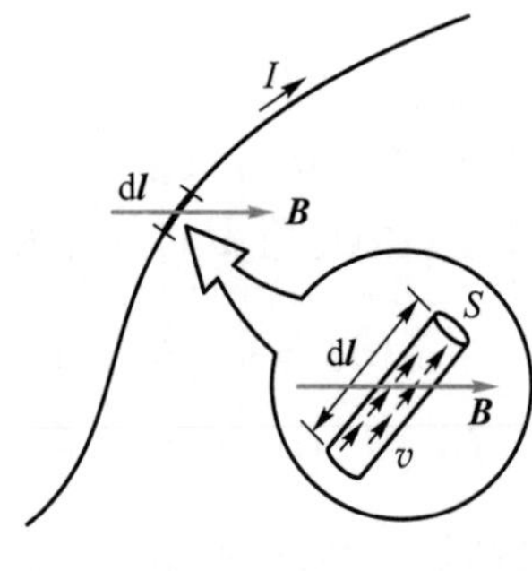

图 10.29

QR10.25 教学视频 10.3.4

电流强度可表示为

$$I = qnvS$$

式中 S 为电流元的横截面积, v 为带电粒子定向运动速率, q 为带电粒子的电荷, n 为导体单位体积内带电粒子数, 则电流元受力可写成

$$\mathrm{d}\boldsymbol{F} = qnvS\mathrm{d}\boldsymbol{l} \times \boldsymbol{B}$$

线元 $\mathrm{d}\boldsymbol{l}$ 这一段导体内定向运动的带电粒子数 $\mathrm{d}N = nS\mathrm{d}l$, 设每个带电粒子速度 $\boldsymbol{v}$ 方向都与 $\mathrm{d}\boldsymbol{l}$ 方向相同, 所以每个带电粒子受到的磁场作用力都相同, 即

$$\boldsymbol{F}_{\mathrm{m}} = \frac{\mathrm{d}\boldsymbol{F}}{\mathrm{d}N} = \frac{qnS\mathrm{d}l\boldsymbol{v} \times \boldsymbol{B}}{nS\mathrm{d}l} = q\boldsymbol{v} \times \boldsymbol{B} \tag{10.30}$$

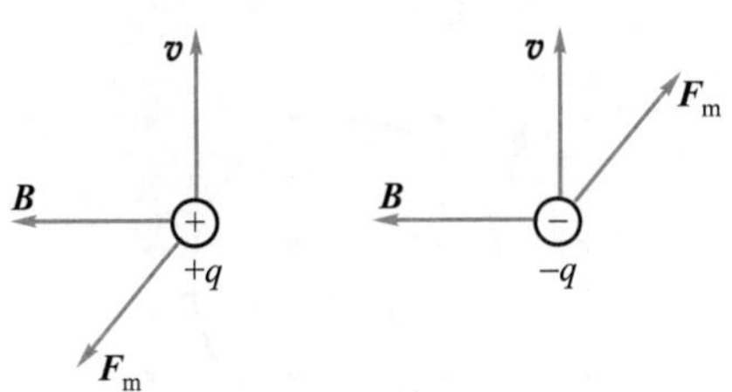

图 10.30

磁场对运动电荷作用力 $\boldsymbol{F}_{\mathrm{m}}$ 称为洛伦兹力. 其大小为 $F_{\mathrm{m}} = qvB\sin\theta$, 式中 θ 为 $\boldsymbol{v}$ 和 $\boldsymbol{B}$ 之间的夹角. 对于正电荷, $\boldsymbol{F}_{\mathrm{m}}$ 的方向与 $\boldsymbol{v} \times \boldsymbol{B}$ 的方向相同, 而负电荷, $\boldsymbol{F}_{\mathrm{m}}$ 的方向与 $\boldsymbol{v} \times \boldsymbol{B}$ 的方向相反. 图 10.30 给出了正负电荷所受洛伦兹力的方向.

由于洛伦兹力 $\boldsymbol{F}_{\mathrm{m}}$ 总与带电粒子的速度 $\boldsymbol{v}$ 垂直, 所以洛伦兹力只改变带电粒子速度的方向, 不改变速度的大小, 这是洛伦兹力的一个重要特征.

2. 带电粒子在均匀磁场中的运动

一电荷为 q, 质量为 m, 速度为 $\boldsymbol{v}$ 的粒子, 在磁感应强度为 $\boldsymbol{B}$ 的均匀磁场中要受到洛伦兹力作用, 粒子的运动方程为

$$\boldsymbol{F}_{\mathrm{m}} = q\boldsymbol{v} \times \boldsymbol{B} = m\frac{\mathrm{d}\boldsymbol{v}}{\mathrm{d}t}$$

当粒子的运动速度与磁场平行或反平行时, 由于 $\sin\theta = 0$, 所以有

$$F_{\mathrm{m}} = qvB\sin\theta = 0$$

粒子运动状态不变.

如果初始时刻粒子运动速度与磁场垂直. 如图 10.31 所示, 作用于粒子的洛伦兹力大小为

$$F_{\mathrm{m}} = qvB\sin 90^\circ = qvB$$

此时洛伦兹力、速度、磁感应强度三者两两垂直, 从而洛伦兹力不改变速度的大小, 只改变速度的方向, 粒子作匀速率圆周运动. 洛伦兹力相当于向心力, 因此

$$qvB = m\frac{v^2}{R}$$

粒子作圆周运动的半径 R(称为回旋半径) 为

$$R = \frac{mv}{qB} \tag{10.31}$$

粒子运行一周所需的时间 (回旋周期)T 为

$$T = \frac{2\pi R}{v} = \frac{2\pi m}{qB} \tag{10.32}$$

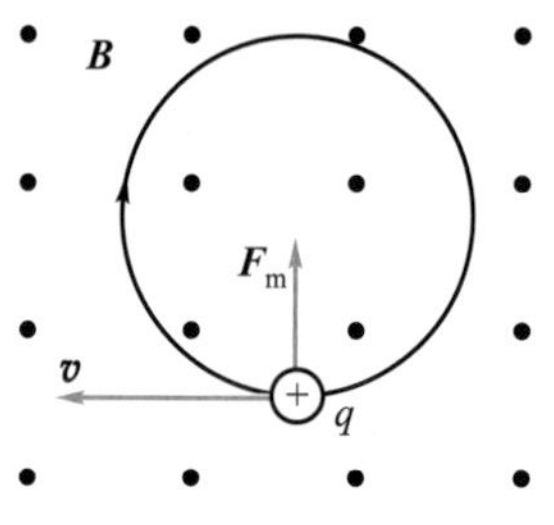

图 10.31

以上两式表明, 回旋半径 R 与速率有关, 而回旋周期 T 与速率无关. 若磁感应强度 $\boldsymbol{B}$ 确定, 对于荷质比 $\dfrac{q}{m}$ 一定的粒子, 速率大的粒子回旋半径 R 大, 但它们运行一周的时间是相同的. 这就是回旋加速器的原理.

如果初始时刻粒子运动速度与磁场成 θ 角. 如图 10.32(a) 所示, 将粒子入射速度分解为平行和垂直于 $\boldsymbol{B}$ 的两个分量, 有

$$v_{\perp} = v\sin\theta \quad v_{//} = v\cos\theta$$

在平行于 $\boldsymbol{B}$ 的方向, 粒子受洛伦兹力为零, 在这一方向上粒子作匀速直线运动. 在垂直于 $\boldsymbol{B}$ 的方向上, 粒子作匀速率圆周运动, 洛伦兹力大小为

$$F_{\mathrm{m}} = qv_{\perp}B = qvB\sin\theta$$

粒子运动是两个方向运动的叠加, 因此粒子的运动轨迹是一条轴线沿磁感应强度 $\boldsymbol{B}$ 方向的螺旋线, 如图 10.32(b) 所示. 螺旋线的半径就是粒子作匀速率圆周运动的回旋半径 R:

$$R = \frac{mv_{\perp}}{qB} = \frac{mv\sin\theta}{qB} \tag{10.33}$$

回旋周期 T 为

$$T = \frac{2\pi R}{v_{\perp}} = \frac{2\pi m}{qB} \tag{10.34}$$

当螺旋线转一周时, 粒子向前走了一个周期的距离, 称为螺距 h, 则

$$h = v_{//}T = v\cos\theta\cdot T = \frac{2\pi mv\cos\theta}{qB} \tag{10.35}$$

带电粒子在磁场中作螺旋运动的特点, 就是磁聚焦及磁约束等技术的原理.

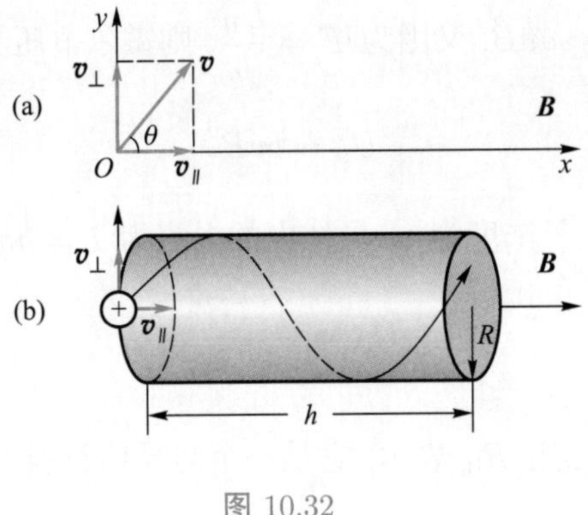

图 10.32

3. 霍尔效应

1879 年, 物理学家霍尔发现, 如图 10.33(a) 所示, 把一块宽为 b, 厚为 d 通有电流 I 的金属导体平板放入均匀磁场 $\boldsymbol{B}$ 中, 使金属板面与磁场垂直, 这时在导体板上下两表面会出现横向电势差 U_{H}, 这种现象称为霍尔效应, 电势差 U_{H} 称为霍尔电压.

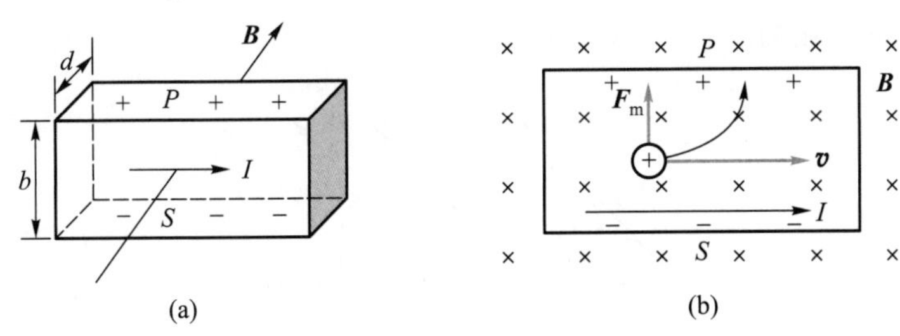

图 10.33

霍尔电压的产生是由于运动电荷在磁场中受洛伦兹力. 如图 10.33(b) 所示, 载流导体中运动的正电荷受到向上的洛伦兹力作用而向上偏转, 在导体上表面积累了正电荷, 下表面感应出负电荷, 在上下两表面间形成向下的电场, 此电场对带电正粒子产生向下的电场力. 当电场力与洛伦兹力平衡时, 达到动态稳定, 形成霍尔电压 U_{H}.

设导体中带电粒子的电荷为 q, 平均定向运动速度大小为 v, 电场力为

$$F_{\mathrm{e}} = qE$$

洛伦兹力为

$$F_{\mathrm{m}} = qvB$$

因为 $F_{\mathrm{e}}=F_{\mathrm{m}}$, 有 $qE=qvB$, 又因为 $E=\dfrac{U_{\mathrm{H}}}{b}$, 则霍尔电压为

$$U_{\mathrm{H}}=bvB$$

设金属导体内载流子浓度为 n, 导体内的电流为 $I=nqvbd$, 霍尔电压为

$$U_{\mathrm{H}}=\frac{1}{nq}\frac{IB}{d} \tag{10.36}$$

式中 $\dfrac{1}{nq}$ 称为霍尔系数,用 R_{H} 表示, 它是一个与导体材料有关的常量. 由于金属导体内有大量的自由电荷, n 较大, R_{H} 较小, 故导体的霍尔效应较弱. 而半导体介于导体与绝缘体之间, 其内的自由电荷较少, n 较小, R_{H} 较大, 故实际中大多采用半导体的霍尔效应.

霍尔效应有多种应用, 特别是用于半导体的测试. 可由实验测定半导体霍尔系数的正负来确定半导体的类型 (电子型或空穴型), 还可用式 (10.36) 计算出载流子浓度和磁感应强度 B. 利用霍尔效应做成的开关可用于控制汽车的电动车窗、计算机 CPU 风扇等.

例 10.2 均匀磁场 $\boldsymbol{B}$ 中有一段弯曲导线 ab 通有电流 I, 如图 10.34 所示, 求此导线受的磁场力.

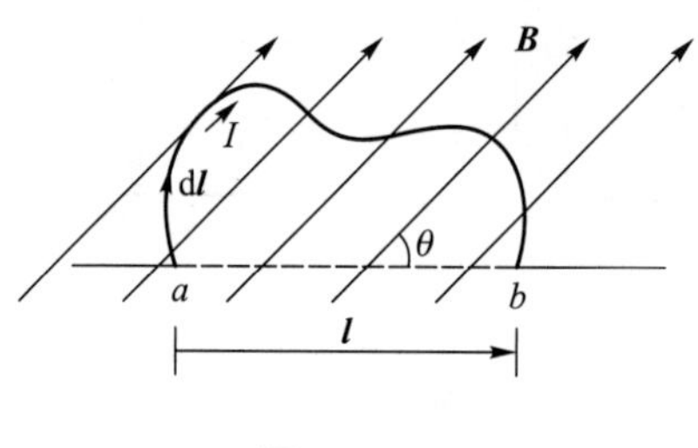

图 10.34

解 根据安培定律, 弯曲导线 ab 所受的力为

$$\boldsymbol{F}=\int_a^b I\mathrm{d}\boldsymbol{l}\times\boldsymbol{B}=I\left(\int_a^b\mathrm{d}\boldsymbol{l}\right)\times\boldsymbol{B}$$

此式中各段线元 $\mathrm{d}\boldsymbol{l}$ 的矢量和, 等于从 a 到 b 的矢量直线段 $\boldsymbol{l}$, 则

$$\boldsymbol{F}=I\boldsymbol{l}\times\boldsymbol{B}$$

这说明弯曲载流导线在均匀磁场中所受的磁场力, 等于从起点到终点的直线电流所受的磁场力. 图 10.34 中, $\boldsymbol{l}$ 和 $\boldsymbol{B}$ 的方向均与纸面平行, 则

$$F=IlB\sin\theta$$

此力的方向垂直纸面向外.

如果 a、b 两点重合, 则 $l=0$, 磁力 $F=0$. 即在均匀磁场中闭合载流回路不受磁力.

例 10.3 如图 10.35 所示, 一无限长竖直放置的载有电流 I_1 的直导线, 另一水平放置长为 l, 通有电流 I_2 的载流直导线 ab, 它的一端 a 到无限长载流导线的距离为 d, 并且两导线处于同一平面, 求无限长载流导线的磁场对载流直导线 ab 的作用力.

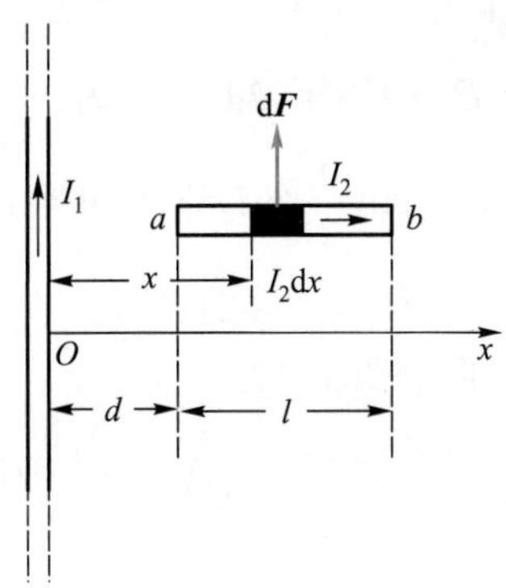

图 10.35

解 建立如图 10.35 所示的坐标系, 在距无限长载流导线 x 处取一电流元 $I_2\mathrm{d}x$, 电流 I_1 在 ab 这半边产生的磁场方向由右手螺旋定则判知为垂直纸面向里, 在 x 处产生的磁感应强度大小由式 (10.9) 可得

$$B=\frac{\mu_0 I_1}{2\pi x}$$

这是一个非均匀磁场, 电流元 $I_2\mathrm{d}x$ 所受力大小为

$$\mathrm{d}F=BI_2\mathrm{d}x\sin 90^\circ=BI_2\mathrm{d}x$$

力的方向竖直向上. 所以载流直导线 ab 所受的合力方向向上, 大小为

$$F=\int_L \mathrm{d}F=\int_d^{d+l} BI_2\mathrm{d}x=\int_d^{d+l}\frac{\mu_0 I_1 I_2}{2\pi x}\mathrm{d}x=\frac{\mu_0 I_1 I_2}{2\pi}\ln\frac{d+l}{d}$$

例 10.4 一半圆形闭合线圈, 半径 $R=0.2$ m, 通过电流 $I=5$ A, 放在磁感应强度为 $B=5\times10^{-4}$ T 的均匀磁场中, 磁场方向与线圈平面均与纸面平行, 如图 10.36 所示. (1) 求线圈所受磁力矩的大小和方向; (2) 若此线圈受磁力矩作用转到线圈平面与磁场垂直的位置, 求磁力矩所做的功.

解 (1) 载流线圈磁矩 $\boldsymbol{P}_\mathrm{m}$ 的大小

$$P_\mathrm{m}=IS=\frac{1}{2}I\pi R^2\approx 0.314\ \mathrm{A\cdot m^2}$$

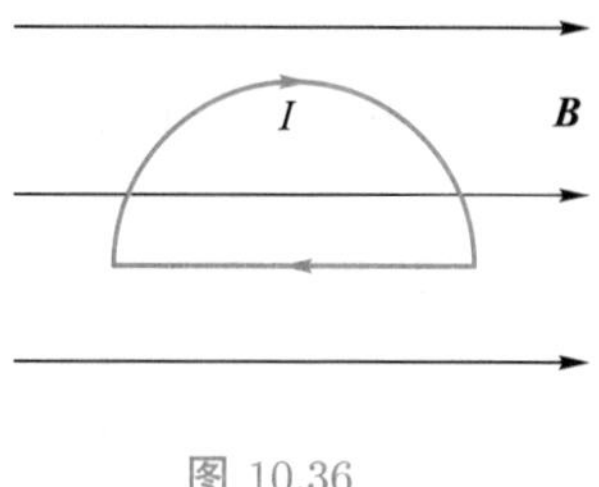

图 10.36

$\boldsymbol{P}_{\mathrm{m}}$ 方向垂直于线圈平面向里.

由式 (10.28)$\boldsymbol{M}=\boldsymbol{P}_{\mathrm{m}}\times\boldsymbol{B}$, 磁力矩 $\boldsymbol{M}$ 大小为

$$M=P_{\mathrm{m}}B\sin\frac{\pi}{2}\approx 1.57\times 10^{-4}\ \mathrm{N\cdot m}$$

$\boldsymbol{M}$ 的方向为竖直向下, 该磁力矩使线圈顺时针方向旋转.

(2) 由式 (10.30) 得磁力矩所做的功为

$$A=I(\varPhi_{\mathrm{m2}}-\varPhi_{\mathrm{m1}})=I\left(B\frac{\pi R^2}{2}-0\right)=\frac{IB\pi R^2}{2}\approx 1.57\times 10^{-4}\ \mathrm{J}$$

10.4 磁介质中的恒定磁场

10.4.1 磁介质的分类

前面研究了真空中磁场的性质和规律, 实际应用中, 磁场中存在各种各样的物质. 在磁场作用下, 磁场中的物质会与磁场互相影响而发生所谓的磁化现象, 磁化后的物质反过来又影响原磁场的分布, 我们把这种能与磁场发生相互作用的物质称为**磁介质**.

假设在真空中某场点的磁感应强度为 $\boldsymbol{B}_0$, 引入磁介质后因磁介质被原磁场磁化而在空间激发附加磁场, 若附加磁场的磁感应强度为 $\boldsymbol{B}'$, 那么该场点的磁感应强度 $\boldsymbol{B}$ 应为这两个磁感应强度的矢量和, 即

$$\boldsymbol{B}=\boldsymbol{B}_0+\boldsymbol{B}'$$

QR10.26 语音导读 10.4.1~2

磁介质对磁场的影响可通过实验测量. 设真空中的长直螺线管通以电流 I, 测出管内的磁感应强度 $\boldsymbol{B}_0$, 保持电流 I 不变, 将管内充满某种均匀各向同性的磁介质, 再测出管内的磁感应强度 $\boldsymbol{B}$. 实验结果表明, $\boldsymbol{B}$ 和 $\boldsymbol{B}_0$ 的方向相同, 大小不同, 它们之间的关系可表示为

$$\boldsymbol{B}=\mu_{\mathrm{r}}\boldsymbol{B}_0 \tag{10.37}$$

式中, μ_{r} 称为磁介质的**相对磁导率**, 它与磁介质的种类有关.

根据磁介质磁化时产生附加磁场的不同, 磁介质可分为三类.

顺磁质: 顺磁质中产生的附加磁场 $\boldsymbol{B}'$ 与外磁场 $\boldsymbol{B}_0$ 方向相同, 磁介质中的总磁场 $\boldsymbol{B}$ 要比外磁场 $\boldsymbol{B}_0$ 大, 磁介质的相对磁导率 $\mu_{\mathrm{r}} > 1$, 如铝、氧、锰、铂等.

抗磁质: 抗磁质中产生的附加磁场 $\boldsymbol{B}'$ 与外磁场 $\boldsymbol{B}_0$ 方向相反, 磁介质中总磁场 $\boldsymbol{B}$ 要比外磁场 $\boldsymbol{B}_0$ 小, 磁介质的相对磁导率 $\mu_{\mathrm{r}} < 1$, 如汞、铜、铋、氢、铅、锌等.

铁磁质: 铁磁质中产生的附加磁场 $\boldsymbol{B}'$ 与外磁场 $\boldsymbol{B}_0$ 方向相同, 但磁介质中总磁场 $\boldsymbol{B}$ 要远大于外磁场 $\boldsymbol{B}_0$, 是外磁场的几百到几万倍, 磁介质的相对磁导率 $\mu_{\mathrm{r}} >> 1$, 如铁、钴、镍及其合金等.

对于顺磁质和抗磁质, 它们的相对磁导率 $\mu_{\mathrm{r}} \approx 1$, $\boldsymbol{B} \approx \boldsymbol{B}_0$, 因此它们也称为弱磁性物质. 对于铁磁质, 由于 $\mu_{\mathrm{r}} >> 1$, 而且它的量值还随外磁场 $\boldsymbol{B}_0$ 的大小发生变化, 所以铁磁质常称为强磁性物质, 它们对磁场影响很大, 在工程技术上应用也很广泛.

10.4.2 磁介质的磁化

顺磁质和抗磁质的磁化

QR10.27 教学视频 10.4.1~2

根据物质的微观电结构理论, 所有物质都是由分子或原子组成的, 而分子或原子中的每个电子都同时参与了两种运动, 一是电子绕原子核的轨道运动, 二是电子本身的自旋. 电子的这些运动形成了微小的圆电流, 这样的圆电流对应有相应的磁矩, 这两种运动对应的磁矩分别称为**轨道磁矩**和**自旋磁矩**. 一个分子中所有的电子轨道磁矩和自旋磁矩的矢量和称为该分子的**固有磁矩**, 用符号 $\boldsymbol{P}_{\mathrm{m}}$ 表示, 它可以看成是由一个等效的圆形分子电流产生的. 顺磁质和抗磁质的区别就在于它们的分子或原子的电结构不同. 研究表明, 当没有外磁场作用时, 抗磁质分子的固有磁矩 $\boldsymbol{P}_{\mathrm{m}} = 0$, 从而整块磁介质的 $\sum\limits_i \boldsymbol{P}_{\mathrm{m}i} = 0$, 因而介质对外不显磁性; 而顺磁质分子的固有磁矩 $\boldsymbol{P}_{\mathrm{m}} \neq 0$, 但由于分子的热运动, 各分子的固有磁矩取向是杂乱无章的, 整块磁介质仍有 $\sum\limits_i \boldsymbol{P}_{\mathrm{m}i} = 0$. 因此, 在没有外磁场时, 不管是顺磁质还是抗磁质, 它们在宏观上对外都不呈现磁性.

在外磁场 $\boldsymbol{B}_0$ 作用下, 分子中每个电子的运动将更加复杂, 除了保持上述两种运动外, 还要附加一种以外磁场方向为轴线的转动, 这种转动也相当于一个圆电流, 因而引起一个**附加磁矩**, 其方向总是与外磁场 $\boldsymbol{B}_0$ 的方向相反, **一个分子内所有电子的附加磁矩的矢量和**称为**分子在磁场中所产生的附加磁矩**, 用符号 $\Delta\boldsymbol{P}_{\mathrm{m}}$ 表示. 其原理如图 10.37 所示.

在外磁场 $\boldsymbol{B}_0$ 作用下, 顺磁质分子产生附加磁矩 $\Delta\boldsymbol{P}_{\mathrm{m}}$, 但它比分子的固有磁矩小得多, 即对顺磁质而言, $\Delta\boldsymbol{P}_{\mathrm{m}} << \boldsymbol{P}_{\mathrm{m}}$, 因而附加磁矩可以忽略不计. 顺磁质分子的固有磁矩将受到外磁场的磁力矩作用, 各分子的固有磁矩将因受分子无规则热运动的阻碍而不同程度地沿着外磁场 $\boldsymbol{B}_0$ 的方向排列起来, 如图 10.38(a) 所示.

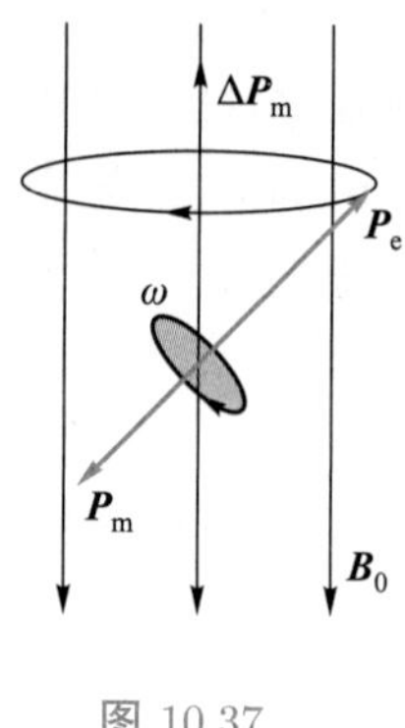

图 10.37

对抗磁质而言, 分子的固有磁矩为零, 只有与外磁场 $\boldsymbol{B}_0$ 方向相反的分子附加磁矩 $\Delta\boldsymbol{P}_{\rm m}$, 如 10.38(b) 图所示.

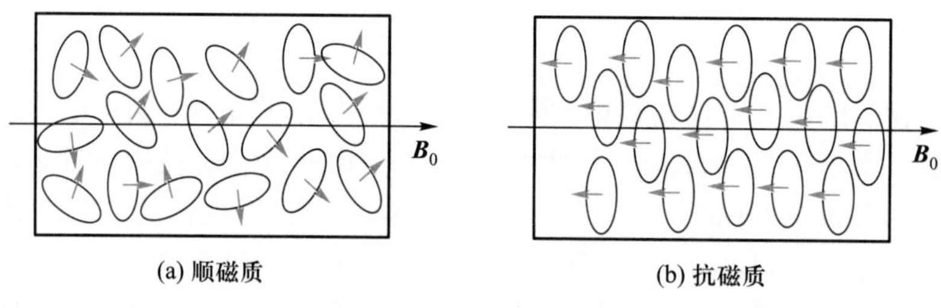

图 10.38

考虑一长直螺线管内部均匀充满某种顺磁质的情形, 设线圈中的电流在管内产生均匀外磁场 $\boldsymbol{B}_0$, 如图 10.39(a) 所示. 这时, 在磁力矩的作用下, 顺磁质中每一个分子的磁矩将趋向外磁场 $\boldsymbol{B}_0$ 的方向, 与分子磁矩相对应的分子电流平面将趋向与磁场方向相垂直, 这个现象称为弱磁介质的磁化. 图 10.39(b) 给出了磁介质内任一横截面上分子电流的排列情况. 由图 10.39(b) 可以看出, 在磁介质内部任意一点处总有方向相反的分子电流流过, 它们的效果相互抵消; 只有在横截面的边缘上, 各分子电流的外面部分未被抵消, 它们沿相同方向流动, 形成沿截面边缘的一个大环形电流, 如图 10.39(c) 所示. 由于在各个横截面的边缘都出现这种环形电流, 宏观上相当于在圆柱体介质表面上有一层电流流过, 这种电流称为磁化电流, 也称为束缚电流, 用符号 I' 表示.

无论是哪一种磁介质的磁化, 其宏观效果都是在磁介质的表面出现磁化电流. 磁化电流和传导电流一样也要激发磁场, 顺磁质的磁化电流方向与磁介质中外磁场的方向满足右手螺旋定则, 它激发的磁场与外磁场方向相同, 从而使磁介质中的磁场加强. 抗磁质的磁化电流的方向与外磁场的方向满足左手螺旋定则, 它激发的磁场与外磁场方向相反, 从而使磁介质中的磁场减弱.

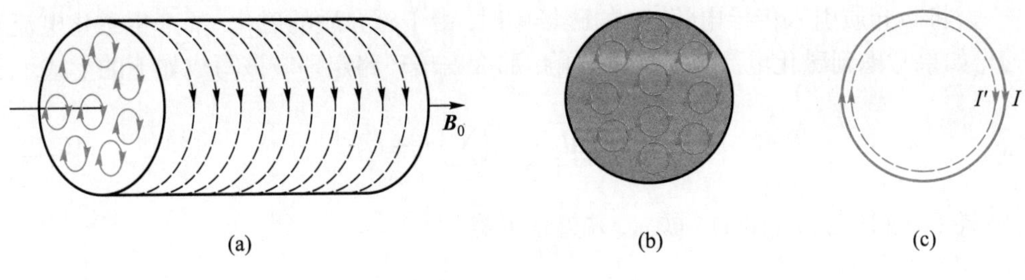

图 10.39

10.4.3 磁介质中的高斯定理和安培环路定理

1. 磁介质中的高斯定理

在磁介质中无论是传导电流产生的磁场, 还是磁化 (束缚) 电流产生的磁场其磁感线都是闭合的, 因此从其物理含义上来讲在磁介质中穿过任意闭合曲面的总磁通量必然也为零, 即

QR10.28 语音导读 10.4.3

$$\Phi_{\mathrm{m}} = \oint_S \boldsymbol{B} \cdot \mathrm{d}\boldsymbol{S} = 0 \tag{10.38}$$

2. 磁介质中的安培环路定理

首先在磁介质中我们引入磁化强度$\boldsymbol{M}$来描述磁介质的磁化程度. 对于顺磁质, 我们把磁介质内某点处单位体积内分子磁矩的矢量和定义为该点的磁化强度, 即

$$\boldsymbol{M} = \frac{\sum\limits_i \boldsymbol{P}_{\mathrm{m}i}}{\Delta V} \tag{10.39}$$

顺磁质中 $\boldsymbol{M}$ 的方向与外磁场 $\boldsymbol{B}_0$ 的方向相同.

对于抗磁质, 其磁化的主要原因是抗磁质分子在外磁场中产生附加磁矩 $\Delta\boldsymbol{P}_{\mathrm{m}}, \Delta\boldsymbol{P}_{\mathrm{m}}$ 与 $\boldsymbol{B}_0$ 的方向相反, 大小与 B_0 成正比. 抗磁质的磁化强度为

$$\boldsymbol{M} = \frac{\sum\limits_i \Delta\boldsymbol{P}_{\mathrm{m}i}}{\Delta V} \tag{10.40}$$

抗磁质中 $\boldsymbol{M}$ 的方向与外磁场 $\boldsymbol{B}_0$ 的方向相反. 在国际单位制中, $\boldsymbol{M}$ 的单位是A/m.

当磁介质磁化时, 磁化强度与磁化电流有密切的关系. 这与电介质极化时, 极化强度与极化电荷有密切关系相类似. 可以证明磁化强度与磁化电流的关系为

$$\oint \boldsymbol{M} \cdot \mathrm{d}\boldsymbol{l} = I' \tag{10.41}$$

即闭合回路所包围的总磁化电流等于磁化强度沿该闭合回路的环流.

将磁介质引入传导电流 I_0 的磁场中时, 由于磁介质的磁化, 要产生磁化电流 I', 如果考虑到磁化电流对磁场的影响, 那么安培环路定理应该写成如下的形式:

$$\oint \boldsymbol{B} \cdot \mathrm{d}\boldsymbol{l} = \mu_0\left(\sum I_0 + I'\right) \tag{10.42}$$

将式 (10.42) 与式 (10.41) 联立, 并整理可得

$$\oint \left(\frac{\boldsymbol{B}}{\mu_0} - \boldsymbol{M}\right) \cdot \mathrm{d}\boldsymbol{l} = \sum I_0 \tag{10.43}$$

这里我们引入一个新的物理量来表示积分号内的合矢量, 称为磁场强度, 并以 $\boldsymbol{H}$ 表示, 即定义

$$\boldsymbol{H} = \frac{\boldsymbol{B}}{\mu_0} - \boldsymbol{M} \tag{10.44}$$

那么磁介质中的安培环路定理有下面的简洁形式:

$$\oint \boldsymbol{H} \cdot \mathrm{d}\boldsymbol{l} = \sum I_0 \tag{10.45}$$

此式说明沿任一闭回路磁场强度 $\boldsymbol{H}$ 的环流等于该回路所包围的传导电流的代数和. 这是电磁学的一条基本定律. 显然在无磁介质时, 即当 $\boldsymbol{M} = 0$ 时式 (10.45) 还原为式 (10.15).

QR10.29 教学视频 10.4.3

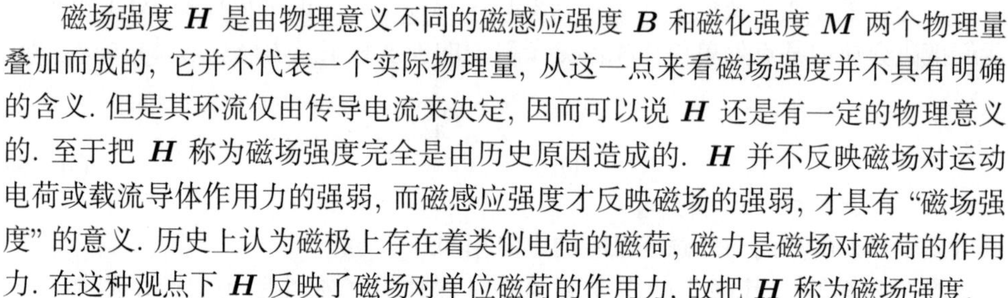

磁场强度 $\boldsymbol{H}$ 是由物理意义不同的磁感应强度 $\boldsymbol{B}$ 和磁化强度 $\boldsymbol{M}$ 两个物理量叠加而成的, 它并不代表一个实际物理量, 从这一点来看磁场强度并不具有明确的含义. 但是其环流仅由传导电流来决定, 因而可以说 $\boldsymbol{H}$ 还是有一定的物理意义的. 至于把 $\boldsymbol{H}$ 称为磁场强度完全是由历史原因造成的. $\boldsymbol{H}$ 并不反映磁场对运动电荷或载流导体作用力的强弱, 而磁感应强度才反映磁场的强弱, 才具有“磁场强度”的意义. 历史上认为磁极上存在着类似电荷的磁荷, 磁力是磁场对磁荷的作用力. 在这种观点下 $\boldsymbol{H}$ 反映了磁场对单位磁荷的作用力, 故把 $\boldsymbol{H}$ 称为磁场强度.

实验表明: 一般情况下各向同性的均匀磁介质的磁化强度 $\boldsymbol{M}$ 和外磁场 $\boldsymbol{B}$ 成正比, 其关系如下式

$$\boldsymbol{M} = \frac{\mu_\mathrm{r} - 1}{\mu_0 \mu_\mathrm{r}} \boldsymbol{B} \tag{10.46}$$

将式 (10.46) 代入式 (10.45) 可得

$$\boldsymbol{B} = \mu_0 \mu_\mathrm{r} \boldsymbol{H} = \mu \boldsymbol{H} \tag{10.47}$$

在国际单位制中, 磁场强度 $\boldsymbol{H}$ 的单位是A/m. 我们称 μ ($\mu = \mu_0\mu_\mathrm{r}$) 为磁导率. 对于真空 $\mu_\mathrm{r} = 1, \mu = \mu_0$, 因此 $\boldsymbol{B} = \mu_0 \boldsymbol{H}$.

下面我们求有磁介质存在时恒定电流的磁场分布.

例 10.5 长直单芯电缆是一根半径为 R 的圆柱形导体, 它的内外导电壁之间充满相对磁导率为 μ_r 的均匀磁介质, 磁介质的外半径为 R_1. 现有电流 I 均匀地流过芯的横截面并沿外导电壁回流. 求磁介质中磁感应强度的分布.

解 圆柱体电流所产生的磁场中 $\boldsymbol{B}$ 和 $\boldsymbol{H}$ 的分布均具有轴对称性. 在垂直于电缆轴的平面内作一圆心在轴上, 半径为 r 的圆周回路 L. 对此回路应用 $\boldsymbol{H}$ 的安培环路定理, 有

$$\oint_L \boldsymbol{H} \cdot \mathrm{d}\boldsymbol{l} = 2\pi r H = I$$

由此得

$$H = \frac{I}{2\pi r}$$

再利用式 (10.47) 得

$$B = \frac{\mu_0 \mu_r I}{2\pi r}$$

10.4.4 铁磁质的磁化

QR10.30 教学视频 10.4.4

铁、钴、镍和它们的一些合金, 稀土金属以及一些氧化物都具有明显而特殊的磁性. 铁磁性不能用一般的顺磁质的磁化理论来解释. 这是由于铁磁质的单个原子或单个分子并不具有任何特殊的磁性. 例如铁原子和铬原子的结构大致相同, 原子磁矩也相同, 但是铁是典型的铁磁质, 而铬是普通的顺磁质. 所以铁磁质的铁磁性不是和原子或分子有关的性质, 而应该是和物质的固体结构有关的性质.

铁磁性的起源可以用磁畴理论来解释. 在铁磁质内存在着无数个小区域, 这些个小区域的线度约为 10^{-4} m (其体积约为 10^{-12} m^3), 其中含有 $10^{12} \sim 10^{15}$ 个原子. 在这些小区域内的原子间存在非常强的电子 "交换耦合作用", 使相邻原子的磁矩排列整齐, 也就是说, 这些小区域已自发磁化到饱和状态了. 这种小区域称为**磁畴**. 每个磁畴相当于一个小的磁性极强的永久磁铁, 无外磁场作用时, 同一磁畴内的分子磁矩方向一致, 各个磁畴的磁矩方向杂乱无章, 磁介质的总磁矩为零, 宏观上对外不显磁性. 当在铁磁质内加上外磁场并逐渐增大时, 其磁矩方向和外加磁场方向相近的磁畴逐渐扩大, 而反方向的磁畴逐渐缩小. 最后当外加磁场大到一定程度后, 所有磁畴的自发磁矩方向都和外磁场相同时, 磁化达到了饱和状态, 从而产生很强的与外磁场方向一致的附加磁场, 对外显示出比外磁场强得多的磁性. 撤去外磁场后磁畴不能按原来的变化规律逆着退回原状, 因而出现剩磁.

铁磁性和磁畴结构的存在是分不开的, 当铁磁体受到强烈震动, 或在高温下剧烈的热运动使磁畴瓦解时, 铁磁体的磁性也就消失了, 居里曾发现: 对任何铁磁质来说, 各有一特定的温度, 当铁磁质的温度高于这一温度时, 磁畴全部瓦解, 铁磁性完全消失而成为普通的顺磁质, 这个温度称为**居里点**. 铁、钴、镍的居里点分别为 770℃、358℃、1 115℃. 家用电饭锅中温控装置就利用了铁氧体的居里点在 103℃ 附近的原理, 从而实现保温和加热.

QR10.31 语音导读 10.4.4

实际研究铁磁质的磁化性质时通常把铁磁质样品做成环状, 外面绕上若干匝线圈 (螺绕环). 线圈中通入电流 I(也被称为励磁电流) 后, 铁磁质就被磁化. 如果单位长度的线圈匝数为 n, 那么螺绕环中的磁场强度 H 为

$$H = nI$$

这时螺绕环内的磁感应强度 B 可以用另外的方法 (如磁通计) 测出. 改变电流 I, 可以测得多组值, 这样就可以绘出一条样品的 $H-B$ 关系曲线, 这条曲线就是样品的磁化曲线.

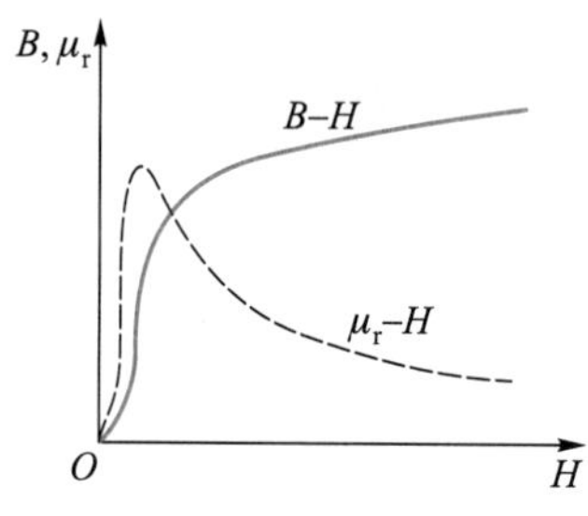

图 10.40

如果样品开始时完全没有磁化, 逐渐增大电流 I, 那么 H 值也随之增大, 因此 B 也随 H 增大, 得到的磁化曲线称为**初始磁化曲线**, 如图 10.40 所示. 当 H 较小时, B 随 H 成正比地增大.H 再稍增大时 B 就开始急剧地、近似正比地增大, 接着增大变慢, 当 H 达到某一值后再增大时, B 就几乎不再随 H 增大而增大. 这时铁磁质样品到达了一种磁饱和状态, 它的磁化强度 M 达到了最大值. 从图 10.40 可以看出, 对于铁磁质, B 与 H 之间不是线性关系, 故曲线上各点的斜率 (即磁导率 μ) 是不同的, 也就是说铁磁质的磁导率 μ 不再是常数. 根据式 (10.47) 可以进一步求出不同 H 值时 μ_r 的值, μ_r 与 H 的关系也对应画在图 10.40 中.

实验中发现, 各种铁磁质的初始磁化曲线都是不可逆的, 即当铁磁质达到磁饱和状态后, 如果减小 H 值, 铁磁质中的 B 并不沿初始磁化曲线逆向逐渐减小, 而是减小得比原来增加时慢. 这种现象称为**磁滞效应**, 如图 10.41 中的 ab 段曲线所示. 并且当 $H=0$ 时, B 并不等于 0, 而是保持一定的值 B_r. 此时铁磁质内仍保留磁化状态, 称之为**剩磁**.

要想把剩磁完全消除, 必须改变电流的方向, 并逐渐增大反向电流, 如图 10.41 中的 bc 段所示. 当 H 增大到 $-H_c$ 时, $B=0$. 这个使铁磁质中的 B 完全消失的 H_c 值称为铁磁质的**矫顽力**. 接下来继续增大反向的 H, 可能使铁磁质达到反向饱和状态 (图 10.41 中的 cd 段). 达到反向饱和后再减小反向 H, 直至为零, 铁磁质会处于反向剩磁状态 (图 10.41 中的 de 段). 再逐渐增大正向 H, 铁磁质最后又回到原来的饱和状态 (图 10.41 中的 efa 段). 这样磁化曲线就形成一闭合曲线, 这一闭合曲线称为**磁滞回线**.

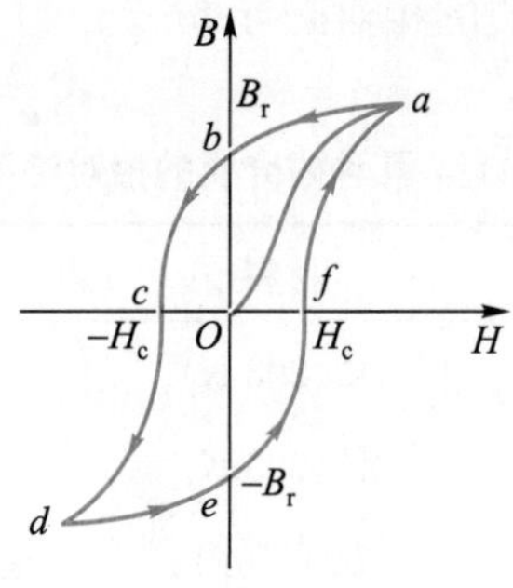

图 10.41

不同的铁磁质的磁滞回线的形状不同, 表示它们具有不同的剩磁和矫顽力. 按矫顽力的大小将铁磁质分为软磁材料、硬磁材料和矩磁材料.

软磁材料的矫顽力小, 磁滞回线狭长, 如图 10.42(a) 所示. 这种材料容易磁化, 也容易退磁, 剩磁很小, 适合在交变电磁场中工作, 如用于各种电感元件、变压器、继电器等. 常用的金属软磁材料有工程纯铁、硅钢、坡莫合金. 还有非金属软磁铁氧体, 如锰锌铁氧体、镍锌铁氧体等.

硬磁材料的矫顽力较大, 磁滞回线较胖, 如图 10.42(b) 所示, 其磁滞特性显著. 这种材料一旦磁化后, 会保留较大的剩磁, 且不易退磁, 故适合作永久磁体, 常用于磁电式电表、永磁扬声器、拾音器、电话、录音机、耳机等设备. 常见的金属硬磁材料有碳钢、钨钢、铝钢等.

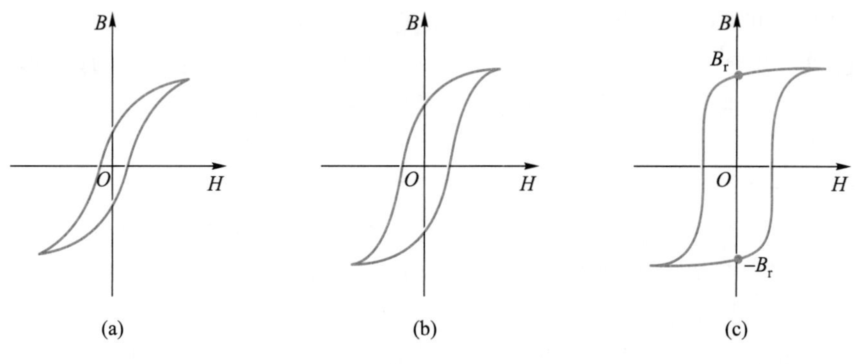

图 10.42

矩磁材料的特点是剩磁很大, 接近于饱和磁感应强度, 而矫顽力小, 其磁滞回线接近于矩形, 如图 10.42(c) 所示. 当它被外磁场磁化时, 总是处在 B_r 或 $-B_r$ 两种不同的剩磁状态. 由于计算机中采用二进制, 只有 0 和 1 两个数码, 所以可用两种剩磁状态分别代表两个数码, 因此矩磁材料适用于计算机中, 作储存记忆元件. 目前常用的矩磁材料有锰镁铁氧体和锂锰铁氧体, 广泛用作天线、电感磁芯和记忆元件.

表 10.1 列出了几种磁介质的相对磁导率.

表 10.1 几种磁介质的相对磁导率

磁介质种类	材料	相对磁导率
抗磁质	汞 (293 K)	$1-2.9\times10^{-5}$
	铜 (293 K)	$1-1.0\times10^{-5}$
	氢 (气体)	$1-3.98\times10^{-5}$
顺磁质	氧 (气体, 293 K)	$1+344.9\times10^{-5}$
	铝 (293 K)	$1+1.65\times10^{-5}$
	铂 (293 K)	$1+26\times10^{-5}$
铁磁质	纯铁	5×10^{3} (最大值)
	硅钢	7×10^{2} (最大值)

习题 10

QR10.32 习题 10 参考答案

10.1 在同一磁感应线上, 各点 $\boldsymbol{B}$ 的数值是否都相等? 为何不把作用于运动电荷的磁力方向定义为磁感应强度 $\boldsymbol{B}$ 的方向?

10.2 用安培环路定理能否求一段有限长载流直导线周围的磁场?

10.3 质量为 m、电荷为 q 的粒子, 以速率 v 与磁感应强度为 $\boldsymbol{B}$ 的均匀磁场成 θ 角射入磁场, 轨迹为一螺旋线, 若要增大螺距则要

A. 增大磁感应强度 B　　　B. 减小磁感应强度 B

C. 增大 θ 角　　　D. 减少速率 v

10.4 一个 100 匝的圆形线圈, 半径为 5 cm, 通过电流为 0.1 A, 当线圈在 15 T 的磁场中从 $\theta=0^\circ$ 的位置转到 180° (θ 为磁场方向与线圈磁矩方向的夹角) 的位置时磁场力做的功为

A. 0.24 J　　B. 2.4 J　　C. 0.14 J　　D. 14 J

10.5 如图所示, 长直电流 I_1 附近有一等腰直角三角形线框, 通以电流 I_2, 二者共面. 求 ΔABC 的各边所受的磁力.

10.6 在真空中, 有两根互相平行的无限长直导线 L_1 和 L_2, 相距 0.1 m, 通有方向相反的电流, $I_1=20$ A, $I_2=10$ A, 如图所示. A、B 两点与导线在同一平面内. 这两点与导线 L_2 的距离均为 5.0 cm. 试求 A、B 两点处的磁感应强度, 以及磁感应强度为零的点的位置.

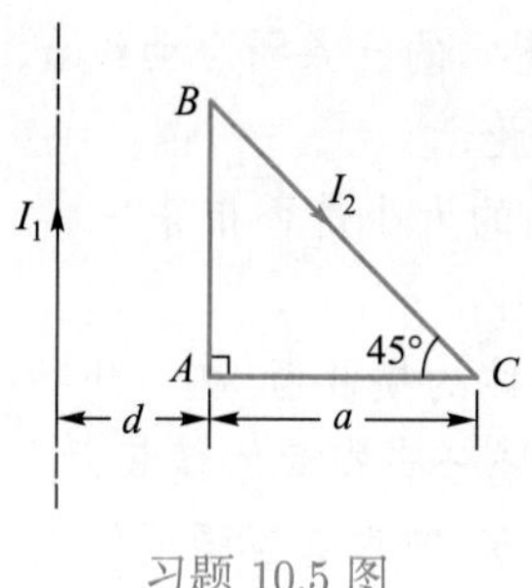

习题 10.5 图

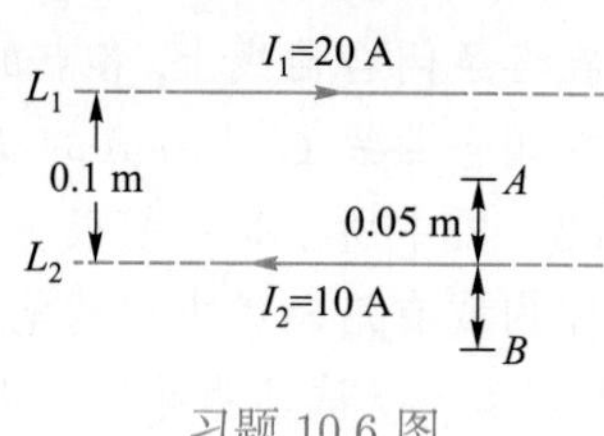

习题 10.6 图

10.7 已知磁感应强度 $B=2.0\ \mathrm{Wb\cdot m^{-2}}$ 的均匀磁场, 方向沿 x 轴正方向, 如图所示. 试求: (1) 通过图中 $abcd$ 面的磁通量; (2) 通过图中 $befc$ 面的磁通量; (3) 通过图中 $aefd$ 面的磁通量.

10.8 如图所示, 两根导线沿半径方向引向铁环上的 A、B 两点, 并在很远处与电源相连. 已知环的粗细均匀, 求环中心 O 的磁感应强度.

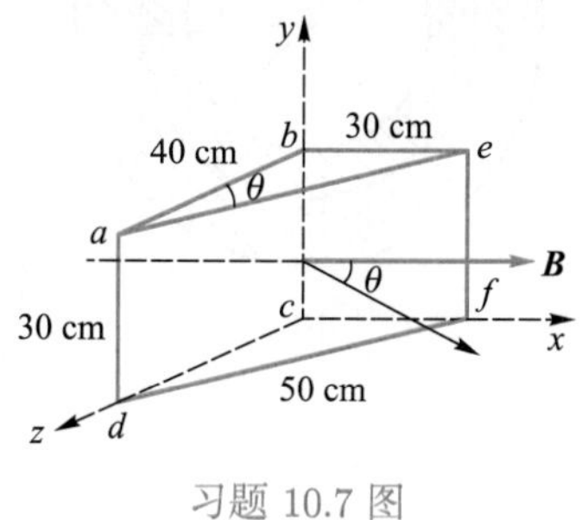

习题 10.7 图

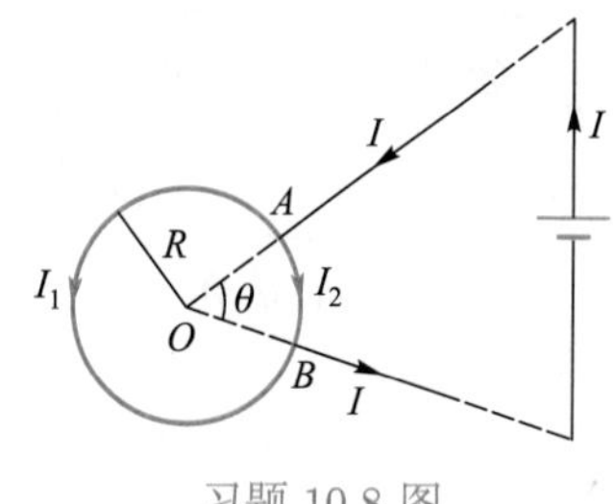

习题 10.8 图

10.9 如图所示, AB、CD 为长直导线, $\widehat{BC}$ 为圆心在 O 点的一段圆弧形导线, 其半径为 R. 若通以电流 I, 求 O 点的磁感应强度.

10.10 氢原子处在基态时, 它的电子可视为在半径 $a=5.2\times10^{-9}\ \mathrm{cm}$ 的轨道上作匀速圆周运动, 速率 $v=2.2\times10^{8}\ \mathrm{cm\cdot s^{-1}}$. 求电子在轨道中心所产生的磁感应强度和电子磁矩的值.

10.11 两平行长直导线相距 $d=40\ \mathrm{cm}$, 每根导线载有电流 $I_1=I_2=20\ \mathrm{A}$, 如图所示. 求: (1) 两导线所在平面内与两导线等距的一点 A 处的磁感应强度; (2) 通过图中斜线所示面积的磁通量. ($r_1=r_3=10\ \mathrm{cm}$, $l=25\ \mathrm{cm}$.)

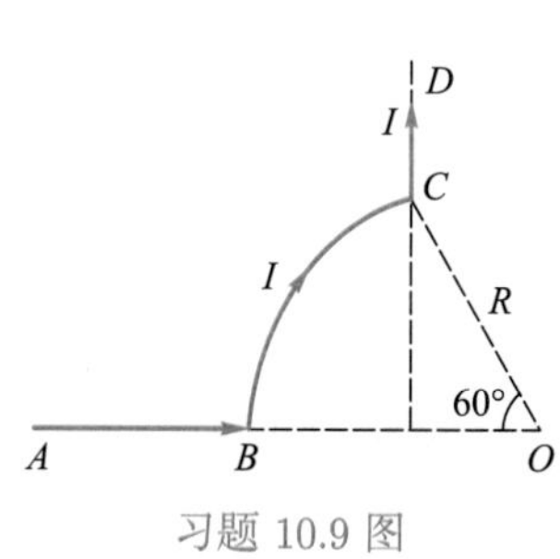

习题 10.9 图

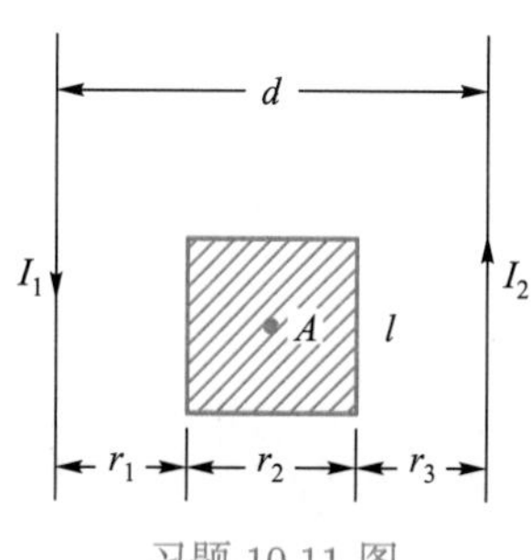

习题 10.11 图

10.12 设图中两导线中的电流均为 8 A, 对图示的三条闭合曲线 a、b、c, 分别写出安培环路定理等式右边电流的代数和, 并讨论:

(1) 在各条闭合曲线上, 各点的磁感应强度 $\boldsymbol{B}$ 的大小是否相等?

(2) 在闭合曲线 C 上各点的 $\boldsymbol{B}$ 是否为零? 为什么?

10.13 图中所示是一根很长的长直圆管形导体的横截面, 内、外半径分别为 a、b, 导体内载有沿轴线方向的电流 I, 且 I 均匀地分布在管的横截面上. 设导体的磁导率 $\mu \approx \mu_0$, 试证明导体内部各点 $(a < r < b)$ 的磁感应强度的大小由下式给出:

$$B = \frac{\mu_0 I}{2\pi\left(b^2 - a^2\right)} \frac{r^2 - a^2}{r}$$

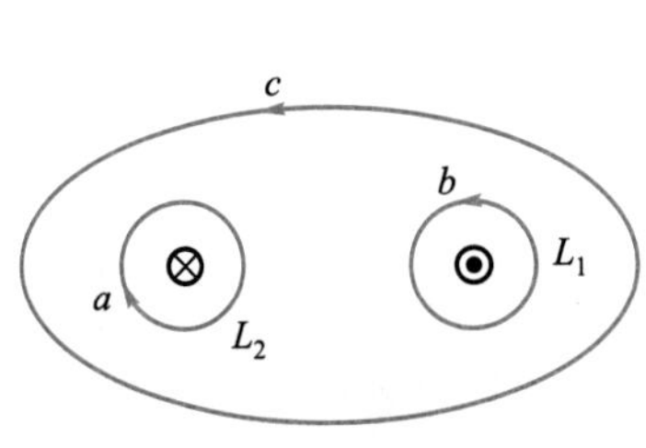

习题 10.12 图

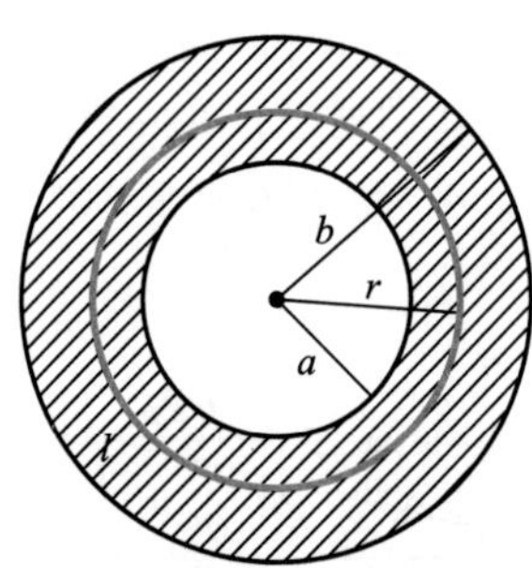

习题 10.13 图

第十一章

变化的磁场和变化的电场

电与磁之间有着密切的联系, 上一章讨论了电流产生磁场和磁场对电流的作用, 这是电与磁相互联系的一个方面. 本章研究电与磁相互联系的另一个方面, 即在一定的条件下, 变化的磁场也可以产生电流, 确切地说, 随时间变化的磁场产生出电场, 也就是电磁感应现象.

11.1 电磁感应

11.1.1 电动势

QR11.1 本章内容提要

电流是导体中电荷作定向运动形成的, 之所以作定向运动, 是由于受到恒定电场的作用力, 这种力我们称之为静电力. 但是, 单靠静电力却不能维持恒定电流, 恒定电流的电路是闭合的, 如果在闭合电路中各处的电流都只由静电力维持, 电势沿着电流方向必然越来越低. 也就是说如果沿着图 11.1 中环形方向从 A 点再回到 A 点, 电势不断降低, 回到出发点 A 时, 电势应比出发时所测数值要小, 这显然与恒定电场中一个确定点只能有一个电势的事实相矛盾, 可见, 单靠静电力不可能维持恒定电流.

QR11.2 语音导读 11.1.1

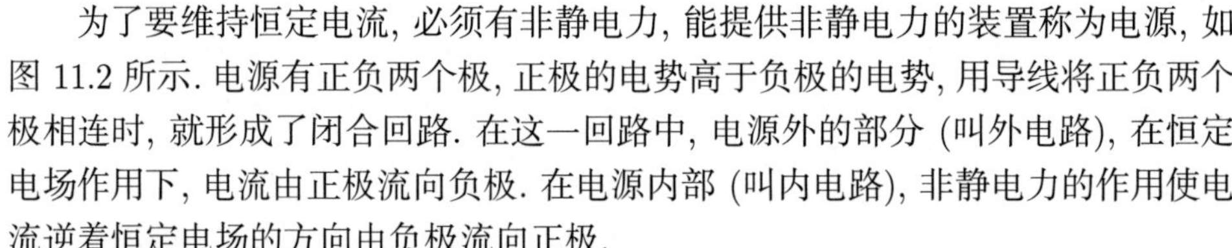

为了要维持恒定电流, 必须有非静电力, 能提供非静电力的装置称为电源, 如图 11.2 所示. 电源有正负两个极, 正极的电势高于负极的电势, 用导线将正负两个极相连时, 就形成了闭合回路. 在这一回路中, 电源外的部分 (叫外电路), 在恒定电场作用下, 电流由正极流向负极. 在电源内部 (叫内电路), 非静电力的作用使电流逆着恒定电场的方向由负极流向正极.

QR11.3 教学视频 11.1.1

电源的类型很多, 不同类型的电源中, 非静电力的本质不同. 例如, 化学电池中的非静电力是一种化学作用, 发电机中的非静电力是一种电磁作用, 本章会讨论这种电磁作用的本质, 本节只一般地说明非静电力的作用.

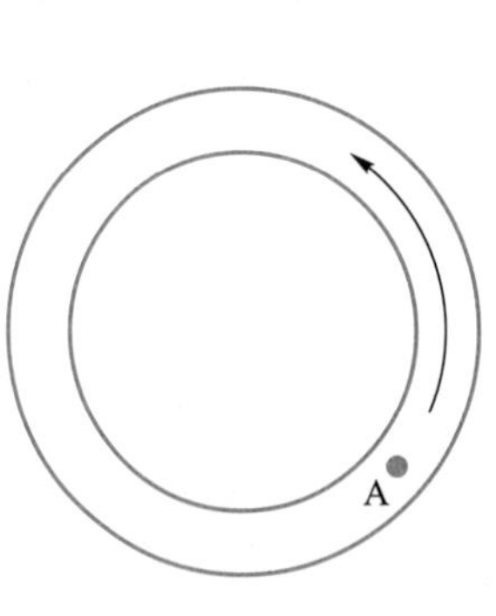

图 11.1

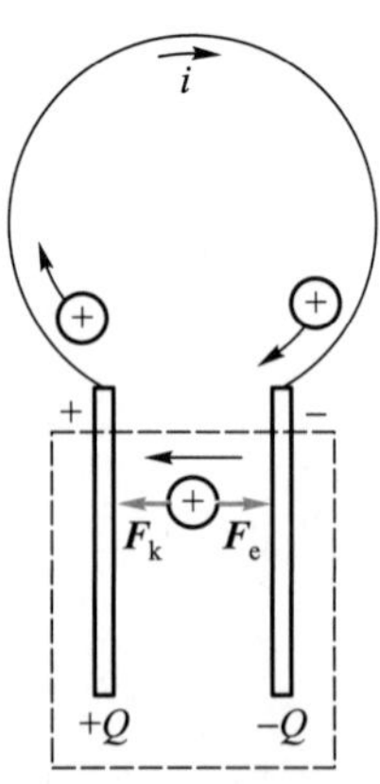

图 11.2

非静电力反抗恒定电场移动电荷时, 是要做功的. 在不同的电源内, 由于非静电力的不同, 使相同的电荷由负极移到正极时, 非静电力做的功也是不同的. 为了定量地描述这种不同, 我们引入电动势的概念. 在电源内, 单位正电荷从负极移向正极的过程中, 非静电力做的功, 称为电源的电动势, 用符号 $\mathscr{E}$ 表示. 它反映电源中非静电力做功的本领, 是表征电源本身性质的特征量. 如果用 A 表示在电源内电荷量为 q 的正电荷从负极移到正极时非静电力做的功, 则电源的电动势 $\mathscr{E}$ 为

$$\mathscr{E}=\frac{A}{q} \tag{11.1}$$

从量纲分析可知, 电动势和电势差的量纲相同, 在国际单位制中, 它们的单位都是伏 (V). 应当特别注意, 虽然它们的量纲相同而且又都是标量, 但它们是两个完全不同的物理量. 电动势总是和非静电力做功联系在一起, 而电势差是和静电力做功联系在一起的. 电动势完全取决于电源本身的性质 (如化学电池只取决于其中化学物质的种类) 而与外电路无关, 但电路中的电势的分布则和外电路的情况有关. 从能量的观点来看, 式 (11.1) 定义的电动势也等于单位正电荷从负极移到正极时, 由于非静电力作用所增加的电势能, 或者说, 就等于从负极到正极非静电力所引起的电势升高. 我们通常把电源内从负极到正极的方向, 也就是电势升高的方向, 规定为电动势的方向. 这样规定是为了计算方便, 电动势只有两个方向: 从正极到负极或从负极到正极, 不同于矢量.

用场的概念, 可以把各种非静电力的作用视为各种等效的 "非静电场" 的作用. 以 $\boldsymbol{E}_{\mathrm{k}}$ 表示非静电场, 则它对电荷 q 的非静电力就是 $\boldsymbol{F}_{\mathrm{k}}=q\boldsymbol{E}_{\mathrm{k}}$, 在电源内, 电荷 q 由负极移到正极时非静电力做的功为

$$A=\int_{-}^{+} q\boldsymbol{E}_{\mathrm{k}}\cdot\mathrm{d}\boldsymbol{l}$$

将此式代入式 (11.1) 可得

$$\mathscr{E}=\int_{-}^{+} \boldsymbol{E}_{\mathrm{k}}\cdot\mathrm{d}\boldsymbol{l} \tag{11.2}$$

上式表示非静电力集中在一段电路内 (如电池内) 作用时, 用场的观点表示的电动势. 在有些情况下非静电力存在于整个电流回路中, 这时整个回路中的总电动势应为

$$\mathscr{E}=\oint \boldsymbol{E}_{\mathrm{k}}\cdot\mathrm{d}\boldsymbol{l} \tag{11.3}$$

式中积分遍及整个回路.

11.1.2 电磁感应定律

1. 电磁感应现象

QR11.4 语音导读 11.1.2

我们看几个实验, 图 11.3(a) 表示闭合导体回路附近有磁铁与它发生相对运动. 图 11.3(b) 表示闭合导体回路附近有变化的电流. 图 11.3(c) 表示闭合回路中

的导体在磁场中运动或导体回路在磁场中转动, 这时可发现闭合回路中都有电流产生.

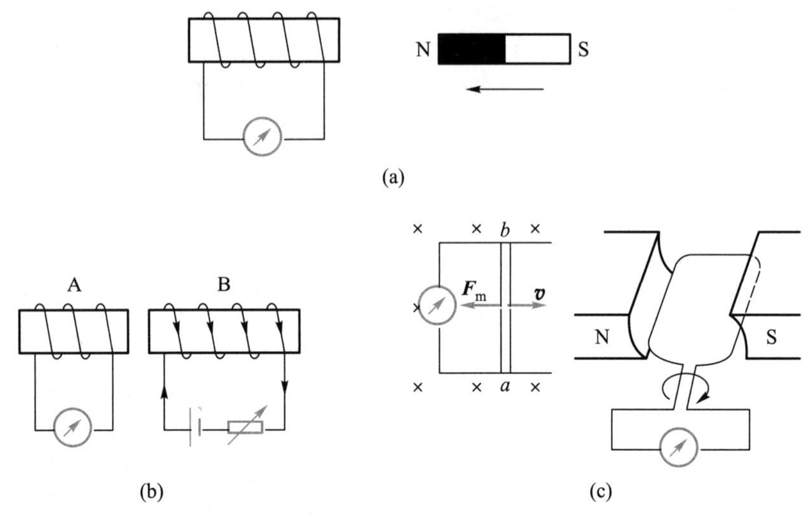

图 11.3

QR11.5 教学视频 11.1.2

在上述三类实验中, 回路中产生电流的原因似乎不同, 但它们有一个共同的特点, 就是穿过回路的磁通量发生了变化, 而且磁通量变化越快, 回路中的电流就越大, 磁通量变化越慢, 回路中的电流就越小, 所以可得如下结论:

当通过一闭合回路所包围面积的磁通量发生变化时, 回路中就产生电流, 这种电流称为感应电流. 由于磁通量的变化而产生电流的现象称为电磁感应现象, 这一结论是法拉第从实验中发现的. 在电磁感应现象中, 驱动感应电流的电动势称为感应电动势.

2. 电磁感应定律

QR11.6 法拉第电磁感应思想

法拉第对电磁感应现象进行了定量的研究, 从实验中总结出了反映感应电动势和磁通量变化快慢关系的电磁感应定律: 穿过闭合回路的磁通量发生变化时, 回路中产生的感应电动势与磁通量对时间的变化率成正比, 即

$$\mathscr{E} = -k\frac{\mathrm{d}\Phi_\mathrm{m}}{\mathrm{d}t}$$

在国际单位制中, $k = 1$. 则

$$\mathscr{E} = -\frac{\mathrm{d}\Phi_\mathrm{m}}{\mathrm{d}t} \tag{11.4}$$

感应电流

$$I = -\frac{1}{R}\frac{\mathrm{d}\Phi_\mathrm{m}}{\mathrm{d}t}$$

式 (11.4) 中的负号反映感应电动势的方向与磁通量对时间的变化率的关系. 在判定感应电动势的方向时, 应先规定导体回路 L 的绕行正方向. 如图 11.4 所示, 当回路中磁感线的方向和所规定的回路的绕行正方向满足右手螺旋定则时, 磁通量 Φ_m 是正值. 这时, 如果穿过回路的磁通量增大, $\mathrm{d}\Phi_\mathrm{m}/\mathrm{d}t > 0$, 则 $\mathscr{E} < 0$, 这表明此时感应电动势的方向和 L 的绕行正方向相反 [图 11.4(a)]. 如果穿过回路的磁通量减小, 即 $\mathrm{d}\Phi_\mathrm{m}/\mathrm{d}t < 0$, 则 $\mathscr{E} > 0$, 这表示此时感应电动势的方向和 L 的绕行正方向相同 [图 11.4(b)].

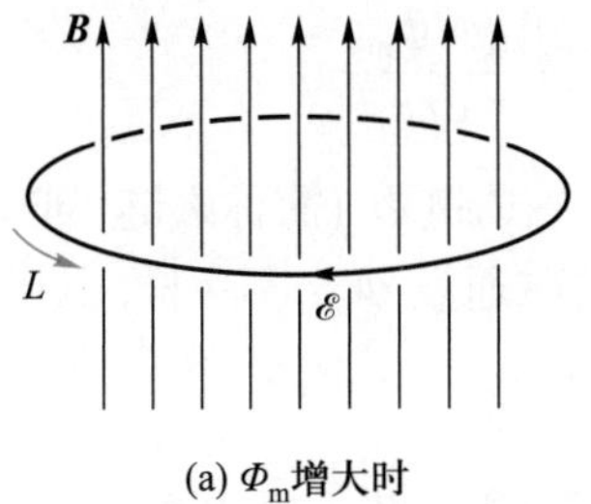

(a) Φ_m增大时

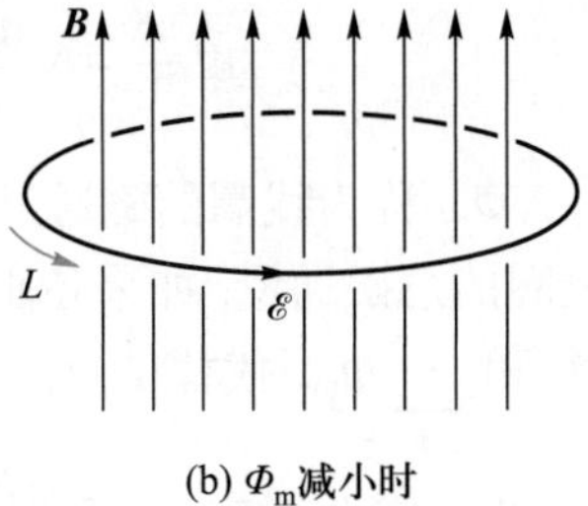

(b) Φ_m减小时

图 11.4

图 11.5 是一个产生感应电动势的实际例子. 当中是一个线圈, 通有图示方向的电流时, 它的磁场的磁感线分布如图示, 另一导电圆环 L 的绕行正方向如图所示. 当导电圆环在线圈上面向下运动时, $\mathrm{d}\Phi_\mathrm{m}/\mathrm{d}t > 0$, 从而 $\mathscr{E} < 0$, $\mathscr{E}$ 沿 L 的反方向. 当导电圆环在线圈下面向下运动时, $\mathrm{d}\Phi_\mathrm{m}/\mathrm{d}t < 0$, 从而 $\mathscr{E} > 0$, $\mathscr{E}$ 沿 L 的正方向.

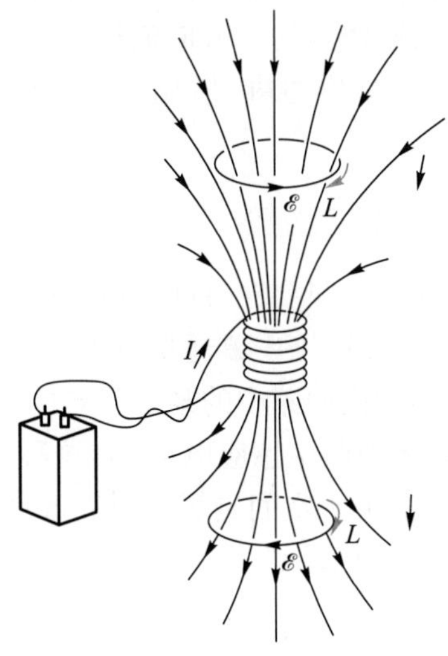

图 11.5

导体回路中产生的感应电动势将按自己的方向产生感应电流, 这感应电流将在导体回路中产生自己的磁场. 在图 11.5 中, 圆环在上面时, 其中感应电流在环内产生的磁场方向向上; 在下面时, 环中的感应电流产生的磁场方向向下. 和感应电流的磁场联系起来考虑, 上述借助于式 (11.4) 中的负号所表示的感应电动势方向的规律可以表述如下: 感应电动势总具有这样的方向, 即使它产生的感应电流在回路中产生的磁场去阻碍引起感应电动势的磁通量的变化, 这个规律称为楞次定律. 图 11.5 中所示感应电动势的方向是符合这一规律的.

如果闭合回路由 N 匝线圈串联组成, 且穿过每匝线圈的磁通量 $\varPhi_\mathrm{m}$ 都一样, 则当磁通量发生变化时, 每匝线圈都将产生相同的感应电动势, 其总电动势为

$$\mathscr{E} = -N\frac{\mathrm{d}\varPhi_\mathrm{m}}{\mathrm{d}t} = -\frac{\mathrm{d}\left(N\varPhi_\mathrm{m}\right)}{\mathrm{d}t}$$

习惯上, $N\varPhi_\mathrm{m}$ 称为线圈的磁通量匝数、磁通链数 (简称磁链) 或全磁通, 表示通过 N 匝线圈的总磁通量. 如果各匝线圈的磁通量 $\varPhi_{\mathrm{m}i}$ 不一样, 其磁链就应该用磁通量的代数和 $\sum\limits_i \varPhi_{\mathrm{m}i}$ 代替 $N\varPhi_\mathrm{m}$.

由回路中的感应电流$I = -\dfrac{1}{R}\dfrac{\mathrm{d}\varPhi_\mathrm{m}}{\mathrm{d}t}$ 还可以进一步计算出在一定时间内 (设从 t_0 到 t_1) 通过回路任一截面的感应电荷为

$$q = \int_{t_0}^{t_1} I\mathrm{d}t = -\frac{1}{R}\int_{\varPhi_{\mathrm{m}1}}^{\varPhi_{\mathrm{m}2}} \mathrm{d}\varPhi_\mathrm{m} = \frac{1}{R}\left(\varPhi_{\mathrm{m}1} - \varPhi_{\mathrm{m}2}\right) \tag{11.5}$$

由此可见, 通过回路截面的电荷与磁通量的改变量成正比, 与磁通量的变化快慢无关. 当回路磁通量增加时, $\varPhi_{\mathrm{m}2}>\varPhi_{\mathrm{m}1}$, $q < 0$, 表示沿回路正方向流过的电荷为负, 也即电流或正电荷沿回路的负方向流过; 又当回路磁通量减少时, $\varPhi_{\mathrm{m}2}<\varPhi_{\mathrm{m}1}$, $q > 0$, 则表示电流或正电荷沿回路的正方向流过. 如果测得感应电荷, 而回路中的电阻又为已知时, 就可以计算磁通量. 常用的磁通计就是根据这个原理设计制成的.

11.1.3 动生电动势、感生电动势

QR11.7 语音导读 11.1.3 1. 动生电动势

上面已指出, 不论什么原因, 只要穿过回路所包围面积的磁通量发生变化, 回路中就要产生感应电动势. 而使回路中磁通量发生变化的方式通常有下述两种情况: 一种是磁场不随时间变化, 而回路中的某部分导体运动, 使回路面积发生变化导致磁通量变化, 在运动导体中产生感应电动势, 这种感应电动势叫动生电动势; 另一种是导体回路面积不变, 由于空间磁场随时间改变, 导致回路中产生感应电动势, 这种感应电动势称为感生电动势. 下面分别讨论这两种电动势.

QR11.8 教学视频 11.1.3 1. 动生电动势

1. 动生电动势

如图 11.6 所示, 在平面回路 $abcda$ 中, 长为 L 的导线 ab 可沿 da、cb 滑动. 滑动时保持 ab 与 dc 平行. 设在磁感应强度为 $\boldsymbol{B}$ 的均匀磁场中, 导线 ab 以速度 $\boldsymbol{v}$ 沿图示方向运动, 并且导线 ab、$\boldsymbol{v}$ 和 $\boldsymbol{B}$ 三者相互垂直.

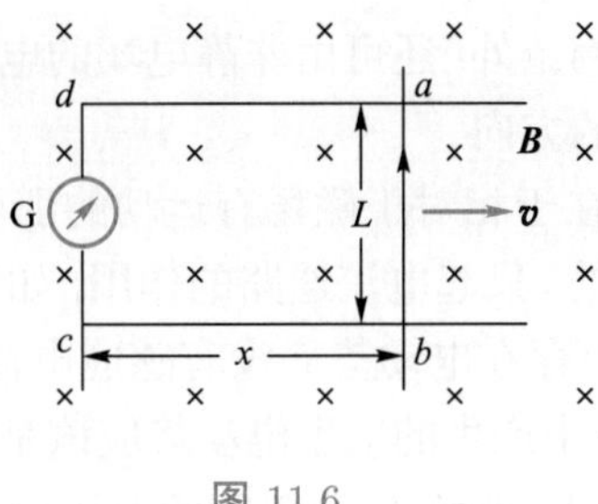

图 11.6

取顺时针方向为回路 $abcda$ 的正方向, 导线 ab 在图示位置时, 通过闭合回路 $abcda$ 所包围面积 S 的磁通量为

$$\Phi_{\mathrm{m}} = \boldsymbol{B} \cdot \boldsymbol{S} = BLx$$

式中 x 为 cb 长度, 当 ab 在运动时, x 对时间的变化率 $\dfrac{\mathrm{d}x}{\mathrm{d}t} = v$, 所以

$$\mathscr{E} = -\frac{\mathrm{d}\Phi_{\mathrm{m}}}{\mathrm{d}t} = -\frac{\mathrm{d}}{\mathrm{d}t}(BLx) = -BL\frac{\mathrm{d}x}{\mathrm{d}t} = -BLv \tag{11.6}$$

这里, 磁通量的增量也就是导线所切割的磁感线条数. 所以动生电动势的量值等于单位时间内导体所切割的磁感线的条数. 式 (11.6) 中负号表示动生电动势的方向与回路的正方向相反, 即沿回路的逆时针方向, 也就是说动生电动势的方向为由 b 指向 a. 动生电动势的方向也可根据楞次定律确定, 当导线 ab 沿图示方向运动时, 穿过回路的磁通量不断增加, 感应电流产生的磁场要阻碍回路内磁通量的增加, 因此导线 ab 上的动生电动势的方向是从 b 到 a 的方向, 又因除 ab 外, 回路其余部分均不动, 感应电动势必集中于 ab 一段内, 因此, ab 可视为整个回路的“电源”, 可见 a 点的电势高于 b 点.

从微观上看, 当 ab 以速度 $\boldsymbol{v}$ 运动时, ab 上的自由电子被带着以同一速度向右运动, 因而每个向右运动的自由电子都受向下的洛伦兹力 $\boldsymbol{F}_{\mathrm{m}}$ 的作用, 即

$$\boldsymbol{F}_{\mathrm{m}} = -e\boldsymbol{v} \times \boldsymbol{B} \tag{11.7}$$

从电动势定义的观点来看, 电动势是非静电力作用的表现, 如果把洛伦兹力 $\boldsymbol{F}_{\mathrm{m}}$ 看成非静电场的作用, 则这个非静电场的强度应为

$$\boldsymbol{E}_{\mathrm{k}} = \frac{\boldsymbol{F}_{\mathrm{m}}}{-e} = \boldsymbol{v} \times \boldsymbol{B}$$

根据电动势的定义, ab 中由非静电场所产生的动生电动势应为

$$\mathscr{E} = \int_b^a \boldsymbol{E}_{\mathrm{k}} \cdot \mathrm{d}\boldsymbol{l} = \int_b^a (\boldsymbol{v} \times \boldsymbol{B}) \cdot \mathrm{d}\boldsymbol{l} \tag{11.8}$$

这就是动生电动势的一般表达式. 由于图 11.6 中所示情况 $\boldsymbol{v}$、$\boldsymbol{B}$ 和 $\mathrm{d}\boldsymbol{l}$ 相互垂直, 所以式 (11.8) 积分的结果为 $\mathscr{E} = BLv$, 与前面所得相同. 这一电动势的方向除了

可以按照前面所述的方法判定外, 还可由非静电场的电场强度 $\boldsymbol{E}_{\mathrm{k}}$ 确定, $\boldsymbol{v}\times\boldsymbol{B}$ 的矢积方向就是动生电动势的方向.

动生电动势只可能存在于相对于磁场有运动的那段导体上, 而回路中不动的那些导体是不存在电动势的, 只起电流通路的作用. 如果导体在磁场中运动, 但不组成回路, 那么只在导体上存在电动势而没有感应电流. 式 (11.8) 是计算动生电动势的普遍式, 即整个导体中产生的动生电动势应该是在各导体元 $\mathrm{d}\boldsymbol{l}$ 中产生的动生电动势之和, 如果整个导体回路 L 都在磁场中运动, 则在回路中产生的总的动生电动势应为

$$\mathscr{E}=\oint_L(\boldsymbol{v}\times\boldsymbol{B})\cdot\mathrm{d}\boldsymbol{l}$$

式 (11.8) 表明动生电动势是由洛伦兹力引起的, 也就是说, 洛伦兹力是产生动生电动势的非静电力. 在图 11.6 所示的闭合导体回路中, 当由于导体棒的运动而产生电动势时, 在回路中就会有感应电流产生. 电流流动时, 感应电动势是要做功的. 但是我们早已知道洛伦兹力对运动电荷不做功, 这个矛盾如何解决呢? 可以这样来解释, 如图 11.7 所示, 随同导线一起运动的自由电子受到的洛伦兹力由式 (11.7) 给出, 由于这个力的作用, 电子将以速度 $\boldsymbol{v}'$ 沿导线运动, 结果在导线一端出现过剩的负电荷, 另一端出现过剩的正电荷. 这些过剩的正负电荷在导体内部产生一静电场 $\boldsymbol{E}$, 方向从正电荷指向负电荷. 这电场使导体内的电子受到一个从负电荷指向正电荷的静电力 $-e\boldsymbol{E}$. 因此, 在磁场中运动着的导体内, 每个电子要受到两个相反方向的力 (洛伦兹力和静电力), 当达到平衡时, 亦即导体内的电子不再因导体的移动而发生宏观流动时, 这两个力在量值上应恰好相等, 即 $eE=evB$, 所以 $E=vB$. 这时导体两端的电势差为 EL, 也就是动生电动势的大小, 所以 $\mathscr{E}=EL=vBL$, 与前面结果相符, 这也是动生电动势的微观解释. 当电子以速度 $\boldsymbol{v}'$ 沿导线运动时, 电子还要受到一个垂直于导线的洛伦兹力 $\boldsymbol{F}_{\mathrm{m}}'$ 的作用, $\boldsymbol{F}_{\mathrm{m}}'=-e\boldsymbol{v}'\times\boldsymbol{B}$, 电子受洛伦兹力的合力为 $\boldsymbol{F}=\boldsymbol{F}_{\mathrm{m}}+\boldsymbol{F}_{\mathrm{m}}'$. 电子运动的合速度为 $\boldsymbol{v}_{合}=\boldsymbol{v}+\boldsymbol{v}'$, 所以洛伦兹力合力做功的功率为 $\boldsymbol{F}\cdot\boldsymbol{v}_{合}=(\boldsymbol{F}_{\mathrm{m}}+\boldsymbol{F}_{\mathrm{m}}')\cdot(\boldsymbol{v}+\boldsymbol{v}')=\boldsymbol{F}_{\mathrm{m}}\cdot\boldsymbol{v}'+\boldsymbol{F}_{\mathrm{m}}'\cdot\boldsymbol{v}=-evBv'+ev'Bv=0$

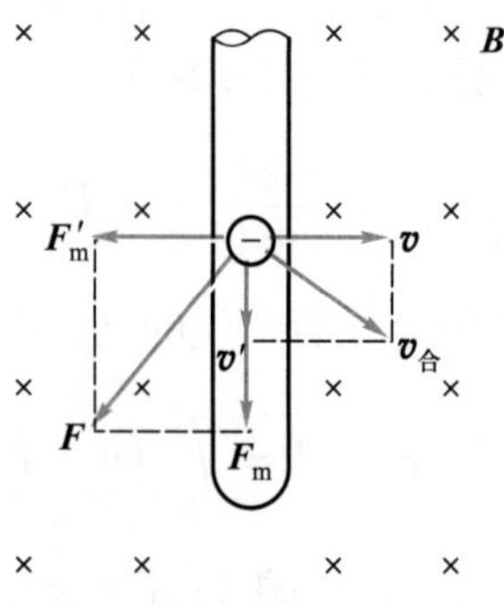

图 11.7

这一结果表示洛伦兹力合力做功为零, 这与我们所知的洛伦兹力不做功的结论一致. 从上述结果中看到

$$\boldsymbol{F}_{\mathrm{m}} \cdot \boldsymbol{v}' + \boldsymbol{F}'_{\mathrm{m}} \cdot \boldsymbol{v} = \mathbf{0}$$

即

$$\boldsymbol{F}_{\mathrm{m}} \cdot \boldsymbol{v}' = -\boldsymbol{F}'_{\mathrm{m}} \cdot \boldsymbol{v}$$

为了使自由电子按 $\boldsymbol{v}$ 的方向匀速运动, 必须有外力 $\boldsymbol{F}_{外}$ 作用在电子上, 而且 $\boldsymbol{F}_{外} = -\boldsymbol{F}'_{\mathrm{m}}$, 因此上式又可写成 $\boldsymbol{F}_{\mathrm{m}} \cdot \boldsymbol{v}' = \boldsymbol{F}_{外} \cdot \boldsymbol{v}$

此等式左侧是洛伦兹力的一个分力使电荷沿导线运动所做的功, 宏观上就是感应电动势驱动电流的功. 等式右侧是在同一时间内外力反抗洛伦兹力的另一个分力做的功, 宏观上就是外力拉动导线做的功. 洛伦兹力合力做功为零, 实质上表示了能量的转化与守恒. 洛伦兹力在这里起能量转化的作用, 一方面接受外力做的功, 同时驱动电流运动做功.

例 11.1 如图 11.8(a) 所示, 各边长均为 l 的线圈 $abcd$ (一匝) 放在均匀磁场中, 可绕定轴 OO' 转动, 转动角速度为 ω, 求线圈中的感应电动势.

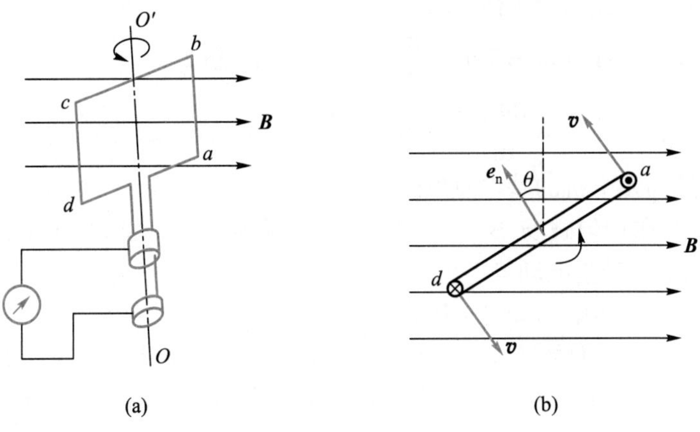

图 11.8

解 在线圈转动过程中, 线圈中感应电动势的大小和方向都在不断地变化. 设在某一瞬时, 线圈处在图 11.8(b) 的位置, 线圈平面的法线方向单位矢量 $\boldsymbol{e}_{\mathrm{n}}$ 与垂直磁场的方向间的夹角为 θ. 根据式 (11.8), 在线段 ab 中所产生的动生电动势为

$$\mathscr{E}_{ab} = \int_a^b (\boldsymbol{v} \times \boldsymbol{B}) \cdot \mathrm{d}\boldsymbol{l} = \int_a^b vB \sin\left(\frac{\pi}{2} + \theta\right) \mathrm{d}l = Blv\cos\theta$$

此时, $\mathscr{E}_{ab}$ 的方向是由 a 指向 b 的. 实际上, 在线圈转动时, 由于 ab 所处的空间位置不同, $\mathscr{E}_{ab}$ 的方向是改变的. 当 $\theta < \dfrac{\pi}{2}$ 时, $\mathscr{E}_{ab} > 0$, 其方向由 $a \to b$; 当 $\theta > \dfrac{\pi}{2}$ 时, $\mathscr{E}_{ab} < 0$, 其方向则由 $b \to a$.

同理在线段 cd 中所产生的动生电动势为

$$\mathscr{E}_{cd}=\int_c^d(\boldsymbol{v}\times\boldsymbol{B})\cdot\mathrm{d}\boldsymbol{l}=\int_c^d vB\sin\left(\frac{\pi}{2}-\theta\right)\mathrm{d}l=Blv\cos\theta$$

此时, $\mathscr{E}_{cd}$ 的方向是由 c 指向 d 的. 很容易判定线圈 $abcd$ 处在任意空间方位时, 线圈中的 $\mathscr{E}_{ab}$ 和 $\mathscr{E}_{cd}$ 方向总是相同的, 故总的动生电动势为

$$\mathscr{E}=\mathscr{E}_{ab}+\mathscr{E}_{cd}=2Blv\cos\theta$$

若取线圈平面刚好处在水平位置时作为计时的零点 $(t=0)$, 因转动角速度为 ω, 故有

$$v=\frac{l}{2}\omega,\theta=\omega t$$

代入上式得

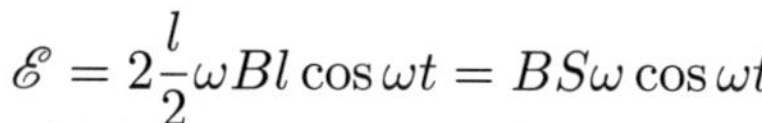

$$\mathscr{E}=2\frac{l}{2}\omega Bl\cos\omega t=BS\omega\cos\omega t$$

QR11.9 发电机演示实验

式中 S 是线圈所围面积.

此题还可按电磁感应定律来求

磁通量 $\varPhi_\mathrm{m}=\boldsymbol{B}\cdot\boldsymbol{S}=BS\cos\left(\frac{\pi}{2}+\theta\right)=-BS\sin\theta$

感应电动势 $\mathscr{E}=-N\frac{\mathrm{d}\varPhi_\mathrm{m}}{\mathrm{d}t}=BS\cos\theta\frac{\mathrm{d}\theta}{\mathrm{d}t}=BS\omega\cos\omega t$

以上所述为发电机的基本原理.

例 11.2 在均匀磁场 B 中, 一长为 L 的导体棒绕一端 O 点以角速度 ω 转动, 求导体棒上的动生电动势.

解法 1 由动生电动势定义计算.

取导体元 $\mathrm{d}l$, 方向如图 11.9 所示, 沿导体棒向外, $\mathrm{d}\boldsymbol{l}$ 的速度 $\boldsymbol{v}$ 和磁感应强度 $\boldsymbol{B}$ 的夹角 $\theta=\pi/2,\boldsymbol{v}\times\boldsymbol{B}$ 与 $\mathrm{d}\boldsymbol{l}$ 的夹角为 π, 导体棒转动时导体元上产生的电动势为

$$\mathrm{d}\mathscr{E}=(\boldsymbol{v}\times\boldsymbol{B})\cdot\mathrm{d}\boldsymbol{l}=vB\mathrm{d}l\sin\frac{\pi}{2}\cos\pi=-vB\mathrm{d}l$$

导体元的速度大小

$$v=l\omega$$

整个导体棒的动生电动势

$$\mathscr{E}=\int\mathrm{d}\mathscr{E}=-\int_0^L vB\mathrm{d}l=-\int_0^L l\omega B\mathrm{d}l=-\frac{1}{2}\omega BL^2$$

因为 $\mathscr{E}<0$, 所以电动势的方向与 $\mathrm{d}l$ 的方向相反, 电动势的方向是指向 O 点的.

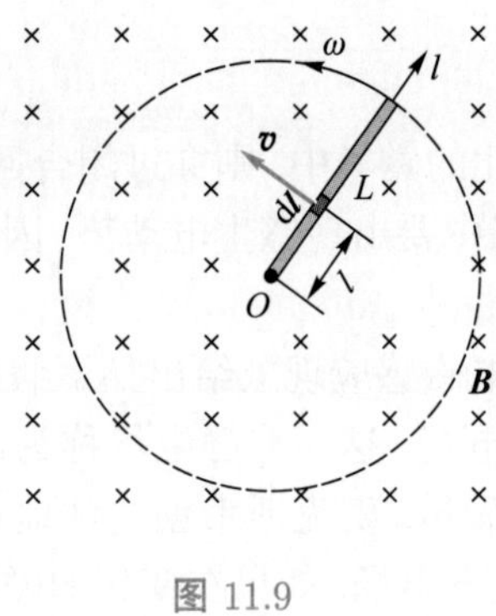

图 11.9

解法 2 利用电磁感应定律计算.

用电磁感应定律来求解需要构造一个闭合回路, 求动生电动势时, 尽量选择不动的部分与所求的部分组成闭合回路, 如图 11.10 所示, 本题中取由虚线和导体棒组成的扇形回路, 回路中只有导体棒部分产生电动势, 其余都是不动的部分, 不产生电动势.

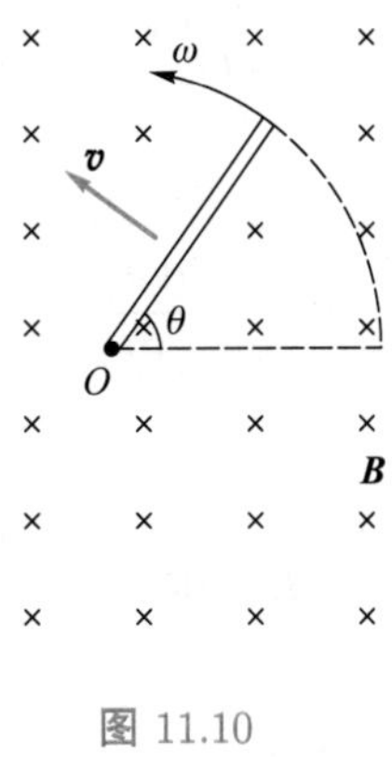

图 11.10

扇形面积:

$$S = \frac{1}{2}\theta L^2$$

磁通量

$$\varPhi_{\mathrm{m}} = \int_S \boldsymbol{B} \cdot \mathrm{d}\boldsymbol{S} = BS$$

所以动生电动势

$$\mathscr{E} = -\frac{\mathrm{d}\varPhi_{\mathrm{m}}}{\mathrm{d}t} = -B\frac{\mathrm{d}S}{\mathrm{d}t} = -B\frac{\mathrm{d}}{\mathrm{d}t}\left(\frac{1}{2}\theta L^2\right) = -\frac{1}{2}\omega BL^2$$

与用动生电动势定义式的方法计算的结果相同. 由楞次定律可判断动生电动势的方向沿导体棒指向 O.

QR11.10 语音导读 11.1.3 2. 感生电动势

2. 感生电动势

一个闭合回路固定在变化的磁场中, 则穿过闭合回路的磁通量就要发生变化. 根据电磁感应定律, 闭合回路中要出现感生电动势. 因而在闭合回路中, 必定存在一种非静电场.

QR11.11 教学视频 11.1.3 2. 感生电动势

麦克斯韦对这种情况的电磁感应现象给出如下假设: 任何变化的磁场在它周围空间里都要产生涡旋状的电场, 这一非静电场称为涡旋电场或感生电场, 感生电场的电场强度用符号 $\boldsymbol{E}_{\mathrm{k}}$ 表示. 麦克斯韦创造性地指出, 不管空间有无导体存在, 变化的磁场总是在空间激发电场, 如果在变化的磁场空间有导体存在时, 导体中的感生电动势 (以及闭合导体中形成的感生电流) 就是这种电场力作用于导体中自由电荷的结果. 如果无导体存在, 只不过没有感生电动势或感生电流而已, 但感生电场还是存在的.

正是由于感生电场的存在, 才在闭合回路中产生感生电动势, 其大小等于把单位正电荷沿闭合回路移动一周时, 感生电场 $\boldsymbol{E}_{\mathrm{k}}$ 所做的功, 因此有

$$\mathscr{E}=\oint_L \boldsymbol{E}_{\mathrm{k}}\cdot \mathrm{d}\boldsymbol{l} \tag{11.9}$$

另一方面, 由电磁感应定律

$$\mathscr{E}=-\frac{\mathrm{d}\Phi_{\mathrm{m}}}{\mathrm{d}t}$$

所以得到

$$\mathscr{E}=\oint_L \boldsymbol{E}_{\mathrm{k}}\cdot \mathrm{d}\boldsymbol{l}=-\frac{\mathrm{d}\Phi_{\mathrm{m}}}{\mathrm{d}t} \tag{11.10}$$

式 (11.10) 表明: 感生电场的电场强度沿任一闭合回路的线积分 (即感生电场 $\boldsymbol{E}_{\mathrm{k}}$ 的环流) 等于穿过回路所包围面积的磁通量的时间变化率的负值, 一般是不为零的, 该式的另一意义是: 感生电场使单位正电荷沿闭合回路移动一周所做的功一般不为零, 所以感生电场是非保守场.

感生电场与静电场有相同处也有不同处. 它们相同处就是对场中的电荷都施以力的作用. 而不同处是: (1) 激发的原因不同, 静电场是由静电荷激发的, 而感生电场则是由变化磁场所激发; (2) 感生电场的电场线是闭合的, 而静电场的电场线则起源于正电荷, 终止于负电荷, 是不闭合的. (3) 感生电场的电场强度环流遵从式 (11.10) 所示的规律, 并不具有恒等于零的特性, 说明感生电场不是保守场. 而静电场的电场强度环流恒等于零, 说明静电场是保守场.

例 11.3 圆形均匀分布的磁场半径为 R, 磁感应强度随时间均匀增加, $\dfrac{\mathrm{d}B}{\mathrm{d}t}=k$, 求空间的感生电场的分布情况.

解 如图 11.11 所示, 由于磁感应强度均匀增加, 圆形磁场区域内外的感生电场线为一系列同心圆.

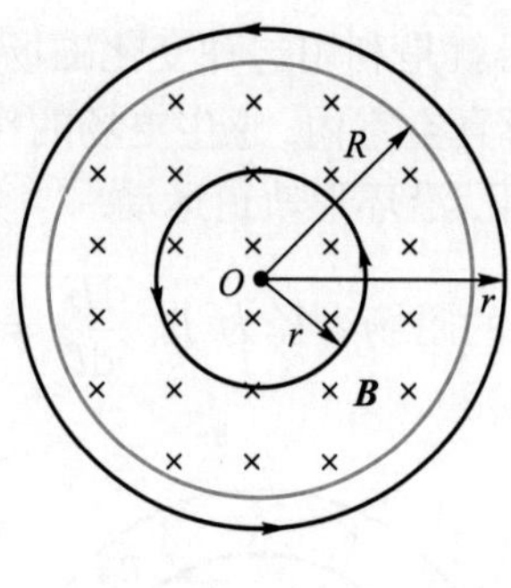

图 11.11

在 $r < R$ 区域, 作半径为 r 的环形回路, 回路的绕行方向为逆时针方向. 根据式 (11.10)

$$\mathscr{E} = \oint_L \boldsymbol{E}_\mathrm{k} \cdot \mathrm{d}\boldsymbol{l} = -\frac{\mathrm{d}\varPhi_\mathrm{m}}{\mathrm{d}t}$$

磁通量

$$\varPhi_\mathrm{m} = \int_S \boldsymbol{B} \cdot \mathrm{d}\boldsymbol{S}$$

所以有

$$\oint_L \boldsymbol{E}_\mathrm{k} \cdot \mathrm{d}\boldsymbol{l} = -\int_S \frac{\mathrm{d}\boldsymbol{B}}{\mathrm{d}t} \cdot \mathrm{d}\boldsymbol{S}$$

即

$$E_\mathrm{k} 2\pi r = \frac{\mathrm{d}B}{\mathrm{d}t}\pi r^2$$

得到

$$E_\mathrm{k} = \frac{r}{2}\frac{\mathrm{d}B}{\mathrm{d}t} \propto r$$

在 $r > R$ 区域, 作半径为 r 的环形回路, 回路的绕行方向为逆时针方向.

由

$$\oint_L \boldsymbol{E}_\mathrm{k} \cdot \mathrm{d}\boldsymbol{l} = -\int_S \frac{\mathrm{d}\boldsymbol{B}}{\mathrm{d}t} \cdot \mathrm{d}\boldsymbol{S}$$

得

$$E_\mathrm{k} 2\pi r = \frac{\mathrm{d}B}{\mathrm{d}t}\pi R^2$$

得到

$$E_\mathrm{k} = \frac{R^2}{2r}\frac{\mathrm{d}B}{\mathrm{d}t} \propto \frac{1}{r}$$

实际上, 电子感应加速器就是利用这种变化磁场所产生的感生电场来加速电子的, 电子的运行轨道在环形真空室内, 感生电场的作用使电子被加速, 同时电子在磁场里受到洛伦兹力的作用, 沿环形轨道运动.

例 11.4 圆形均匀分布的磁场半径为 R, $\dfrac{\mathrm{d}B}{\mathrm{d}t}=c>0$, 在磁场中有一长为 L 的导体棒, 求棒中感生电动势.

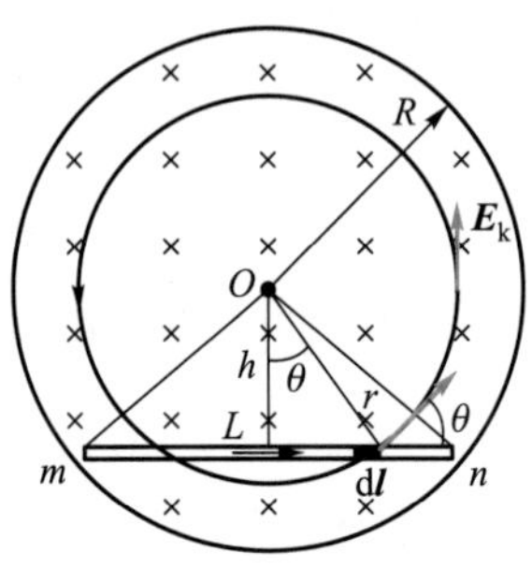

图 11.12

解法 1 利用式 (11.9) 计算.

由例 11.3 可知导体棒所在处的感生电场的电场强度为 $E_\mathrm{k}=\dfrac{r}{2}\dfrac{\mathrm{d}B}{\mathrm{d}t}$, 方向如图 11.12 所示. 取由左向右为导体棒的正向, 取导体元 $\mathrm{d}\boldsymbol{l}$, 其上产生的感生电动势为

$$\mathrm{d}\mathscr{E}=E_\mathrm{k}\mathrm{d}l\cos\theta=\frac{r}{2}\frac{\mathrm{d}B}{\mathrm{d}t}\mathrm{d}l\frac{h}{r}=\frac{h}{2}\frac{\mathrm{d}B}{\mathrm{d}t}\mathrm{d}l$$

所以棒中感生电动势

$$\mathscr{E}=\int_0^L\frac{h}{2}\frac{\mathrm{d}B}{\mathrm{d}t}\mathrm{d}l=\frac{hL}{2}\frac{\mathrm{d}B}{\mathrm{d}t}$$

由于 $\mathscr{E}>0$, 故感生电动势的方向与导体棒的正向相同, 也就是由左向右.

解法 2 利用电磁感应定律计算.

同例 11.2 一样, 用电磁感应定律来求解需要构造一个闭合回路, 求感生电动势时, 尽量选择感生电动势为零的部分与所求的部分组成闭合回路, 如图 11.12 所示, 本题中取由 Om、On 两条半径和导体棒组成的三角形回路, 在 Om 和 On 两条半径上, 感生电场 $\boldsymbol{E}_\mathrm{k}$ 与 $\mathrm{d}\boldsymbol{l}$ 垂直, $\boldsymbol{E}_\mathrm{k}\cdot\mathrm{d}\boldsymbol{l}=0$, 产生的感生电动势为零, 回路中只有导体棒部分产生感生电动势.

磁通量

$$\Phi_\mathrm{m}=BS=\frac{hL}{2}B$$

所以棒中感生电动势的量值为 $\mathscr{E}=\left|-\dfrac{\mathrm{d}\Phi_\mathrm{m}}{\mathrm{d}t}\right|=\dfrac{hL}{2}\dfrac{\mathrm{d}B}{\mathrm{d}t}$

与解法 1 计算的结果相同. 由楞次定律可判断感生电动势的方向是由左向右的.

当大块金属导体处在变化磁场内的时候，变化磁场要在其周围空间激起涡旋电场，导体内部存在的涡旋电场将驱使导体中的自由电子沿圆周运动，形成涡电流，简称涡流，涡流的热效应有着广泛的应用.

QR11.12 涡电流特性

11.2 自感、互感及磁场的能量

根据电磁感应定律，若通过一个线圈回路的磁通量发生变化时，就会在线圈回路中产生感应电动势，而不管其磁通量改变是由什么原因引起的. 现在我们来讨论两种特例，自感和互感.

11.2.1 自感

QR11.13 语音导读 11.2.1

我们知道，当回路通有电流时，就有这一电流所产生的磁通量通过这回路本身. 当回路中的电流、回路的形状、回路周围的磁介质发生变化时，通过自身回路的磁通量也将发生变化，从而在自身回路中产生感应电动势，这种由于回路中的电流产生的磁通量发生变化，而在自身回路中激起感应电动势的现象，称为自感现象，这样产生的感应电动势，称为自感电动势，通常可用 $\mathscr{E}_L$ 来表示.

设闭合回路中的电流强度为 I，根据毕奥–萨伐尔定律，空间任意一点的磁感应强度 $\boldsymbol{B}$ 的大小都和回路中的电流强度 I 成正比. 因此通过回路的磁通量 $\varPhi_{\mathrm{m}}$ 也正比于电流强度 I，也就是有

$$\varPhi_{\mathrm{m}} = LI \tag{11.11}$$

QR11.14 教学视频 11.2.1

式中的比例系数 L 称为回路的自感系数，简称自感. 它取决于回路的大小、几何形状、线圈的匝数以及周围磁介质的分布. 当 I 为一个单位时，有 $\varPhi_{\mathrm{m}} = L$. 所以回路的自感系数在量值上等于回路中的电流为一个单位时，通过这回路所包围的面积内的磁通量.

当线圈中的电流发生变化时，则通过线圈的磁通量 $\varPhi_{\mathrm{m}}$ 也发生改变，将在线圈中激起自感电动势，根据电磁感应定律，回路中所产生的自感电动势为

$$\mathscr{E}_L = -\frac{\mathrm{d}\varPhi_{\mathrm{m}}}{\mathrm{d}t} = -\frac{\mathrm{d}\,(LI)}{\mathrm{d}t} = -\left(L\frac{\mathrm{d}I}{\mathrm{d}t} + I\frac{\mathrm{d}L}{\mathrm{d}t}\right)$$

如果回路的大小、几何形状和周围介质的磁导率都保持不变，则自感系数 L 不变，为一常量，所以 $\dfrac{\mathrm{d}L}{\mathrm{d}t} = 0$，则

$$\mathscr{E}_L = -L\frac{\mathrm{d}I}{\mathrm{d}t} \tag{11.12}$$

由上式可见，当电流变化率 $\dfrac{\mathrm{d}I}{\mathrm{d}t} = 1$ (单位) 时，$|\mathscr{E}_L| = L$. 说明回路的自感系数 L 又等于回路中电流强度的变化率为一个单位时，在回路本身所产生的自感电动势的大小.

上式中的负号是楞次定律的数学表示，它表示自感电动势的方向总是反抗回路中电流的改变. 亦即，当电流增加时，自感电动势与原来电流的流向相反；当电流减小时，自感电动势与原来电流的流向相同. 由此可见，任何回路中只要有电流的改变，就必将在回路中产生自感电动势，以反抗回路中电流的改变. 显然，回路的自感系数越大，在相同的电流变化条件下，自感电动势越大，反抗回路中电流变化的作用就越强烈，则该回路中的电流就越不容易改变. 换句话说，回路的自感有使回路保持原有电流不变的性质，这一特性和力学中物体的惯性相仿. 因而，自感系数可认为是描述回路 “电磁惯性” 的一个物理量.

如果回路是一个有 N 匝的线圈，并且穿过每匝线圈的磁通量都是 Φ_{m}，则

$$\mathscr{E}_L = -\frac{\mathrm{d}\left(N\Phi_{\mathrm{m}}\right)}{\mathrm{d}t} = -L\frac{\mathrm{d}I}{\mathrm{d}t}$$

这时 Φ_{m}、L、I 之间的关系应写成

$$N\Phi_{\mathrm{m}} = LI \tag{11.13}$$

如果 I 为一个单位，那么 $N\Phi_{\mathrm{m}} = L$. 也就是线圈的自感系数在量值上等于通有单位电流时，线圈的磁通链数.

自感作用有有利的一面，利用自感具有维持原有电路状态的特性，可以用来稳定电路中的电流，制作高频扼流圈等. 但是自感作用也有不利的一面，例如具有很大自感系数的电路断开时，由于电路中的电流变化很快，可以产生很大的自感电动势，以致击穿线圈的绝缘层，或者在断开的间隙中产生强烈的电弧，烧坏开关，特别是在大功率的电机、大电流的电力系统中尤为严重. 因此在应用中应该采取适当的措施，如用逐渐增加电阻的方法来断开电路，消除自感作用的不利影响.

例 11.5 求长直螺线管的自感系数.

解 设长直螺线管的长度为 l，横截面积为 S，总匝数为 N，充满磁导率为 μ 的磁介质，且 μ 为常量. 当通有电流 I 时，螺线管内的磁感应强度为

$$B = \mu nI = \frac{\mu NI}{l}$$

通过螺线管中每一匝线圈的磁通量为 $\Phi_{\mathrm{m}} = BS$，通过 N 匝螺线管的磁链为

$$\psi = N\Phi_{\mathrm{m}} = NBS = \frac{\mu N^2 SI}{l}$$

根据式 (11.13)，可得螺线管的自感系数为

$$L = \frac{\psi}{I} = \frac{\mu N^2 S}{l}$$

设 $n = \dfrac{N}{l}$ 为螺线管上单位长度的匝数，$Sl = V$ 为螺线管的体积，则上式还可写为

$$L = \mu n^2 V$$

11.2.2 互感

QR11.15 语音导读 11.2.2

两个载流回路中的电流发生变化时, 相互在对方回路中激起感应电动势的现象, 称为互感现象, 由此产生的电动势称为互感电动势.

如图 11.13 所示, 两个彼此靠近的回路 1 和 2, 分别通有电流 I_1 和 I_2, 如果用 $\varPhi_{21}$ 表示 I_1 产生的磁场通过回路 2 所包围面积的磁通量, 用 $\varPhi_{12}$ 表示 I_2 产生的磁场通过回路 1 所包围面积的磁通量. 根据毕奥–萨伐尔定律, 由 I_1 产生的磁场在周围空间任意一点的磁感应强度都与 I_1 成正比, 因此 $\varPhi_{21}$ 也必然与 I_1 成正比, 即有

$$\varPhi_{21} = M_{21} I_1 \tag{11.14}$$

同理

$$\varPhi_{12} = M_{12} I_2 \tag{11.15}$$

式中的 M_{21}、M_{12} 仅与两回路的结构 (形状、大小、匝数)、相对位置及周围磁介质的磁导率有关, 而与回路中的电流无关. 理论和实验都证明 $M_{21} = M_{12}$.

QR11.16 教学视频 11.2.2

令 $M_{21} = M_{12} = M$, 称为两回路的互感系数, 简称互感. 式 (11.14)、式 (11.15) 简化为

$$\varPhi_{21} = M I_1 \quad \varPhi_{12} = M I_2 \tag{11.16}$$

可知两个回路的互感系数在量值上等于其中一个回路中的电流强度为一个单位时, 通过另一个回路所包围面积的磁通量.

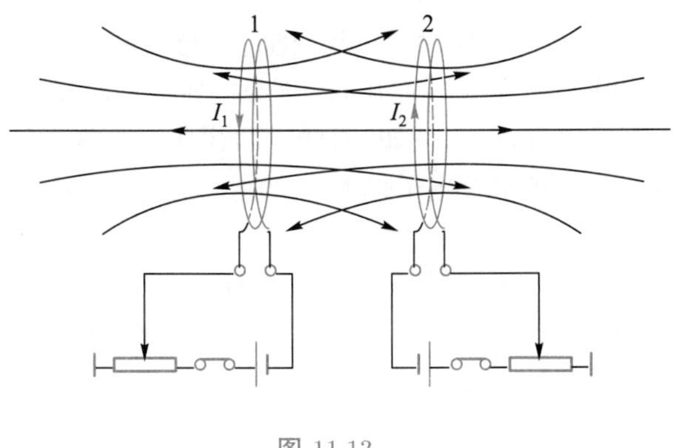

图 11.13

当回路 1 中的电流强度 I_1 发生改变时, $\varPhi_{21}$ 将变化, 因而在回路 2 中激起互感电动势 $\mathscr{E}_{21}$. 根据电磁感应定律, 有

$$\mathscr{E}_{21} = -\frac{\mathrm{d}\varPhi_{21}}{\mathrm{d}t} = -M\frac{\mathrm{d}I_1}{\mathrm{d}t} \tag{11.17}$$

同理, 回路 2 中的电流强度 I_2 变化时, $\varPhi_{12}$ 也将变化, 在回路 1 中激起互感电动势 $\mathscr{E}_{12}$ 为

$$\mathscr{E}_{12}=-\frac{\mathrm{d}\varPhi_{12}}{\mathrm{d}t}=-M\frac{\mathrm{d}I_2}{\mathrm{d}t} \tag{11.18}$$

如果所考虑的回路是两个线圈, 分别有 N_1、N_2 匝, 而且在线圈 1 通有电流 I_1 时, 通过线圈 2 的每匝的磁通量都为 $\varPhi_{21}$, 在线圈 2 通有电流 I_2 时, 通过线圈 1 的每匝的磁通量都为 $\varPhi_{12}$. 那么仍可采用上式, 相应的感应电动势为

$$\mathscr{E}_{21}=-N_2\frac{\mathrm{d}\varPhi_{21}}{\mathrm{d}t}=-M\frac{\mathrm{d}I_1}{\mathrm{d}t}=-\frac{\mathrm{d}(N_2\varPhi_{21})}{\mathrm{d}t}$$

$$\mathscr{E}_{12}=-N_1\frac{\mathrm{d}\varPhi_{12}}{\mathrm{d}t}=-M\frac{\mathrm{d}I_2}{\mathrm{d}t}=-\frac{\mathrm{d}(N_1\varPhi_{12})}{\mathrm{d}t}$$

这时 $\varPhi_{21}$、$\varPhi_{12}$ 与 M、I_1、I_2 之间的关系应表示为

$$N_2\varPhi_{21}=MI_1 \quad N_1\varPhi_{12}=MI_2 \tag{11.19}$$

当 I_1 与 I_2 相等, 都为一个单位时, $N_2\varPhi_{21}=N_1\varPhi_{12}=M$. 可见两个线圈的互感系数在量值上等于其中一个通有单位电流时, 另一线圈的磁通链数.

互感系数是描述两个回路之间相互影响、耦合程度或互感能力的物理量.M 的值越大, 两回路之间的互感作用就越强.

互感系数和自感系数的单位都是亨利 (H), 当回路中的电流变化率为 1 A/s 时, 如果回路的自感电动势是 1 V, 该回路的自感系数就是 1 H. 实际应用时由于亨利单位太大, 故常用的是毫亨 (mH)、微亨 (μH). 它们之间的关系是

$$1\ \mathrm{mH}=10^{-3}\ \mathrm{H} \quad 1\ \mu\mathrm{H}=10^{-6}\ \mathrm{H}$$

互感在电工和电子技术中应用很广泛. 通过互感线圈可以使能量或信号由一个线圈方便地传递到另一个线圈; 利用互感现象的原理可制成变压器、感应圈等. 但在有些情况中, 互感也有害处. 例如, 有线电话往往由于两路电话线之间的互感而出现串音; 收音机、电视机及电子设备也会由于导线或部件间的互感而影响正常工作. 这些互感的干扰都要设法避免.

例 11.6 一长直导线与一单匝矩形回路共面, 如图 11.14(a) 所示, 设矩形回路的长和宽分别为 a 和 b, 长边与直导线平行, 相距为 d, 求互感系数.

解 在矩形回路取宽为 $\mathrm{d}r$ 的窄条, 长直导线通有电流 I 时穿过窄条的磁通量

$$\mathrm{d}\varPhi_{\mathrm{m}}=\boldsymbol{B}\cdot\mathrm{d}\boldsymbol{S}=\frac{\mu_0 I}{2\pi r}a\mathrm{d}r$$

所以穿过整个矩形回路的磁通量

$$\varPhi_{\mathrm{m}}=\int_d^{d+b}\frac{\mu_0 Ia}{2\pi r}\mathrm{d}r=\frac{\mu_0 Ia}{2\pi}\ln\frac{d+b}{d}$$

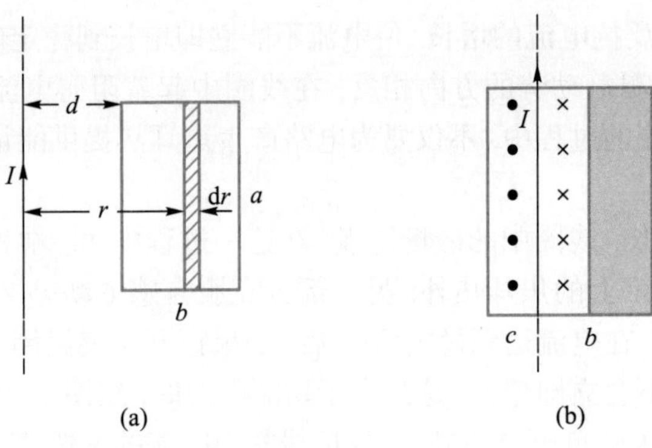

图 11.14

互感系数 $M=\dfrac{\varPhi_{\rm m}}{I}=\dfrac{\mu_0 a}{2\pi}\ln\dfrac{d+b}{d}$

若导线如图 11.14(b) 放置, 则

$$\varPhi_{\rm m}=\int_c^b\frac{\mu_0 Ia}{2\pi r}{\rm d}r=\frac{\mu_0 Ia}{2\pi}\ln\frac{b}{c}$$

$$M=\frac{\varPhi_{\rm m}}{I}=\frac{\mu_0 a}{2\pi}\ln\frac{b}{c}$$

若导线在中间位置, $b=c$, 则 $M=0$.

11.2.3 磁场的能量

通过静电场的学习我们知道, 在带电系统的形成过程中, 外力必须克服静电场力做功, 消耗其他形式的能量, 而转化为带电系统的电场能. 同样, 在电流形成的过程中, 也要消耗其他形式的能量, 而转化为电流的磁场能量. 先考察一个具有电感的简单电路.

在图 11.15 所示电路中, 设灯泡的电阻为 R, 其自感很小可以忽略不计. 线圈由粗导线绕成, 且自感系数 L 较大, 而电阻很小可忽略不计.

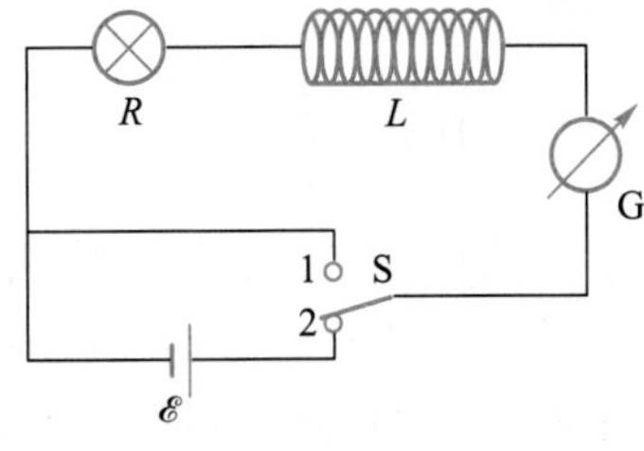

图 11.15

当开关未闭合前, 电路中没有电流, 线圈也没有磁场. 如果将开关倒向 2, 线圈与电源接通, 电流由零逐渐增大. 在电流增长的过程中, 线圈里产生与电流方向相

QR11.17 语音导读 11.2.3

QR11.18 教学视频 11.2.3

反的自感电动势来反抗电流的增长, 使电流不能立即增长到稳定值 I. 即线圈中自感电动势方向与电源电动势的方向相反, 在线圈中起着阻碍电流增大的作用. 可见, 电源在建立电流的过程中, 不仅要为电路产生焦耳热提供能量, 还要克服自感电动势而做功.

随着电流的增长, 线圈中的磁场增强. 在这一过程中, 电源 $\mathscr{E}$ 所提供的电能, 除一部分转化为电阻上的焦耳热外, 另一部分克服自感电动势 $\mathscr{E}_L$ 做功而转化为线圈中的磁场能量. 在电流达到稳定值 I 后, 如果把开关突然倒向 1, 此时电源虽已切断, 但灯泡却不会立即熄灭. 这是由于切断电源时, 线圈中会产生与原来电流方向相同的、足够大的自感电动势, 来反抗线圈中电流的突然消失, 从而使线圈中的电流由 I 逐渐消失, 线圈中的磁场能量也随之逐渐消失.

下面就以线圈中的电流增长的过程, 推导磁场能量公式.

设电路接通后回路中某瞬时的电流为 i, 线圈中产生的自感电动势为 $\mathscr{E}_L = -L\dfrac{\mathrm{d}i}{\mathrm{d}t}$, 由欧姆定律得

$$\mathscr{E} - L\frac{di}{\mathrm{d}t} = Ri$$

从 $t = 0$ 开始, 经足够长的时间 t, 电流 i 从零增长到稳定值 I, 将上式中各项乘以 $i\mathrm{d}t$, 再积分, 取积分的上下限为 $t = 0, i = 0$ 和 $t = t, i = I$. 得

$$\int_0^t \mathscr{E} i\mathrm{d}t = \int_0^I Li\mathrm{d}i = \int_0^t Ri^2\mathrm{d}t$$

在自感 L 和电流无关的情况下, 上式化为

$$\int_0^t \mathscr{E} i\mathrm{d}t = \frac{1}{2}LI^2 + \int_0^t Ri^2\mathrm{d}t$$

式中, $\int_0^t \mathscr{E} i\mathrm{d}t$ 是电源电动势所做的功, $\int_0^t Ri^2\mathrm{d}t$ 是 t 时间内电源提供的电流在 R 上放出的焦耳热, $\dfrac{1}{2}LI^2$ 显然为此过程中, 电源克服线圈自感电动势做功转化所得的线圈中的磁场能量 W_{m}, 即

$$W_{\mathrm{m}} = \frac{1}{2}LI^2 \tag{11.20}$$

上式是自感系数为 L 的线圈, 通有电流 I 时, 在它周围的磁场能量公式.

载流线圈中的磁场能量通常又称为自感磁能. 从公式中可以看出: 在电流相同的情况下, 自感系数 L 越大的线圈, 回路储存的磁场能量越大.

在式 (11.20) 中, 并没有体现出磁场能量与磁场的直接关联, 下面就来寻找这一关系.

为简单起见, 考虑一个长直螺线管, 管内充满磁导率为 μ 的磁介质. 由于螺线管外的磁场很弱, 可认为磁场全部集中在管内, 管内各处的磁感应强度为 $B =$

μnI, 由前面例题可知它的自感系数 $L=\mu n^2V$.

把 L 及 $I=\dfrac{B}{\mu n}$ 代入式 (11.20), 即得磁场能量的另一表达式:

$$W_{\mathrm{m}}=\frac{1}{2}\frac{B^2}{\mu}V \tag{11.21}$$

因 $B=\mu H$, 故式 (11.21) 又可写成

$$W_{\mathrm{m}}=\frac{1}{2}BHV \tag{11.22}$$

或

$$W_{\mathrm{m}}=\frac{1}{2}\mu H^2V \tag{11.23}$$

式 (11.21)、式 (11.22) 及式 (11.23) 等效, V 为螺线管的体积, 在通电时, 管内的磁场应占据整个体积, 所以 V 为充满磁场的空间体积.

单位体积所具有的磁场能量, 称为磁能密度, 用 w_{m} 表示, 即

$$w_{\mathrm{m}}=\frac{W_{\mathrm{m}}}{V}=\frac{1}{2}\frac{B^2}{\mu}=\frac{1}{2}BH=\frac{1}{2}\mu H^2 \tag{11.24}$$

式 (11.21)~ 式 (11.24) 虽然是从长直螺线管这一特殊情况导出的, 但可证明它是在任何情况下都适用的普遍式. 即空间任意一点的磁能密度只与该点的磁感应强度和介质的磁导率有关. 由此可见, 有磁场存在的空间里就有磁场能量.

当空间磁场是均匀磁场时, 磁场能量等于磁能密度与磁场存在的空间体积的乘积:

$$W_{\mathrm{m}}=w_{\mathrm{m}}V \tag{11.25}$$

如果空间磁场不均匀, 可以证明式 (11.25) 仍成立, 只是 w_{m} 表示的是磁场中某小体积 $\mathrm{d}V$ 内的磁能密度, 在 $\mathrm{d}V$ 内认为 $\boldsymbol{B}$ 和 $\boldsymbol{H}$ 是均匀的, 于是 $\mathrm{d}V$ 体积内的磁场能量为

$$\mathrm{d}W_{\mathrm{m}}=w_{\mathrm{m}}\mathrm{d}V$$

而整个空间的磁场能量为

$$W_{\mathrm{m}}=\int_V w_{\mathrm{m}}\mathrm{d}V \tag{11.26}$$

式中积分应遍及磁场所分布的空间.

例 11.7 如图 11.16 所示, 同轴电缆中间充以磁导率为 μ 的磁介质, 芯线与圆筒上的电流大小相等、方向相反. 已知芯线和圆筒上电流为 I, 半径为 R_1 和 R_2, 求单位长度同轴电缆的磁场能量. 设芯线内的磁场可忽略.

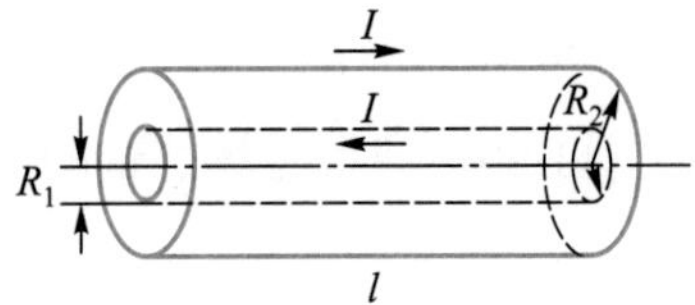

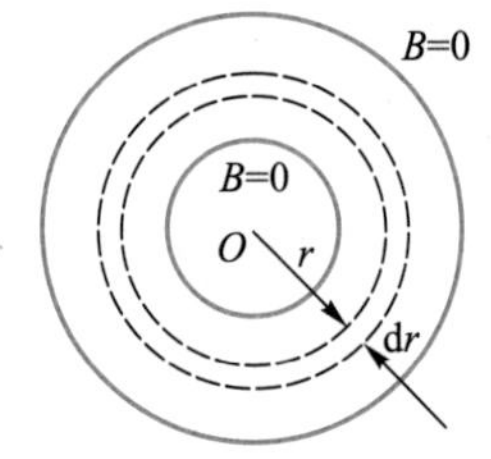

图 11.16

解 由安培环路定理可知磁场分布为

$$\begin{cases} B = 0, & r < R_1 \\ B = \dfrac{\mu I}{2\pi r}, & R_1 < r < R_2 \\ B = 0, & r > R_2 \end{cases}$$

在芯线与圆筒之间 r 处附近, 磁场的能量密度为 $w_{\mathrm{m}} = \dfrac{B^2}{2\mu} = \dfrac{\mu I^2}{8\pi^2 r^2}$. 长度为 l 的同轴电缆的磁场能量为

$$W_{\mathrm{m}} = \int_V w_{\mathrm{m}} \mathrm{d}V$$

如图取位于 R_1 和 R_2 之间, 厚度为 $\mathrm{d}r$ 的圆柱壳层为体积元 $\mathrm{d}V, \mathrm{d}V = 2\pi r \mathrm{d}r l$, l 为同轴电缆长度, 将各量表达式代入上式得

$$W_{\mathrm{m}} = \int_V w_{\mathrm{m}} \mathrm{d}V = \int_{R_1}^{R_2} \frac{\mu I^2}{8\pi^2 r^2} 2\pi r \mathrm{d}r l = \int_{R_1}^{R_2} \frac{\mu I^2 l}{4\pi r} \mathrm{d}r = \frac{\mu I^2 l}{4\pi} \ln \frac{R_2}{R_1}$$

单位长度同轴电缆的磁场能量

$$\frac{W_{\mathrm{m}}}{l} = \frac{\mu I^2}{4\pi} \ln \frac{R_2}{R_1}$$

11.3 麦克斯韦电磁场理论基础

11.3.1 位移电流和全电流

QR11.19 语音导读 11.3

如果一个闭合导体回路中没有分支, 那么通过导体上任何截面的电流总是相等的, 即电流是连续的, 这可以从电荷守恒定律得到解释. 如图 11.17 所示, S_1、S_2 为载流导体中任意两个横截面, 如果通过横截面 S_1 的电流强度 I_1 大于通过横截面 S_2 的电流强度 I_2, 那么, 在这两个横截面间的电荷将逐渐增加, 导体中各点的电场强度也将随之改变, 电流就不能保持恒定; I_1 小于 I_2 也将导致相似的结果. 所以对恒定电流, 必有

$$I_1 = I_2$$

此式称为恒定电流的连续性方程.

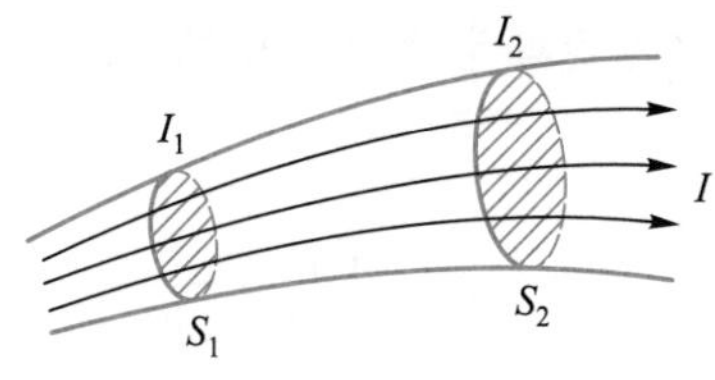

图 11.17

QR11.20 教学视频 11.3

如果三根或三根以上载流导线联结在一点, 如图 11.18 所示, 分别在三根载流导线中选取横截面 S_1、S_2 和 S_3, 通过三个横截面的电流为 I_1、I_2、I_3, 电流的连续性方程为

$$I_1 = I_2 + I_3$$

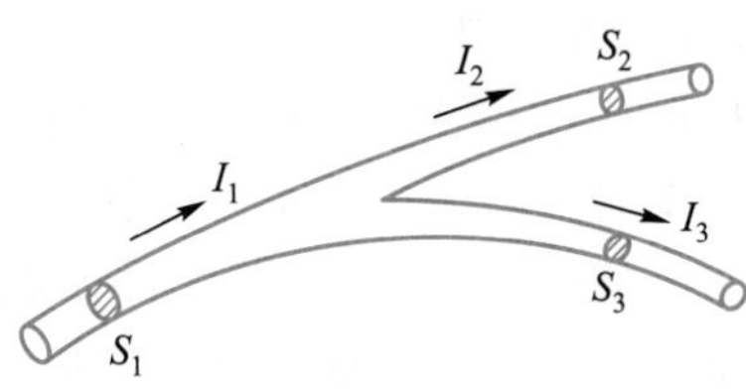

图 11.18

以上说明的是电流的连续性, 但是如果电路中接有电容器 C, 如图 11.19 所示. 显然, 在刚接上电源时, 电源对电容器 C 充电, 导线上有电荷的定向运动, 把电容器 C 的 A 极板上的负电荷搬到 B 极板上去, 在导线上有了电流, 但电容器的两极板间 (真空或充以介质) 没有运动电荷, 因而对整个电路来说, 传导电流是不连续的.

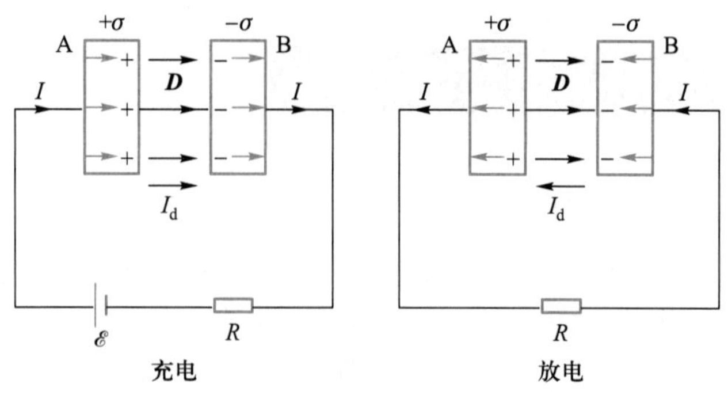

图 11.19

但是我们注意到当电容器充电或放电, 传导电流有变化时, 电容器两极板间的电场也在变化. 充电时, 电容器极板上电荷 Q 增加, 由于 $E=\dfrac{\sigma}{\mathscr{E}}=\dfrac{Q}{\mathscr{E}S}$, 所以两极板间电场强度 $\boldsymbol{E}$ 也随之增大; 放电时, 电容器极板上电荷 Q 减少, 则两极板间的电场强度 $\boldsymbol{E}$ 随之下降. 麦克斯韦将这变化的电场视为电流, 也就是位移电流. 令位移电流 I_{d} 为

$$I_{\mathrm{d}}=\frac{\mathrm{d}\varPhi_D}{\mathrm{d}t} \tag{11.27}$$

其中 $\varPhi_D$ 为电位移通量, 也就是说通过电场中某截面的位移电流强度等于通过该截面的电位移通量的时间变化率.

由于

$$I=\frac{\mathrm{d}Q}{\mathrm{d}t}=\frac{\mathrm{d}(\sigma S)}{\mathrm{d}t}=\frac{\mathrm{d}\ (DS)}{\mathrm{d}t}=\frac{\mathrm{d}\varPhi_D}{\mathrm{d}t}=I_{\mathrm{d}}$$

所以位移电流强度 I_{d} 在量值上等于传导电流强度 I, 也就是说借助于电容器内的电场变化, 引入位移电流就能使电路中的电流保持连续了.

在一般情况下, 传导电流 (电子或离子在导体中的有规则运动所形成的电流)、运流电流 (电子或离子, 甚至是宏观带电物体, 在空间中作机械运动所形成的电流) 和位移电流可能同时通过某一截面, 因此麦克斯韦又提出了全电流的概念, 通过某截面的全电流强度, 是通过这一截面的传导电流强度、运流电流强度和位移电流强度的代数和. 电流的连续性, 在引入位移电流以后, 就更有其普遍的意义, 全电流总是连续的.

11.3.2 位移电流的磁场

位移电流的引入不仅使全电流成为连续的, 而且它在磁效应方面也和传导电流等效. 令 H' 表示位移电流 I_{d} 所产生的感生磁场的磁场强度, 仿照安培环路定理, 即在磁场中沿任一闭合回路 H' 的线积分, 在数值上等于穿过闭合回路内的位

移电流, 即

$$\oint \boldsymbol{H}' \cdot \mathrm{d}\boldsymbol{l} = I_{\mathrm{d}} = \frac{\mathrm{d}\varPhi_D}{\mathrm{d}t} \tag{11.28}$$

上式说明在位移电流所产生的磁场中, 磁场强度 H' 沿任何闭合回路的线积分, 即磁场强度 H' 的环流, 等于通过这回路所包围面积的电位移通量的时间变化率.

位移电流的引入深刻揭示了电场和磁场的内在联系, 反映了自然现象的对称性, 经麦克斯韦发展的电磁感应定律说明变化的磁场在空间产生涡旋电场, 麦克斯韦位移电流假说又说明变化的电场能激发涡旋磁场, 两种变化的场永远互相联系着, 形成了统一的电磁场.

应该注意, 传导电流和位移电流是两个不同的物理概念, 虽然在产生磁场方面, 位移电流和传导电流是等效的, 但在其他方面两者并不相同, 传导电流意味着电荷的流动, 而位移电流却意味着电场的变化; 传导电流通过导体时放出焦耳热, 而位移电流不产生焦耳热.

11.3.3 麦克斯韦方程组

在第九章和第十章的学习中, 我们知道:

静电场的高斯定理: $\oint_S \boldsymbol{D}_1 \cdot \mathrm{d}\boldsymbol{S} = \sum_i q_i$

静电场的环路定理: $\oint_L \boldsymbol{E}_1 \cdot \mathrm{d}\boldsymbol{l} = 0$

磁场的高斯定理: $\oint \boldsymbol{B}_1 \cdot \mathrm{d}\boldsymbol{S} = 0$

磁场的环路定理: $\oint \boldsymbol{H}_1 \cdot \mathrm{d}\boldsymbol{l} = \sum_i I_i$

这里的场均是由静止电荷和恒定电流产生的.

在这一章, 我们学习了涡旋电场, 知道 $\oint_L \boldsymbol{E}' \cdot \mathrm{d}\boldsymbol{l} = -\frac{\mathrm{d}\varPhi_{\mathrm{m}}}{\mathrm{d}t}$ 其中 $\boldsymbol{E}'$ 表示涡旋电场的电场强度.

在一般情况下, 电场可能既包括静电场, 也包括涡旋电场, 即电场 $\boldsymbol{E} = \boldsymbol{E}_1 + \boldsymbol{E}'$; 而磁场可能既包括传导电流或运流电流所产生的磁场, 也包括位移电流所产生的磁场, 即磁场 $\boldsymbol{H} = \boldsymbol{H}_1 + \boldsymbol{H}'$. 这时电场和磁场的环路定理分别为

$$\oint_L \boldsymbol{E} \cdot \mathrm{d}\boldsymbol{l} = \oint_L \boldsymbol{E}_1 \cdot \mathrm{d}\boldsymbol{l} + \oint_L \boldsymbol{E}' \cdot \mathrm{d}\boldsymbol{l} = 0 + \left(-\frac{\mathrm{d}\varPhi_{\mathrm{m}}}{\mathrm{d}t}\right) = -\frac{\mathrm{d}\varPhi_{\mathrm{m}}}{\mathrm{d}t}$$

$$\oint_L \boldsymbol{H} \cdot \mathrm{d}\boldsymbol{l} = \oint_L \boldsymbol{H}_1 \cdot \mathrm{d}\boldsymbol{l} + \oint_L \boldsymbol{H}' \cdot \mathrm{d}\boldsymbol{l} = \sum_i I_i + \frac{\mathrm{d}\varPhi_D}{\mathrm{d}t}$$

麦克斯韦认为, 在一般情形下, 电场和磁场的高斯定理形式不变, 可以得到

$$\oint_S \boldsymbol{D}\cdot \mathrm{d}\boldsymbol{S}=\sum_i q_i$$

$$\oint_L \boldsymbol{E}\cdot \mathrm{d}\boldsymbol{l}=-\frac{\mathrm{d}\Phi_{\mathrm{m}}}{\mathrm{d}t}$$

$$\oint_S \boldsymbol{B}\cdot \mathrm{d}\boldsymbol{S}=0$$

$$\oint_L \boldsymbol{H}\cdot \mathrm{d}\boldsymbol{l}=\sum_i I_i+\frac{\mathrm{d}\Phi_D}{\mathrm{d}t}$$

以上就是一般所说的积分形式的麦克斯韦方程组, 式中各量 ($\boldsymbol{D}$、$\boldsymbol{E}$、$\boldsymbol{B}$、$\boldsymbol{H}$) 都是空间坐标和时间的函数.

11.4 电磁波

11.4.1 电磁波的产生与传播

电磁波是变化电场和变化磁场在空间的传播过程. 例如振荡电偶极子辐射的电磁波. 电矩作迅速周期性变化的电偶极子, 称为振荡电偶极子. 电矩 $\boldsymbol{p}=q\boldsymbol{l}$, 其中 l 是两点电荷之间的距离, q 或 $\boldsymbol{l}$ 变化均可使 $\boldsymbol{p}$ 变化, 产生变化的电场. 变化的电场在邻近区域内将引起变化磁场, 这变化磁场又在较远的区域内引起新的变化电场, 并在更远的区域内引起新的变化磁场, 这样继续下去, 使电磁波由近及远, 以有限速度向外传播.

QR11.21 麦克斯韦方程组微分形式推导

最简单的振荡电偶极子是电矩随时间作正弦或余弦变化的电偶极子, 电矩 $\boldsymbol{p}$ 大小可表示为 $p=p_0\cos\omega t$. 这样的振荡电偶极子在各向同性介质中所辐射的电磁波, 在远离电偶极子的空间内 P 点处, t 时刻的 $\boldsymbol{E}$ 和 $\boldsymbol{H}$ 的量值为

$$E=\frac{\omega^2 p_0\sin\theta}{4\pi\varepsilon v^2 r}\cos\omega\left(t-\frac{r}{v}\right) \tag{11.29}$$

$$H=\frac{\omega^2 p_0\sin\theta}{4\pi v r}\cos\omega\left(t-\frac{r}{v}\right) \tag{11.30}$$

式中 r 是电偶极子中心到场点 P 所作径矢 $\boldsymbol{r}$ 的大小.θ 为电磁波沿 $\boldsymbol{r}$ 传播的方向与电偶极子轴线之间所夹的角. v 为电磁波在介质中的波速. 式 (11.29) 和式 (11.30) 是球面电磁波的方程.

在离开振荡电偶极子极远处, r 很大, 相应地, 在小范围内, θ 的变化很小, $\boldsymbol{E}$ 和 $\boldsymbol{H}$ 的振幅可视为常量. 因此上述两式可分别写为

$$E = E_0 \cos\omega\left(t - \frac{r}{v}\right)$$

$$H = H_0 \cos\omega\left(t - \frac{r}{v}\right)$$

这就是平面电磁波的方程. 所以, 在离开电偶极子极远处, 电磁波可视为平面波. 下面就介绍一下这种平面电磁波具有的性质.

11.4.2 平面电磁波的性质

根据麦克斯韦方程组可以推导出平面电磁波具有如下性质:

1. $\boldsymbol{E}$ 和 $\boldsymbol{H}$ 互相垂直, 且均与传播方向垂直, 说明 $\boldsymbol{E}$ 波、$\boldsymbol{H}$ 波都是横波.

2. $\boldsymbol{E}$ 和 $\boldsymbol{H}$ 都作正弦或余弦函数的周期性变化, 两者的周期和相位相同, 同时达到极大值和极小值. 同一点的 $\boldsymbol{E}$ 和 $\boldsymbol{H}$ 的大小成比例, 有下列关系:

QR11.22 电磁波性质的推导

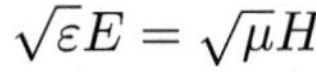

$$\sqrt{\varepsilon}E = \sqrt{\mu}H$$

3. 振荡电偶极子所辐射的电磁波的频率, 等于振荡电偶极子的振动频率, $\boldsymbol{E}$ 和 $\boldsymbol{H}$ 的振幅都与频率的平方成正比.

4. 沿给定方向传播的电磁波, $\boldsymbol{E}$ 和 $\boldsymbol{H}$ 分别在各自的平面上振动, 这一特性称为偏振性, 一个振荡电偶极子所辐射的电磁波, 总是偏振的.

5. 电磁波的传播速度的大小 v 取决于介质的介电常数 ε 和磁导率 μ, $v = \dfrac{1}{\sqrt{\varepsilon\mu}}$. 真空中, $v = \dfrac{1}{\sqrt{\varepsilon_0\mu_0}} = 3.0 \times 10^8\ \mathrm{m/s} = c$ ($\varepsilon_0 = 8.85 \times 10^{-12}\ \mathrm{F \cdot m^{-1}}$, $\mu_0 = 4\pi \times 10^{-7}\ \mathrm{H \cdot m^{-1}}$). 即电磁波在真空中传播速度等于光速 c. 这并非偶然的巧合, 它证明了光本身就是一种电磁波. 麦克斯韦当时曾预言: 光波就是电磁波, 此预言果然为以后的实验所证实. 从而使光学和电磁学联系起来.

11.4.3 电磁波的能量

电场和磁场具有能量, 电磁波的传播必然伴随着电磁能量的传播. 我们知道电场能量密度 ω_{e} 与磁场能量密度 ω_{m} 分别为

$$\omega_{\mathrm{e}} = \frac{1}{2}\varepsilon E^2 \quad \omega_{\mathrm{m}} = \frac{1}{2}\mu H^2$$

因此电磁场总能量密度 ω 应为

$$\begin{aligned}\omega =& \omega_{\mathrm{e}} + \omega_{\mathrm{m}} = \frac{1}{2}\left(\varepsilon E^2 + \mu H^2\right) = \frac{1}{2}\left(\sqrt{\varepsilon}E\sqrt{\mu}H + \sqrt{\mu}H\sqrt{\varepsilon}E\right)\\ =& \sqrt{\mu\varepsilon}EH = \frac{EH}{v}\end{aligned}$$

上面的推导利用了 $\sqrt{\varepsilon}E = \sqrt{\mu}H$ 与 $v = \dfrac{1}{\sqrt{\varepsilon\mu}}$.因为 E、H 是时间 t 和空间位置的函数, 所以电磁场能量密度在空间不同位置处, 不同时刻 t 的值是不同的.

若以符号 S 表示能流密度的大小, 则 $S=\omega v=EH$, 能流密度的大小 S 反映了电磁波的强弱, 即电磁波的强度. 由于电磁波是电磁场在空间的传播过程, 所以电磁波所携带的电磁能量称为辐射能, 能流密度也称为辐射强度. 由于辐射能的传播方向 (波速 $\boldsymbol{v}$ 的方向)、$\boldsymbol{E}$ 的方向及 $\boldsymbol{H}$ 的方向三者相互垂直, 通常用矢量式表示为

$$\boldsymbol{S}=\boldsymbol{E}\times\boldsymbol{H} \tag{11.31}$$

$\boldsymbol{S}$、$\boldsymbol{E}$ 和 $\boldsymbol{H}$ 符合右手螺旋定则. $\boldsymbol{S}$ 的方向就是电磁波的传播方向, 辐射强度矢量 $\boldsymbol{S}$ 也称为坡印亭矢量.

电磁波中 $\boldsymbol{E}$ 和 $\boldsymbol{H}$ 都随时间迅速变化, 式 (11.31) 给出的是电磁波的瞬时能流密度. 在实际中重要的是它在一个周期内的平均值, 即平均能流密度. 对于平面电磁波, 平均能流密度为

$$\overline{S}=\frac{1}{T}\int_0^T S\mathrm{d}t=\frac{1}{T}\int_0^T EH\mathrm{d}t=E_0H_0\frac{1}{T}\int_0^T\cos^2\omega\left(t-\frac{r}{v}\right)\mathrm{d}t=\frac{1}{2}E_0H_0$$

式中 E_0 和 H_0 分别是 E 和 H 的振幅. 由于 E_0 和 H_0 之间有关系 $\sqrt{\varepsilon}E_0=\sqrt{\mu}H_0$, 所以 $\overline{S}\propto E_0^2$ 或 $\overline{S}\propto H_0^2$. 也就是说, 电磁波中的能流密度正比于电场或磁场振幅的平方.

11.4.4 电磁波谱

按照波长或频率的顺序把电磁波排列成谱, 称为电磁波谱.

按波长从小到大排列, 依次为 γ 射线、X 射线、紫外线、可见光、红外线、微波、无线电波.

不同波长范围内的电磁波的产生方法以及与物质之间的相互作用各不相同. 肉眼看得见的是电磁波中波长很短的一段, 波长范围在 $0.4\sim0.76$ μm 的电磁波称为可见光, 通常意义的光是指可见光, 后面的第十二章介绍光学相关内容.

习题 11

QR11.23 习题 11 参考答案

11.1 两根无限长平行直导线载有大小相等方向相反的电流 I, 并都以 $\mathrm{d}I/\mathrm{d}t$ 的变化率增长, 一矩形线圈位于导线平面内 (如图所示), 则 (　　)

(A) 线圈中无感应电流;　　(B) 线圈中感应电流沿顺时针方向;

(C) 线圈中感应电流沿逆时针方向;　　(D) 线圈中感应电流方向不确定.

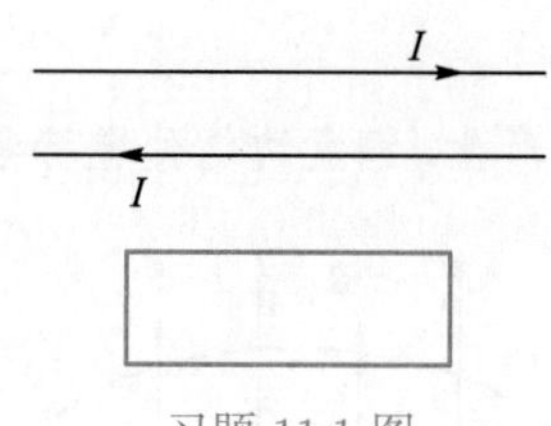

习题 11.1 图

11.2 半径为 a 的圆形线圈置于磁感应强度为 $\boldsymbol{B}$ 的均匀磁场中, 线圈平面与磁场方向垂直, 线圈的电阻为 R, 当把线圈转动至其法线与 $\boldsymbol{B}$ 的夹角 $\theta = 60°$ 时, 线圈中通过的电荷量与哪个物理量有关?(　　)

(A) 与线圈的面积成正比, 与转动时间无关;

(B) 与线圈的面积成正比, 与转动时间成正比;

(C) 与线圈的面积成反比, 与转动时间成正比;

(D) 与线圈的面积成反比, 与转动时间无关.

11.3 将形状完全相同的铜环和木环静止放置, 并使通过两环面的磁通量随时间的变化率相等, 则不计自感时 (　　)

(A) 铜环中有感应电动势, 木环中无感应电动势;

(B) 铜环中感应电动势大, 木环中感应电动势小;

(C) 铜环中感应电动势小, 木环中感应电动势大;

(D) 两环中感应电动势相等.

11.4 一个圆形线环, 它的一半放在分布在方形区域的均匀磁场中, 另一半位于磁场之外, 如图所示. 磁场的方向垂直指向纸内. 欲使圆形线环中产生逆时针方向的感应电流, 应使 (　　)

(A) 线环向右平移;　　(B) 线环向上平移;

(C) 线环向左平移;　　(D) 磁场强度减弱.

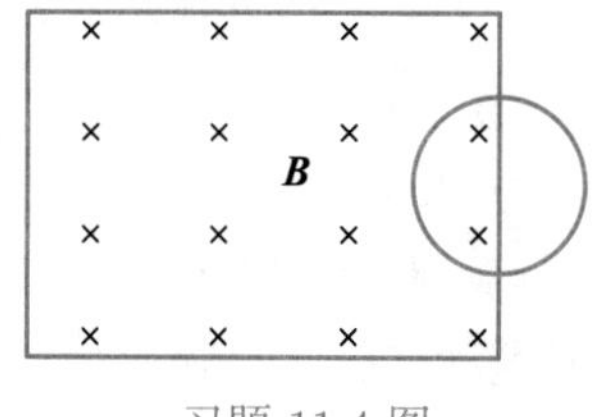

习题 11.4 图

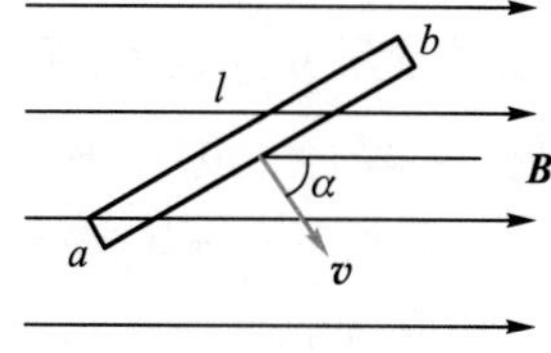

习题 11.5 图

11.5 如图所示, 长度为 l 的直导线 ab 在磁感应强度为 $\boldsymbol{B}$ 的均匀磁场中以速度 $\boldsymbol{v}$ 移动, 直导线 ab 中的电动势为 (　　)

(A) Blv;　　(B) $Blv\sin\alpha$;　　(C) $Blv\cos\alpha$;　　(D) 0.

11.6 圆铜盘水平放置在均匀磁场中, 磁场的方向垂直盘面向上. 当铜盘绕通过中心垂直于盘面的轴沿图示方向转动时, 则 (　　)

(A) 铜盘上有感应电流产生, 沿着铜盘转动的相反方向流动;

(B) 铜盘上有感应电流产生, 沿着铜盘转动的方向流动;

(C) 铜盘上产生涡流;

(D) 铜盘上有感应电动势产生, 铜盘边缘处电势最高.

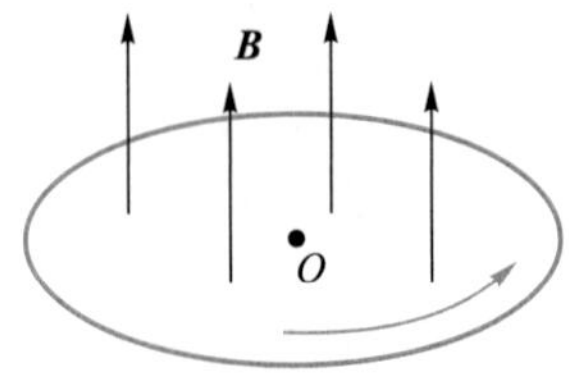

习题 11.6 图

11.7 一根长度为 L 的铜棒, 在均匀磁场中以匀角速度 ω 绕通过其一端 O 的定轴旋转着, 磁场的方向垂直铜棒转动的平面, 如图所示. 设 $t=0$ 时, 铜棒与 Ob 成 θ 角 (b 为铜棒转动的平面上的一个固定点), 则在任一时刻 t 这根铜棒两端之间的感应电动势是 (   )

(A) $\omega L^2 B\cos(\omega t+\theta)$;　　(B) $\dfrac{1}{2}\omega L^2 B\cos\omega t$;

(C) $2\omega L^2 B\cos(\omega t+\theta)$;　　(D) $\dfrac{1}{2}\omega L^2 B$.

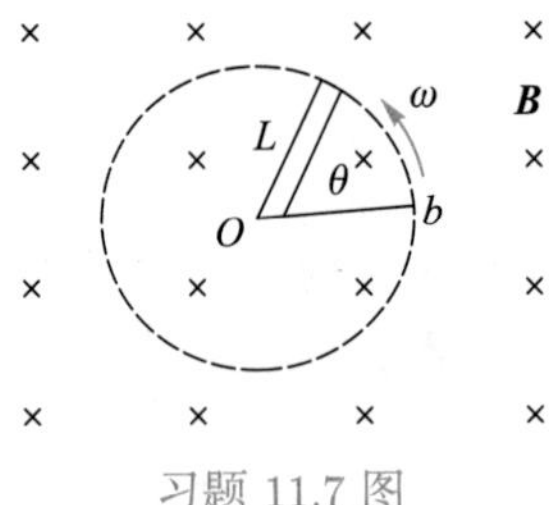

习题 11.7 图

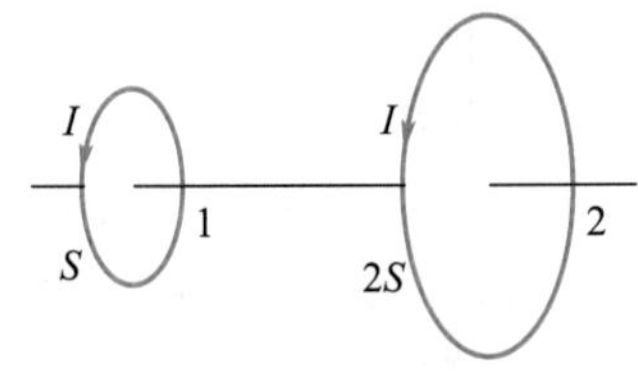

习题 11.8 图

11.8 面积为 S 和 $2S$ 的两圆线圈 1、2 如图放置, 通有相同的电流 I. 线圈 1 的电流所产生的通过线圈 2 的磁通量用 Φ_{21} 表示, 线圈 2 的电流所产生的通过线圈 1 的磁通量用 Φ_{12} 表示, 则 Φ_{21} 和 Φ_{12} 的大小关系为 (   )

(A) $\Phi_{21}=2\Phi_{12}$;　(B) $\Phi_{21}>2\Phi_{12}$;　(C) $\Phi_{21}=\Phi_{12}$;　(D) $\Phi_{21}=\dfrac{1}{2}\Phi_{12}$.

11.9 如图所示, 一导体棒 ab 在均匀磁场中沿金属导轨向右作匀加速运动, 磁场方向为垂直导轨所在平面向里, 若导轨电阻忽略不计, 并设铁芯磁导率为常量, 则达到稳定后在电容器的 M 极板上 (   )

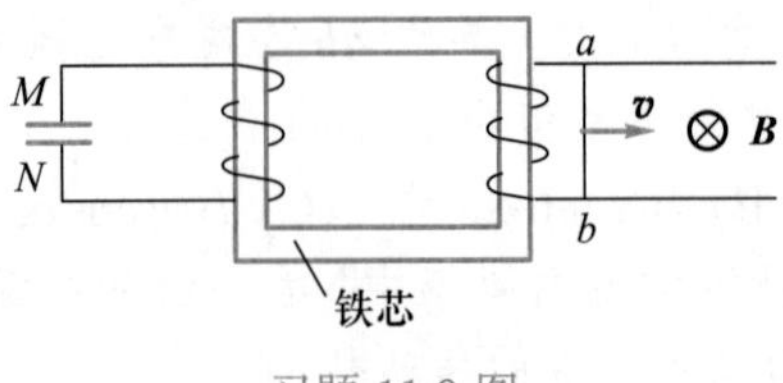

习题 11.9 图

(A) 带有一定量的正电荷; (B) 带有一定量的负电荷;
(C) 带有越来越多的正电荷; (D) 带有越来越多的负电荷.

11.10 有两个长直密绕螺线管, 长度及线圈匝数均相同, 半径分别为 r_1 和 r_2, 管内充满均匀介质, 其磁导率分别为 μ_1 和 μ_2, 设 $r_1:r_2=1:2$, $\mu_1:\mu_2=2:1$, 将两只螺线管串联在电路中通电稳定后, 其自感系数之比 $L_1:L_2$ 与磁能之比 $W_1:W_2$ 分别为 ( )

(A) 1:1 1:2; (B) 1:2 1:1; (C) 1:2 1:2; (D) 2:1 2:1.

11.11 一无限长直导线上通有稳定电流 I, 电流方向向上. 导线旁有一与导线共面、长度为 L 的金属棒, 绕其一端 O 在该平面内顺时针匀速转动, 如图所示. 转动角速度为 ω, O 点到导线的垂直距离为 $r_0(r_0>L)$. 试求金属棒转到与水平面成 θ 角时, 棒内感应电动势的大小和方向.

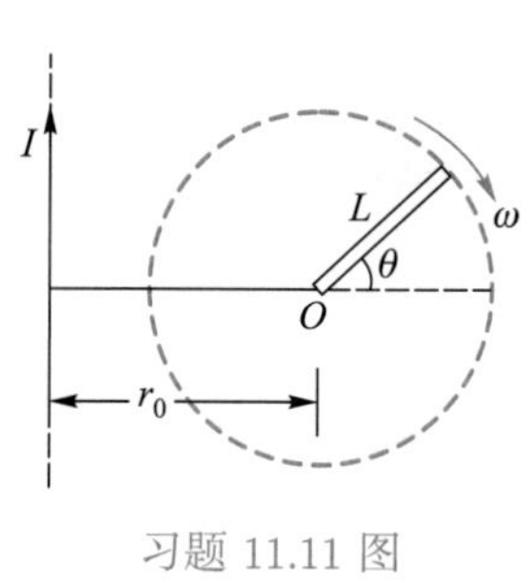

习题 11.11 图

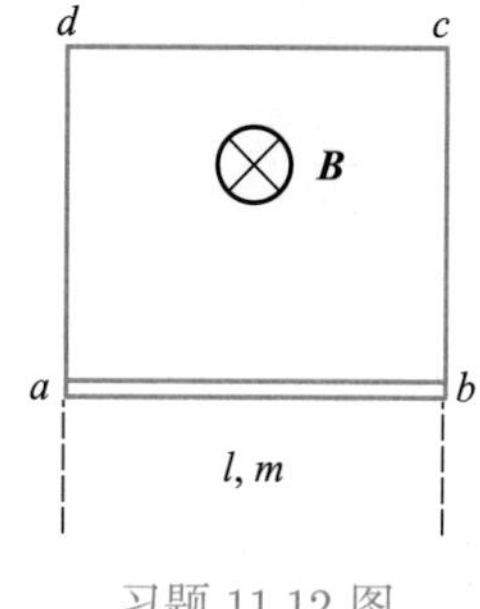

习题 11.12 图

11.12 如图所示, 在竖直面内有一矩形导体回路 $abcd$ 置于均匀磁场中, $\boldsymbol{B}$ 的方向垂直于回路平面, $abcd$ 回路中的 ab 边的长为 l, 质量为 m, 可以在保持良好接触的情况下下滑, 且摩擦力不计. ab 边的初速度为零, 回路电阻 R 集中在 ab 边上.

(1) 求任一时刻 ab 边的速率 v 和 t 的关系;

(2) 设两竖直边足够长, 最后 ab 边达到稳定的速率为多少?

11.13 如图所示, 无限长直导线, 通以恒定电流 I. 有一与之共面的直角三角形线圈 ABC. 已知 AC 边长为 b, 且与长直导线平行, BC 边长为 a. 若线圈以垂直于导线方向的速度 $\boldsymbol{v}$ 向右平移, 当 B 点与长直导线的距离为 d 时, 求线圈 ABC 内的感应电动势的大小和感应电动势的方向.

11.14 如图所示, 真空中一长直导线通有电流 $I(t)=I_0\mathrm{e}^{-\lambda t}$ (式中 I_0、λ 为常量, t 为时间), 有一带滑动边的矩形导线框 (与长直导线平行共面), 二者相距 a. 矩形导线框的滑动边与长直导线垂直, 它的长度为 b, 并且以匀速 $\boldsymbol{v}$ (方向平行长直导线) 滑动. 若忽略线框中的自感电动势, 并设开始时滑动边与对边重合, 试求任意时刻 t 在矩形线框内的感应电动势 $\mathscr{E}_i$ 并讨论其方向.

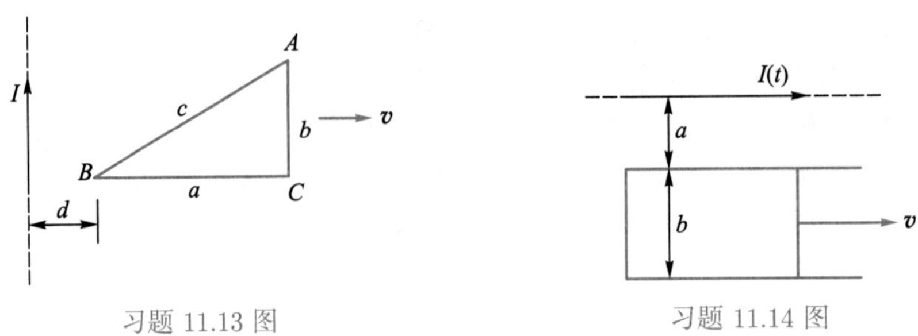

习题 11.13 图　　　　习题 11.14 图

11.15 如图所示, 一半径为 r_2 电荷线密度为 λ 的均匀带电圆环, 里边有一半径为 r_1 总电阻为 R 的导体环, 两环共面同心 ($r_2 >> r_1$), 当大环以变角速度 $\omega = \omega(t)$ 绕垂直于环面的中心轴旋转时, 求小环中的感应电流. 其方向如何?

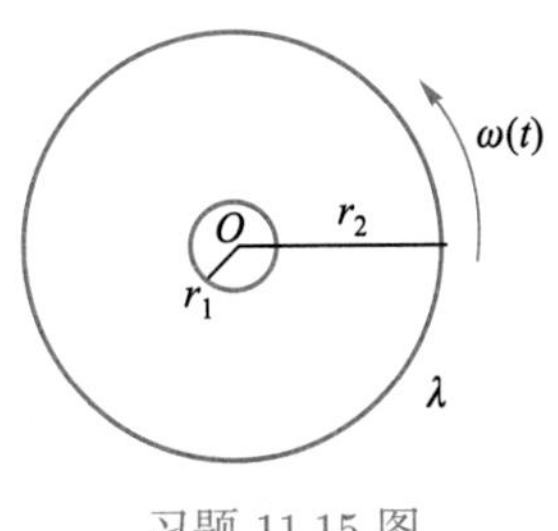

习题 11.15 图

第十二章

光学

QR12.1 本章内容提要

QR12.2 几何光学概述

光学是研究光的本性、光的传播和光与物质相互作用的学科. 光学的发展已有三千多年的历史, 它的发展历史反映着人们认识世界逐步接近真理的过程. 三千多年前, 人们已经对光有了认识, 但直到 17 世纪中叶, 人们对光的认识还仅仅停留在光的直线传播、光的反射和光的折射现象, 并未认识到光的本质.

19 世纪中叶, 麦克斯韦在电磁场理论的基础上提出了光的电磁波理论, 人们才逐渐认识到光是在真空中波长在 $0.4 \sim 0.7\ \mu\text{m}$ 范围内的电磁波. 应用麦克斯韦电磁波理论可以普遍解释光在两种介质的分界面上发生的反射、折射现象, 也能够令人满意地解释光的干涉、衍射和偏振等现象. 但在 19 世纪末和 20 世纪初, 当科学实验研究深入到微观领域时, 在一些新的实验事实 (如黑体辐射、光电效应等) 面前, 光的电磁理论遇到了无法克服的困难, 这使对光的本性的认识飞跃到了量子化的层次. 1905 年, 爱因斯坦提出了光子假说, 圆满地解释了光与物质相互作用时表现出粒子性的实验事实. 从此, 光的量子说登上了历史舞台, 使人们认识到, 光具有波粒二象性.

12.1 杨氏双缝干涉实验

日常生活中, 即使同时打开两盏相同的灯, 灯光在空间相遇时, 我们并没有看到光的干涉图样, 这是为什么? 而又该如何实现光的干涉呢?

12.1.1 光源发光的微观机制与特点

QR12.3 语音导读 12.1.1

在自然界中, 凡是能够发光的物体都可以称为光源. 光源从发光机制上可分为普通光源和激光光源两大类.

近代物理理论和实验证实, 一个孤立的原子或分子, 它的能量只允许处在一系列分立的能级 $E_1, E_2, \cdots, E_n$ 上, 也就是说只能具有某些离散的值 (即能量是量子化的), 以氢原子为例, 如图 12.1 所示. 通常原子总是处在最低的能级 E_1 上, 这种状态称为基态, 基态是稳定态. 若在外界的作用下, 原子吸收了外界的能量跃迁到较高能级上, 原子就进入激发态, 这些激发态一般是很不稳定的, 原子在激发态上的平均寿命是非常短的, 大约只有 $10^{-11} \sim 10^{-8}$ s, 然后原子就会自发地回到较低的能级上, 如图 12.2 所示, 高能级 M 的能量为 E_M, 低能级 N 的能量为 E_N.

当处于高能级的原子跃迁到低能级时, 原子的能量要减少, 并向外辐射电磁波, 这些电磁波携带的能量就是原子所减少的那一部分能量, 若以 $h\nu$ 表示电磁波的能量, 则有

$$E_M - E_N = h\nu \tag{12.1}$$

这就是原子发光的机理. 式中 $h = 6.63 \times 10^{-34}$ J · s 称为普朗克常量, ν 为电磁波的频率.

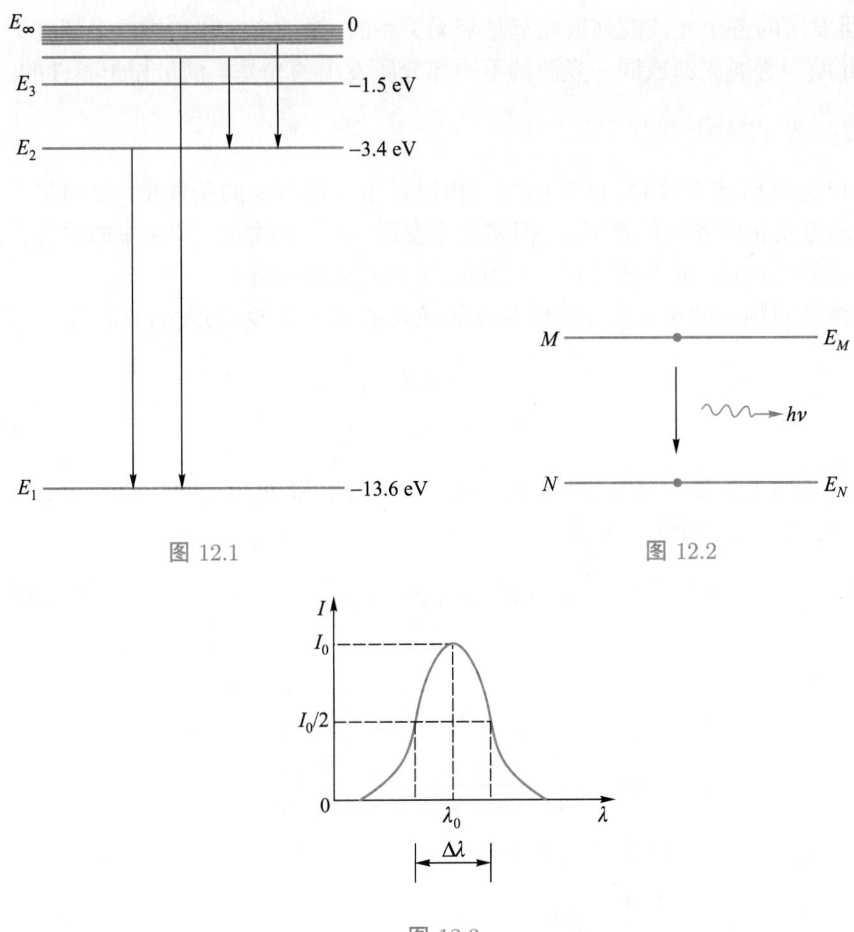

图 12.1

图 12.2

图 12.3

原子的发光是断续的, 每次跃迁所经历的时间 Δt 也极短, 约为 10^{-8} s, 它是一个原子一次发光所持续的时间, 也就是说, 一个原子每一次发光只能发出一段长度 (Δl) 有限、频率 (ν) 和振动方向一定的光波 (横波), 这一段光波就是图 12.3 中所示的一个波列, 可见, 波列的长度 Δl 为

$$\Delta l = c\Delta t \tag{12.2}$$

从干涉的角度来说, 常把 Δl 称为**相干长度**, Δt 称为**相干时间**. 正因为光波是由一个一个断续的波列所构成的, 而且每一波列又有自己的振动方向和初相位, 所以 Δl 越长的光波, 在空间相遇产生干涉的可能性就越大, 即相干性好, 如氦氖激光的相干长度 Δl 有几十千米长, 是相干性非常好的新型光源.

普通光源的发光有两个显著的特点: 其一, 原子发光完全是独立的, 在激发态上存在的 10^{-8} s 中何时发光是难以预料的, 但是平均来说, 发光时间 Δt 是在约 10^{-8} s 内完成的, 每个原子或分子发光都是断断续续的, 也就是有间隙的, 所发出的是一段长为 Δl, 频率 (ν) 和振动方向一定的光波; 其二, 每一次发光都是随机进行的, 所发出的各个光波波列彼此都是毫无关系的, 振动方向和初相位也都毫不牵连, 因此两个普通光源或同一光源的不同部分所发出的光是不满足相干条件的.

12.1.2 光的相干性

QR12.4 语音导读 12.1.2

在讨论机械波干涉时, 已知两列波相遇发生干涉现象的条件是: 振动频率相同、振动方向相同和相位差恒定. 但实验中发现, 从两个独立的同频率的单色普通光源发出的光相遇, 也不能得到干涉图样, 下面对此进行分析.

设两列同频率的单色光在空间某点的光矢量 $\boldsymbol{E}_1$ 和 $\boldsymbol{E}_2$ 的大小分别为

$$\begin{aligned} E_1 &= E_{10}\cos(\omega t+\varphi_{10}) \\ E_2 &= E_{20}\cos(\omega t+\varphi_{20}) \end{aligned} \tag{12.3}$$

叠加后合成的光矢量为 $\boldsymbol{E}=\boldsymbol{E}_1+\boldsymbol{E}_2$. 若光矢量 $\boldsymbol{E}_1$ 和 $\boldsymbol{E}_2$ 是同方向的, 根据振动合成理论, 合成光矢量的大小为

$$E = E_0\cos(\omega t+\varphi_0) \tag{12.4}$$

其中

$$\begin{aligned} E_0 &= \sqrt{E_{10}^2+E_{20}^2+2E_{10}E_{20}\cos(\varphi_{20}-\varphi_{10})} \\ \varphi_0 &= \arctan\frac{E_{10}\sin\varphi_{10}+E_{20}\sin\varphi_{20}}{E_{10}\cos\varphi_{10}+E_{20}\cos\varphi_{20}} \end{aligned}$$

在观测时间内, 平均光强 I 正比于 E^2, 即

$$\begin{aligned} I\propto\overline{E_0^2} &= \frac{1}{\tau}\int_0^\tau E_0^2\mathrm{d}t \\ &= \frac{1}{\tau}\int_0^\tau\left[E_{10}^2+E_{20}^2+2E_{10}E_{20}\cos(\varphi_{20}-\varphi_{10})\right]\mathrm{d}t \\ &= E_{10}^2+E_{20}^2+2E_{10}E_{20}\frac{1}{\tau}\int_0^\tau\cos(\varphi_{20}-\varphi_{10})\,\mathrm{d}t \\ I &= I_1+I_2+2\sqrt{I_1I_2}\frac{1}{\tau}\int_0^\tau\cos\Delta\varphi\mathrm{d}t \end{aligned} \tag{12.5}$$

其中 $\Delta\varphi=\varphi_{20}-\varphi_{10}$

若这两束同频率的单色光分别由两个独立的普通光源发出, 由于光源中原子或分子发光的随机性和间歇性, 这两光波间的相位差 $\Delta\varphi$ 也将随机地发生变化, 并以相同的概率取 0 到 2π 之间的任意值, 因此, 在所观测的时间内

$$\int_0^\tau\cos(\varphi_{20}-\varphi_{10})\,\mathrm{d}t=0$$

从而

$$E_0^2=E_{10}^2+E_{20}^2$$

或

$$I = I_1 + I_2 \tag{12.6}$$

上式表明两束光叠加后的光强等于两束光分别照射时的光强 I_1 和 I_2 之和, 我们把这种情况称为光的非相干叠加.

如果这两束光来自同一光源, 并使它们的相位差 $\Delta\varphi$ 始终保持恒定, 也就是说任何时刻的相位差, 始终保持不变, 与时间无关, 则

$$\frac{1}{\tau}\int_0^\tau \cos\Delta\varphi \mathrm{d}t = \cos\Delta\varphi$$

其合成后的光强为

$$I = I_1 + I_2 + 2\sqrt{I_1 I_2}\cos\Delta\varphi \tag{12.7}$$

此时 $\cos\Delta\varphi$ 将不随时间而变, 我们把 $2\sqrt{I_1 I_2}\cos\Delta\varphi$ 称为干涉项, 将这种情况称为光的相干叠加, 由式 (12.7) 可知, 由于两光束间存在着相位差 $(\Delta\varphi = \varphi_{20} - \varphi_{10})$, 合成后的光强不仅取决于两束光的光强 I_1 和 I_2, 还与两束光之间的相位差 $\Delta\varphi$ 有关. 当两束光在空间不同位置相遇时, 其相位差 $\Delta\varphi$ 也将有不同的数值, 因此, 在空间各个不同位置的光强将发生连续的变化, 即光强在空间重新分布.

当 $\Delta\varphi = \pm 2k\pi\ (k = 0, 1, 2, \cdots)$ 时, 有

$$I = I_1 + I_2 + 2\sqrt{I_1 I_2}$$

这些位置的光强最大, 称为干涉相长(也称为干涉加强).

当 $\Delta\varphi = \pm(2k+1)\pi\ (k = 0, 1, 2, \cdots)$ 时, 有

$$I = I_1 + I_2 - 2\sqrt{I_1 I_2}$$

这些位置的光强最小, 称为干涉相消(也称为干涉减弱).

如果 $I_1 = I_2$, 那么合成后的光强为

$$I = 2I_1(1 + \cos\Delta\varphi) = 4I_1\cos^2\frac{\Delta\varphi}{2} \tag{12.8}$$

在叠加区域内, $\Delta\varphi$ 的取值随空间位置的不同而不同, 光强随位置的不同而发生强弱不同的分布, 出现了明暗按一定规则排列的干涉现象. 光强 I 随相位差 $\Delta\varphi$ 的变化情况如图 12.4 所示, 这就是光的干涉现象. 其中, (1) 表示单一光的强度分布, (2) 表示两个非相干光叠加, (3) 表示两相干光叠加. 从图中可以看到, 当两列非相干光叠加时, 合光强是一个与相位差无关的常量, 而当两列相干光叠加时, 合光强要随相位差的变化而发生变化.

综上所述, 只有两束相干光叠加才能观察到光的干涉现象. 怎样才能获得两束相干光呢? 原则上可以将光源上同一发光点发出的光波分成两束, 使之经历不同

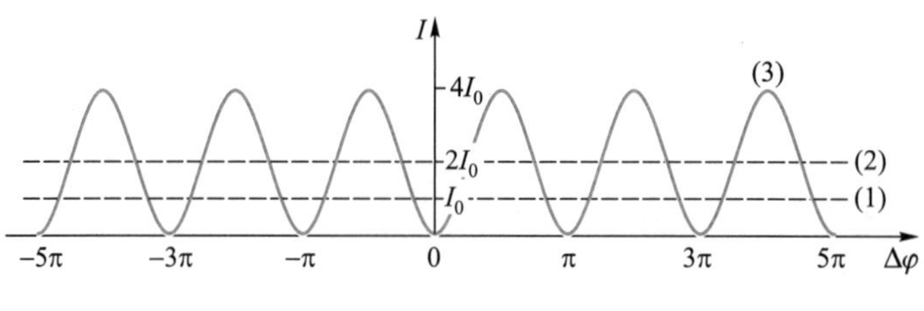

图 12.4

的路径再会合叠加. 由于这两束光是出自同一发光原子或分子的同一次发光, 所以它们的频率和初相位必然完全相同, 在相遇点, 这两光束的相位差是恒定的, 而振动方向一般总有相互平行的振动分量, 从而满足相干条件, 可以产生干涉现象. 根据这个思路, 常用的获得相干光的方法有两种: 一种是用**分波阵面法**获得相干光, 即从一束光的同一波阵面上取两个次级波相干涉, 如图 12.5 所示; 另一种获得相干光的方法为**分振幅法**, 利用透明薄膜的上表面和下表面对入射光的反射, 将入射光的振幅分解为两部分, 然后由这两部分光波相遇产生干涉, 如图 12.6 所示.

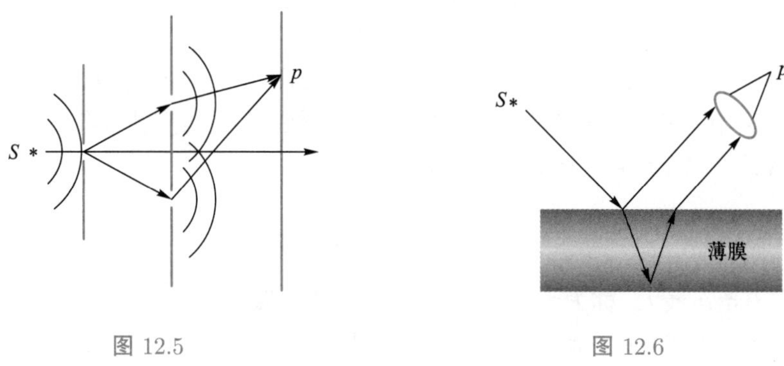

图 12.5　　图 12.6

激光的问世使光源的相关性大大提高, 当光接收器采用快速的光电器件时, 用两个频率相同的激光光源也可以产生光的干涉现象.

12.1.3 杨氏双缝干涉实验

QR12.5 语音导读 12.1.3

QR12.6 教学视频 12.1.3

1801 年, 托马斯 · 杨首先用实验获得相干光, 观察到了光的干涉现象. 如图 12.7 所示, 在一束单色平行光源前方放有一狭缝 S, 在 S 前又放有两条平行狭缝 S_1 和 S_2, S_1 和 S_2 与 S 平行且对称, 并且 S_1 和 S_2 的距离很小. 用单色光垂直地照射到狭缝 S 上, 这样 S 就构成一个线光源, 它发出的光波是半柱面波, 其波阵面在 S_1 和 S_2 处被分割出两个新的线光源. 光源 S_1 和 S_2 是从光源 S 的同一波阵面中分离出来的, 因此具有相同的频率、振动方向和相位. 从而, S_1 和 S_2 是一对相干光源. 由 S_1 和 S_2 发出的光波在相遇的区域就会发生干涉. 最初实验中遮光屏上的 S、S_1 和 S_2 都是圆孔, 由于圆孔很小, 所以从 S_1 和 S_2 获得的相干光很弱, 为了获得较强的相干光源, 后期才将圆孔 S 及 S_1 和 S_2 都改成了狭缝, 此时, 在屏上产生的干涉图样是明暗相间的条纹.

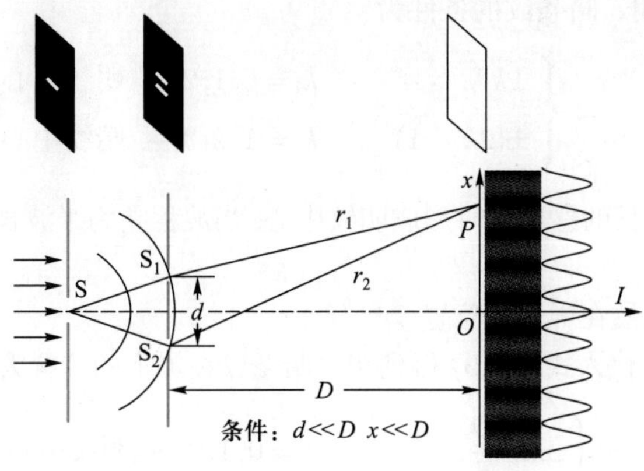

图 12.7

下面讨论杨氏双缝干涉实验中明、暗条纹在屏上的位置以及条纹间距等问题. 如图 12.8 所示, 两缝 S_1 与 S_2 之间的距离为 d, S_1 与 S_2 的中点在光屏上的投影点为 O, 两缝到光屏的距离为 D, S_1 和 S_2 到光屏上任意一点 P 的距离分别为 r_1 和 r_2, 任意一点 P 至 O 点的距离为 x, 则从图 12.8 可知:

QR12.7 演示实验: 双缝干涉

$$r_1^2 = D^2 + \left(x - \frac{d}{2}\right)^2$$

$$r_2^2 = D^2 + \left(x + \frac{d}{2}\right)^2$$

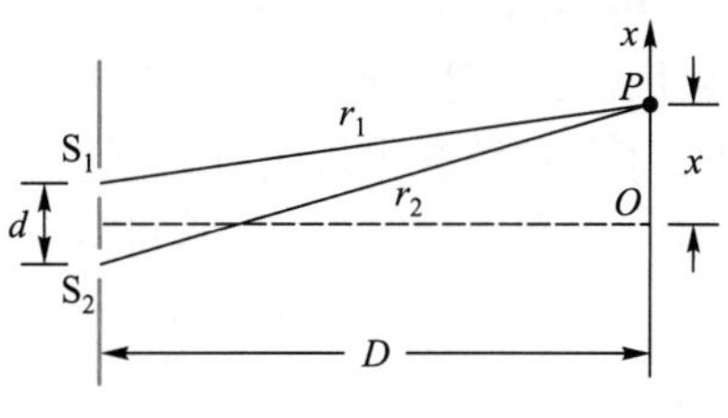

图 12.8

由上两式两端做差, 考虑到 $r_2 - r_1 = \delta$, $r_2 + r_1 \approx 2D$, 得

$$2\delta D = 2xd$$

即

$$x = \frac{D}{d}\delta \tag{12.9}$$

(1) 形成明、暗条纹的条件

由两列相干光叠加时产生干涉相长和干涉相消的条件可以得到杨氏双缝干涉实验在屏上产生明、暗条纹的条件为

$$\delta = r_2 - r_1 = \begin{cases} \pm k\lambda, & k = 0, 1, 2, \cdots \text{明纹中心} \\ \pm(2k-1)\dfrac{\lambda}{2}, & k = 1, 2, 3, \cdots \text{暗纹中心} \end{cases} \tag{12.10}$$

即: 当波程差为波长的整数倍时形成明纹中心; 当波程差为半波长的奇数倍时形成暗纹中心.

(2) 明、暗条纹在屏上的位置

将式 (12.10) 代入式 (12.9) 得到明、暗条纹在屏上的位置为

$$x = \begin{cases} \pm k\lambda\dfrac{D}{d}, & k = 0, 1, 2, \cdots \text{明纹中心} \\ \pm(2k-1)\dfrac{\lambda}{2}\dfrac{D}{d}, & k = 1, 2, 3, \cdots \text{暗纹中心} \end{cases} \tag{12.11}$$

(3) 两相邻明纹中心或暗纹中心的间距

利用式 (12.11) 可以求得两相邻明纹中心或暗纹中心在屏上的间距为

$$\Delta x = x_{k+1} - x_k = \frac{D}{d}\lambda \tag{12.12}$$

杨氏双缝干涉条纹分布特征:

(1) 屏上明暗条纹是对称分布于屏幕中心 O 点两侧且平行于狭缝的直条纹, 明暗条纹交替排列.

(2) 相邻明纹和相邻暗纹的间距相等, 与干涉级 k 无关. 条纹间距 Δx 的大小与入射光波长 λ 及缝屏间距 D 成正比, 与双缝间距 d 成反比.

因此, 当 D、d 一定时, 用不同的单色光做实验, 则入射光波长越小, 条纹越密; 波长越大, 条纹越稀. 如果用白光照射, 则屏幕上除中央明纹因各单色光重合而显示白色外, 其他各级条纹由于各单色光出现明纹的位置不同, 所以形成彩色条纹.

例 12.1 在杨氏双缝干涉实验中, 双缝与屏间的距离 $D = 1.2$ m, 双缝间距 $d = 0.45$ mm, 若测得屏上相邻明条纹间距为 1.5 mm, 求光源发出的单色光的波长 λ.

解 根据公式 $x = k\lambda D/d$

相邻条纹间距 $\Delta x = D\lambda/d$

则 $\lambda = d\Delta x/D = 562.5\ \text{nm}$

12.1.4 其他分波阵面的干涉实验

QR12.8 语音导读 12.1.4

历史上有很多利用分波阵面的方法获得干涉现象的实验, 这些实验的基本思想与杨氏双缝干涉实验类似.

在杨做完双缝干涉实验后不久, 曾有反对意见, 认为该实验中的明纹、暗纹相间且等宽的干涉图样或许是由于光经过狭缝边缘时发生的复杂变化, 而不是真正

的干涉, 但几年后菲涅耳做了几个实验, 充分证明了光的干涉现象, 这里介绍菲涅耳双镜干涉实验.

菲涅耳双镜是由两个交角很小的平面镜组成, 如图 12.9 所示, S 为一线光源, 其长度方向与两平面镜的交线平行. 由 S 发出的光波, 经两个平面镜 M_1 和 M_2 反射后成为两束相干光. S_1 和 S_2 分别为 S 在双镜中所成的虚像, 两束反射光可分别看成是由虚光源 S_1 和 S_2 发出的. 图中的阴影部分为这两束反射光交叠的区域, 若把屏幕放在该区域内, 则屏幕上会呈现明暗相间的干涉条纹. 由于 M_1 和 M_2 的交角很小, 所以 S_1 和 S_2 的间距很小, 干涉条纹的计算与杨氏双缝干涉实验完全相同.

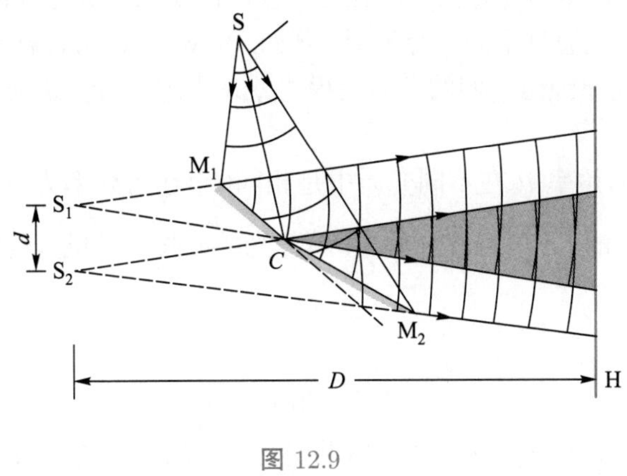

图 12.9

劳埃德镜实验装置如图 12.10 所示, 劳埃德镜 MH 就是一块平玻璃片 (平面镜), S 是光源, 由 S 发出的光一部分直接射到屏幕上, 另一部分以近 90° 的入射角投射到平面镜 MH 上, 后经平面镜反射再射到屏幕上. 这两束光也是相干光, 在屏幕上的重叠区域也能观察到干涉条纹. 由于 S′ 是 S 在镜中的虚像, 反射光可看成由虚光源 S′ 发出, S 与 S′ 相当于杨氏双缝干涉实验中的双缝, 则对杨氏双缝干涉实验的分析方法也适用于劳埃德镜实验, 但这时 S 与 S′ 构成的是反相相干光源. 当把屏幕移到与劳埃德镜的接触处 H 时, 这时 S 与 S′ 到达 H 的波程差为零, 接触处应为明条纹, 但实验结果却为暗条纹, 这表明两束光之一的相位变化了 π. 因为直接射到屏幕上的光不可能凭空地产生相位的改变, 那么, 一定是平面镜

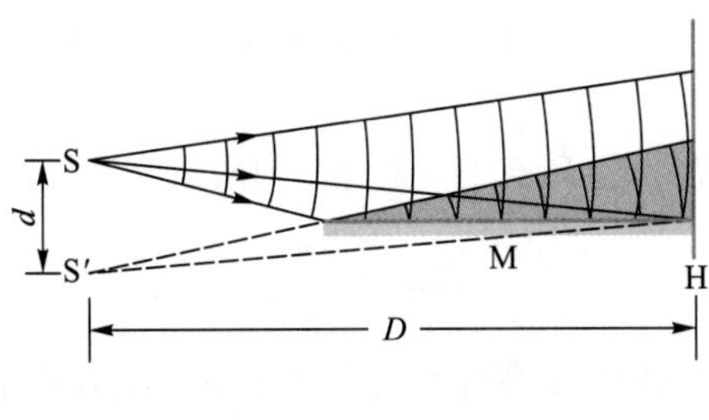

图 12.10

反射的这束光有了相位 π 的改变. 劳埃德镜实验显示出这样一个事实: 当光波从折射率小的光疏介质射到折射率大的光密介质并在其分界面反射时, 有相位 π 的突变, 相位改变 π, 相当于波程改变了半个波长, 所以又称半波损失.

劳埃德镜实验所得干涉图样除具有接触处 H 为暗条纹的特点外, 它与前述各干涉装置所得干涉图样的不同之处还在于它只在零级条纹的一侧有干涉条纹, 而不像杨氏双缝干涉实验的干涉条纹对称地分布在零级条纹的两侧.

12.1.5 光程和光程差

QR12.9 语音导读 12.1.5

QR12.10 教学视频 12.1.5

干涉现象的产生取决于两束相干光的相位差. 当两束相干光都在同一均匀介质中传播时, 它们在相遇处叠加时的相位差仅取决于两束光之间的几何路程之差. 但是, 当两束相干光通过不同的介质时, 例如, 光从空气射入薄膜, 这时两相干光间的相位差就不能单纯由它们的几何路程之差来决定, 因此, 需要引入光程和光程差的概念.

单色光的振动频率 ν 在不同介质中是相同的, 在折射率为 n 的介质中, 光速 v 是真空中光速 c 的 $\dfrac{1}{n}$, 所以在介质中, 单色光的波长 λ' 将是真空中波长 λ 的 $\dfrac{1}{n}$, 即

$$\lambda' = \frac{v}{\nu} = \frac{c}{n\nu} = \frac{\lambda}{n} \tag{12.13}$$

因此, 在折射率为 n 的某一介质中, 如果光波通过的几何路程为 x,即其间的波数为 $\dfrac{x}{\lambda'}$, 那么同样波数的光波在真空中通过的几何路程将是

$$\frac{x}{\lambda'}\lambda = nx \tag{12.14}$$

由此可见, 对应相同的相位变化, 光波在介质中传播路程 x 相当于在真空中传播路程 nx, 所以我们将光波在某一介质中所经历的几何路程 x 与介质折射率 n 的乘积 nx, 称为光程.

当光经历几种介质时:

$$\text{光程} = \sum n_i r_i$$

引入光程的概念后, 我们就可将光在介质中经过的路程按照相位变化折算为光在真空中的路程, 这样便统一用真空中的波长 λ 来比较两种光经历不同介质时所引起的相位变化.

若用 δ 表示两束光到达 P 点的光程差, 则两束光在 P 点的相位差为

$$\Delta\varphi = \frac{2\pi}{\lambda}\delta \tag{12.15}$$

应该注意, 引进光程后, 不论光在什么介质中传播, 上式中的 λ 均是光在真空中的波长. 此外, 上式仅考虑两束光经历不同介质不同路程引起的相位差, 如果两相

干光源不是同相位的, 这还应加上两相干光源的初相位差才是两束光在 P 点的相位差.

利用光程差与相位差的关系式 (12.15), 两列相干光叠加时产生干涉相长和干涉相消的条件可以转化为用光程差来表示, 即

$$\delta=\begin{cases}\pm k\lambda, & k=0,1,2,\cdots \quad \text{明纹}\\ \pm(2k+1)\dfrac{\lambda}{2}, & k=0,1,2,\cdots \quad \text{暗纹}\end{cases} \tag{12.16}$$

当光程差为波长的整数倍时产生干涉相长, 当光程差为半波长的奇数倍时产生干涉相消. 在光的干涉中, 干涉相长表现为产生干涉明纹, 而干涉相消表现为产生干涉暗纹.

光的干涉与衍射所产生的明、暗条纹与光线的光程差有关, 而在光的干涉与衍射实验中, 通常会用到薄透镜, 在光路中引入薄透镜是否会对光线的光程产生影响呢? 如图 12.11 所示, 一束平行光垂直地照射到屏 E 上, 在图 12.11(a) 中, 平面 ABC 为光束的一个波面, 由于光线到屏 E 的距离相等, 从而光线的光程相同, 即一束平行光从平面 ABC 到屏 E 之间没有引起附加的光程差. 在图 12.11(b) 中, 在波面 ABC 与屏 E 之间插入一薄透镜, 光线通过透镜后聚焦于屏上的 F 点. 过透镜表面作平面 MM′ 和球面 NN′, 由于光在波面 ABC 处的相位相同, 而光束通过透镜后会聚在 F 点处的相位也相同, 所以, 在平面 MM′ 和球面 NN′ 之间的光线的光程相同. 这说明一束平行光垂直地通过薄透镜不会引起附加的光程差; 同样地, 当一束平行光倾斜通过透镜并聚焦于位于屏上的焦点时也不会引起附加的光程差. 在光路中引入薄透镜并不会引起附加的光程差.

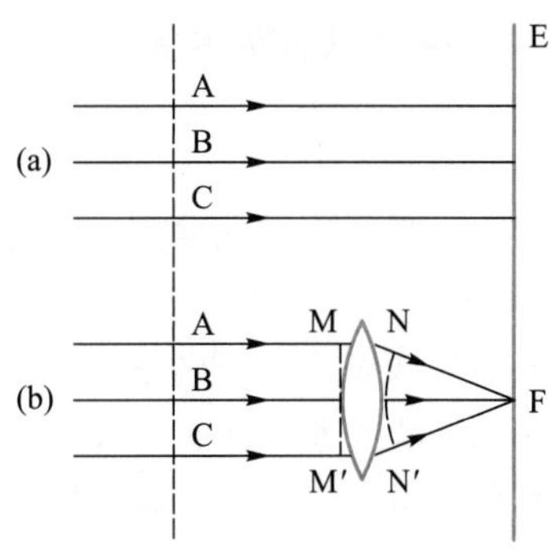

图 12.11

例 12.2 在杨氏双缝干涉实验中, 波长 $\lambda=550\ \text{nm}$ 的单色平行光垂直入射到缝间距 $a=2\times10^{-4}\ \text{m}$ 的双缝上, 屏到双缝的距离 $D=2\ \text{m}$.

(1) 求中央明纹两侧的两条第 10 级明纹中心的间距;

(2) 用一厚度为 $e=6.6\times10^{-6}\ \text{m}$、折射率为 $n=1.58$ 的玻璃片覆盖一缝后,

零级明纹将移到原来的第几级明纹处?

解 (1)

$$\Delta x = 20D\lambda/a = 0.11\ \text{m}$$

(2) 覆盖玻璃片后, 零级明纹应满足

$$(n-1)e + r_1 = r_2$$

设不盖玻璃片时, 此点为第 k 级明纹, 则应有

$$r_2 - r_1 = k\lambda$$

所以

$$(n-1)e = k\lambda$$

$$k = (n-1)e/\lambda \approx 7$$

零级明纹移到原第 7 级明纹处.

12.2 薄膜干涉

薄膜干涉现象在日常生活中是很常见的, 如雨过天晴后马路上油膜在阳光照射下呈现彩色条纹, 高级照相机镜头上见到的彩色花纹等都是日光的薄膜干涉图样. 普遍地讨论薄膜干涉是十分复杂的, 有实际意义的是厚度均匀的薄膜在无限远处的等倾干涉和厚度不均匀的薄膜在表面处的等厚干涉.

12.2.1 等倾干涉

QR12.11 语音导读 12.2.1

QR12.12 教学视频 12.2.1

考虑光源照射在表面平整、厚度均匀的薄膜上产生的干涉现象. 如图 12.12 所示, 有一块厚度为 e、折射率为 n_2 的均匀薄膜, 置于折射率为 n_1 的介质中 ($n_1 < n_2$). 设点光源 S 发出的光线斜入射到薄膜上, 一部分被上表面反射形成 1 光线, 另一部分折射进入下表面, 被下表面反射后又经过折射回到入射空间形成 2 光线. 当薄膜厚度很小时, 由反射和折射定律可知, 光线 1 和光线 2 是两条平行光线, 因此只能在无限远处相交而产生干涉. 实际应用时, 通常利用透镜将这两条光线聚焦在透镜的焦平面上, 以获得干涉条纹.

因为干涉而产生明暗条纹的条件取决于光线 1 和光线 2 到达 P 点时的光程差. 为此, 从折射线 AB 反射后的射出点 C 作光线 1 的垂线 CD, 由于从 C 点和 D 点到 P 点的光程相等 (透镜不引起附加光程差), 所以光线 1 和光线 2 的光程差就是折线 ABC 和线段 AD 两部分的光程差, 由图 12.12 可求得这一光程差为

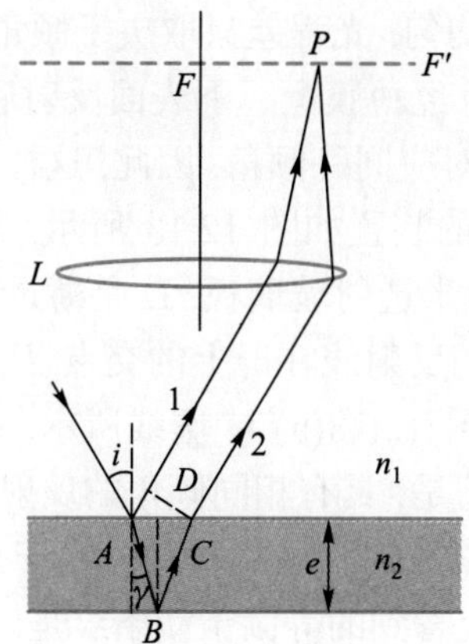

图 12.12

$$\delta = n_2(AB + BC) - n_1 AD + \frac{\lambda}{2}$$

式中, $\dfrac{\lambda}{2}$ 是因为半波损失而附加的光程差. 根据几何关系可得

$$AB = BC = \frac{e}{\cos\gamma}$$
$$AD = AC\sin i = 2e\tan\gamma\sin i$$

又根据折射定律

$$n_1 \sin i = n_2 \sin\gamma$$

所以

$$\begin{aligned}\delta &= 2n_2 AB - n_1 AD + \frac{\lambda}{2} \\ &= 2n_2\frac{e}{\cos\gamma} - n_1 2e\tan\gamma\sin i + \frac{\lambda}{2} \\ &= 2n_2 e\cos\gamma + \frac{\lambda}{2} \\ &= 2e\sqrt{n_2^2 - n_1^2\sin^2 i} + \frac{\lambda}{2}\end{aligned}$$

因此, 薄膜干涉的条件为

$$\begin{aligned}&\delta = 2e\sqrt{n_2^2 - n_1^2\sin^2 i} + \frac{\lambda}{2} = \delta(i) \\ &\delta = k\lambda \qquad k = 1, 2, 3, \cdots \text{明纹} \\ &\delta = (2k+1)\frac{\lambda}{2} \quad k = 0, 1, 2, 3, \cdots \text{暗纹}\end{aligned} \tag{12.17}$$

由此可见, 薄膜厚度 e 均匀, 光程差只取决于倾角 (指入射角 i), 凡以相同倾角入射到平行薄膜上的光线, 经薄膜上、下表面反射后的相干光有相等的光程差, 因而同一级干涉条纹的各点对应同一倾角, 因此, 这样的干涉条纹称为等倾条纹.

QR12.13 演示实验: 等倾干涉

观察反射等倾干涉条纹的装置如图 12.13 所示, 其中 S 是点光源 (也可以是扩展的面光源), M 是半反射半透射玻璃板, L 是薄透镜, H 为置于透镜焦平面上的屏幕. 为了找到彼此平行的反射线在屏上的交点 P, 只需通过透镜 L 的光心作平行于反射线的辅助线, 如图 12.13(a) 中虚线所示. 由此可以看出, P 点到屏幕中心的距离只取决于倾角. 于是, 具有相同倾角的反射线 (它们排列在同一圆锥面上) 在屏幕上交点的轨迹是以 O 为中心的圆环, 由于此圆环上各点相交的相干光线间光程差相等, 亦即屏幕上看到的等倾干涉条纹是以 O 为中心的同心圆环.

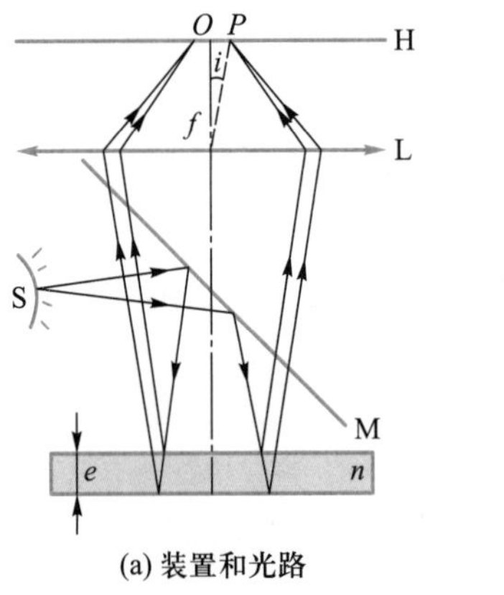

(a) 装置和光路

(b) 等倾条纹

图 12.13

光源上每一点发出的光束都产生一组相应的干涉环 (对应不同的倾角), 由于方向相同的平行光线都将被透镜会聚到焦平面上同一点, 所以, 由光源上不同点发出的光线, 只要它们有相同的倾角, 它们形成的干涉环都将重叠在一起, 总光强为各个干涉环光强的非相干叠加. 若将点光源换成扩展光源, 干涉条纹的强度会大大加强, 明暗对比更为鲜明, 所以, 在观察等倾条纹时采用扩展光源是有利的.

我们可以进一步分析等倾干涉圆环半径的规律. 首先, 越靠近中心点 O, 条纹对应的倾角 i 越小, 光程差就越大, 从而条纹级次就越高; 而倾角 i 越大, 相邻条纹半径之差就越小, 亦即在干涉图样中离中心 O 远的地方条纹较密, 所以等倾干涉条纹是一组内疏外密的同心圆环, 如图 12.13(b) 所示.

从薄膜透过的光线观察, 也可以看到干涉圆环; 它和反射干涉圆环是明暗互补的, 即反射光的明纹处, 透射光为暗纹, 这是因为透射光的光程差为

$$\delta' = 2e\sqrt{n_2^2 - n_1^2 \sin^2 i} \tag{12.18}$$

12.2.2 增透膜和增反膜

光在两种介质的界面上同时发生反射和折射, 从能量的角度来看, 对于任何透明介质, 光的能量并不全部透过界面, 而是总有一部分从界面上反射回来. 在空气到玻璃的界面上正入射时, 反射光能约占入射光能的 5%. 在各种光学仪器中, 为了校正像差或其他原因, 往往采用多透镜的镜头, 例如较高级的照相机物镜由 6 个透镜组成, 复杂的光学仪器可能有几十个界面. 如果每个界面上因反射光能损失 5%, 加起来的光能的损失就十分大了. 计算表明, 上述照相机物镜中光能损失达 45%, 如此巨大的反射损失是很可惜的. 此外, 这些反射光在光学仪器中还会造成有害的杂光, 影响成像的清晰度. 为了避免反射损失, 近代光学仪器中都采用真空镀膜的方法, 在透镜表面上敷上一层薄透明胶, 它能够减少光的反射, 增加光的透射, 所以称为**增透膜**(或消反射膜).

QR12.14 语音导读 12.2.2

QR12.15 教学视频 12.2.2

增透膜的原理就是薄膜的干涉, 单膜结构如图 12.14 所示, 上方介质一般为空气 (折射率为 n_0), 下方介质一般是玻璃 (折射率为 n), 它是膜层的基底. 令膜层的折射率为 n_c, $n_c < n$ 的膜称为低膜, $n_c > n$ 的膜称为高膜. 若波长为 λ 的单色光由空气垂直射到膜的表面上, 且 $n_0 < n_c < n$, 要想使在膜上、下表面反射的光干涉相消, 膜的厚度 e 应满足

$$2n_c e = (2k-1)\frac{\lambda}{2} \quad k = 1, 2, 3, \cdots \tag{12.19}$$

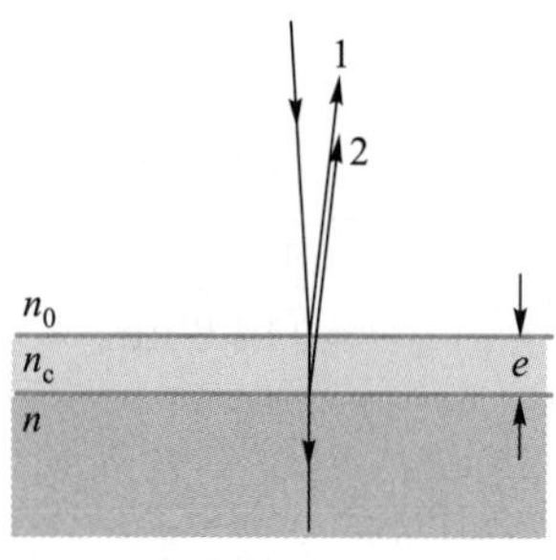

图 12.14

因而膜的最小厚度应为 (使 $k = 1$)

$$e = \frac{\lambda}{4n_c} \tag{12.20}$$

根据上面的讨论可知, 一定的膜厚只对应一种波长的光. 至于控制哪种波长的反射光达到极小, 视实际需要而定. 对于助视光学仪器或照相机, 一般选择使膜厚对应于人眼最敏感的波长为 5.5×10^{-7} m 的黄绿光. 另外, 上面的计算只考虑了反射光的相位差对干涉的影响, 实际上能否完全相消, 还要看两反射光的振幅. 如果再考虑振幅, 理论上可以证明, 当低膜折射率满足下式时, 可以实现完全相消

反射

$$n_c = \sqrt{nn_0}$$

例如: 若 $n_0 = 1$, $n = 1.52$, 则 $n_c = 1.23$. 不过实际上未找到折射率如此之低而其性能又好的材料, 目前采用的材料是 $n_c = 1.38$ 的氟化镁 (MgF_2).

在有些光学仪器中, 又常常需要提高反射光的强度, 例如激光器中的反射镜要求对某种频率的单色光的反射率在 99% 以上, 这时, 又常常在光学元件的表面镀上一层能提高反射光能量的特制介质薄膜, 称为**高反射膜**或**增反膜**. 为了实现高反射率, 常在玻璃表面交替镀上折射率不同的多层介质膜, 由于每层膜都能使同一波长的反射光加强, 所以膜的层数越多, 总反射率就越高. 不过由于介质对光能的吸收, 层数也不宜过多, 一般以十几层为佳. 采用多层薄膜, 可以使某一特定波长的光透过, 而其他波长的光都在透射过程中因干涉而相消, 从而达到对复色光滤光的目的. 在实际应用中, 由于一般总是要求反射率更高些, 而单层薄膜是达不到的, 所以多采用多层介质薄膜来制成高反射膜.

例 12.3 在折射率为 1.58 的玻璃表面镀一层 MgF_2 ($n = 1.38$) 透明薄膜作为增透膜. 欲使它对波长为 $\lambda = 632.8$ nm 的单色光在正入射时尽量少反射, 则薄膜的厚度最小应是多少?

解 尽量少反射的条件为

$$2ne = (2k-1)\frac{\lambda}{2}\ (k = 1, 2, \cdots)$$

令 $k = 1$, 得

$$\begin{aligned} d_{\min} &= \frac{\lambda}{4n} \\ &= 114.6\ \text{nm} \end{aligned}$$

12.2.3 劈尖干涉

QR12.16 语音导读 12.2.3

QR12.17 教学视频 12.2.3

观察薄膜干涉图样时, 如果光源是非单色的, 则其中不同波长的成分各自在薄膜表面形成一套干涉图样. 由于干涉条纹的间隔与波长有关, 所以各色的条纹彼此错开, 在薄膜表面形成色彩绚丽的干涉图样, 这是日常生活中很容易看到的一种光的干涉现象. 如在水面上铺展的汽油膜上、肥皂泡上以及许多昆虫 (如蜻蜓、蝉等) 的翅膀上都可以看到这种彩色干涉图样. 在实验室中, 通常利用平行光垂直入射获得此类干涉条纹, 最常见的是劈尖干涉和牛顿环的干涉.

如图 12.15 所示, 当平行单色光垂直入射于两块介质薄片 (该装置称为劈尖, 对应发生干涉的结构称为劈形膜) 时, 在劈形膜上下两表面所引起的反射光线将形成相干光. 在劈形膜厚度为 e 的 A 点处, 垂直入射光线 M 被分为两部分, 一部分被劈型膜的上表面反射, 形成反射光线 a_1; 另一部分折射入介质内部, 到达劈形膜的下表面被反射, 然后在通过上表面透射出来, 形成反射光线 b_1. 反射光线 a_1

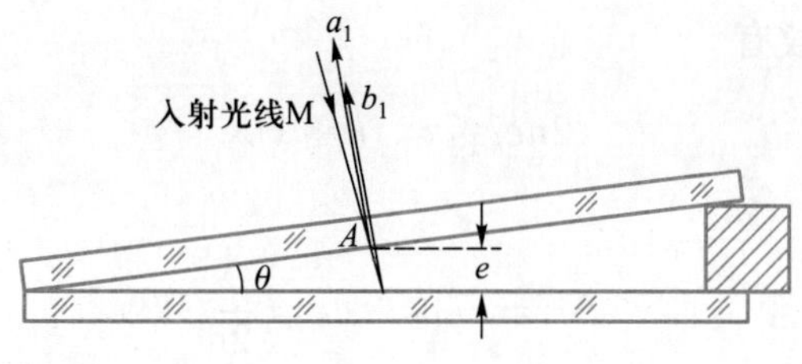

图 12.15

和反射光线 b_1 是从同一波列分割出来的, 是相干光. 反射光线 b_1 是在劈形膜的下表面反射的, 比反射光线 a_1 在介质内多走了光程 $2ne$. 此外, 入射光线在劈形膜上表面反射时, 反射光线 a_1 在 A 点处有半波损失; 而在劈形膜下表面反射的光 b_1, 是从光密介质入射到光疏介质, 没有半波损失. 所以, 两束相干光的附加光程差为 $\lambda/2$. 综上所述, 反射光线 a_1 和反射光线 b_1 的光程差为

$$\delta = 2ne + \frac{\lambda}{2} \tag{12.21}$$

因此, 劈形膜反射光的干涉条件为

$$\begin{aligned} &\delta = 2ne + \frac{\lambda}{2} = k\lambda && k = 1, 2, \cdots \text{干涉相长 (明条纹)} \\ &\delta = 2ne + \frac{\lambda}{2} = (2k+1)\frac{\lambda}{2} && k = 0, 1, 2, \cdots \text{干涉相消 (暗条纹)} \end{aligned} \tag{12.22}$$

上式表明, 凡是劈形膜上厚度相同的地方, 两相干光的光程差都一样. 因此, 劈尖干涉条纹是一系列平行于劈尖棱边的明暗相间的直条纹, 如图 12.15 所示, 这种与介质薄膜的厚度相对应的干涉条纹, 称为等厚条纹, 因此, 这类干涉称为薄膜等厚干涉.

在两块介质薄膜相接触处, $e = 0$, $\delta = \dfrac{\lambda}{2}$, 所以对应看到的是暗条纹.

设相邻两明条纹 (或暗条纹) 之间的距离为 L, Δe 为相邻两明条纹 (或暗条纹) 对应的厚度差, 从图 12.16 可以看出

$$L = \frac{\Delta e}{\sin\theta} \tag{12.23}$$

根据式 (12.22), 对于 k 级明条纹有

$$2ne_k + \frac{\lambda}{2} = k\lambda$$

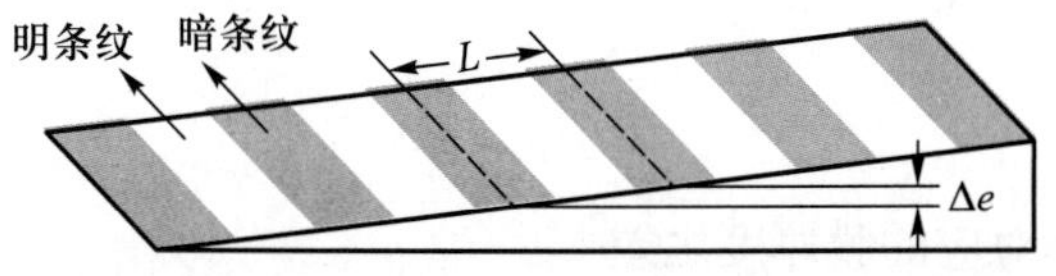

图 12.16

对于 $k+1$ 级明条纹有

$$2ne_{k+1} = (k+1)\lambda$$

两式相减得

$$\Delta e = e_{k+1} - e_k = \frac{\lambda}{2n}$$

将上式代入式 (12.23), 得

$$L = \frac{\lambda}{2n\sin\theta} \approx \frac{\lambda}{2n\theta} \tag{12.24}$$

式中 θ 为劈尖的夹角. 上式表明, 劈尖干涉形成的干涉条纹是等间距的, 条纹间距与劈尖的夹角 θ 成反比. 显然, θ 越小, 干涉条纹越疏; θ 越大, 干涉条纹越密. 如果劈尖的夹角 θ 相当大, 干涉条纹就密得无法分开. 因此, 劈尖干涉条纹只能在很尖的劈尖上看到.

例 12.4 波长为 λ 的单色光垂直照射到折射率为 n_2 的劈形膜上, 如图 12.17 所示, 图中 $n_1 < n_2 < n_3$, 观察反射光形成的干涉条纹.

(1) 从劈形膜顶部 O 开始向右数起, 第 5 条暗条纹中心所对应的薄膜厚度 e_5 是多少?

(2) 相邻的两条明条纹所对应的薄膜厚度之差是多少?

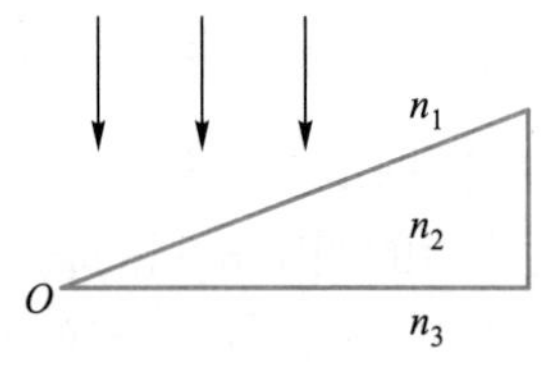

图 12.17

解 因为

$$n_1 < n_2 < n_3$$

两束反射光之间没有附加相位差 π, 光程差为

$$\delta = 2n_2 e$$

第 5 条暗条纹中心对应的薄膜厚度为 e_5, 有

$$2n_2 e_5 = (2k-1)\lambda/2 \quad k=5$$

$$e_5 = (2\times 5 - 1)\,\lambda/4n_2 = 9\lambda/4n_2$$

明条纹的条件是

$$2n_2 e_k = k\lambda$$

相邻两条明条纹所对应的膜厚度之差

$$\Delta e = e_{k+1} - e_k = \lambda/(2n_2)$$

12.2.4 牛顿环

QR12.18 语音导读 12.2.4

在一光学平板玻璃上放一曲率半径为 R 的平凸透镜, 两者之间形成厚度不均匀的空气薄膜, 如图 12.18(a) 所示, 当平行光垂直地照向平凸透镜时, 由于透镜下表面所反射的光和平板玻璃的上表面所反射的光发生干涉, 可以在显微镜中观察到透镜表面出现一组等厚干涉条纹, 这些条纹都是以接触点为圆心的一系列间距不等的同心圆环, 称为**牛顿环**, 如图 12.18(c) 所示.

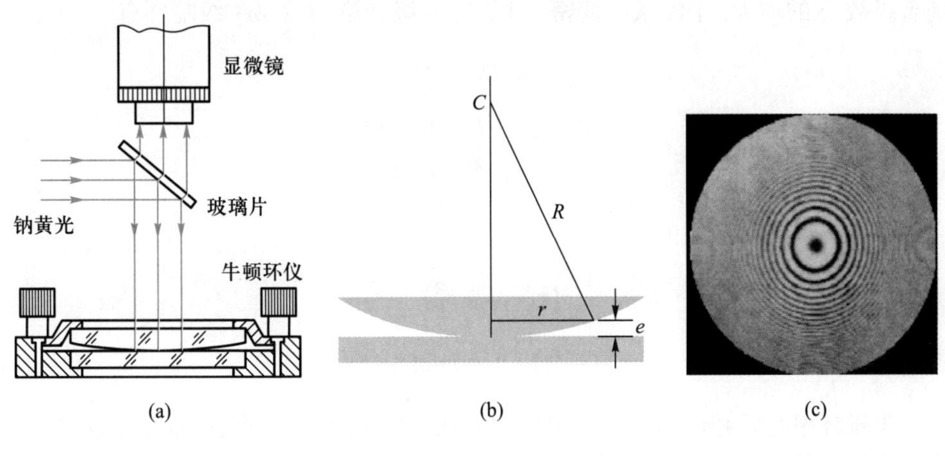

图 12.18

QR12.19 教学视频 12.2.4

下面我们定量地分析牛顿环的环纹半径 r, 光波波长 λ 和平凸透镜的曲率半径 R 之间的关系, 在图 12.18(b) 中, 设 e 为半径 r 的牛顿环对应的空气膜层的厚度, 考虑到光在空气膜下表面反射的光, 是从光疏介质 (空气) 射向光密介质 (玻璃), 有半波损失; 而在空气膜的上表面反射的光, 是从光密介质 (玻璃) 射向光疏介质 (空气), 没有半波损失, 所以, 在空气膜上、下表面反射的两束反射光的光程差为

$$\delta = 2e + \frac{\lambda}{2} \tag{12.25}$$

由图 12.18(b) 可得

$$r^2 = R^2 - (R-e)^2 = 2eR - e^2$$

由于 $R>>e$, 可以略去 e^2, 所以

$$r^2 = 2eR \tag{12.26}$$

即

$$e = \frac{r^2}{2R} \tag{12.27}$$

上式说明 e 与 r 的平方成正比, 所以离中心越远, 光程差增加越快, 所看到的牛顿环也变得越来越密, 由式 (12.25) 和式 (12.27) 可求得, 在反射光中, 干涉明环和干涉暗环的半径分别为

QR12.20 演示实验: 牛顿环

$$r=\sqrt{\frac{(2k-1)R\lambda}{2}} \quad k=1,2,3,\cdots \text{明环} \tag{12.28}$$

$$r=\sqrt{kR\lambda} \quad k=0,1,2,\cdots \text{暗环} \tag{12.29}$$

随着级数 k 的增大, 干涉条纹变密, 对于第 k 级和第 $(k+m)$ 级暗环有

$$r_k^2=kR\lambda$$
$$r_{k+m}^2=(k+m)R\lambda$$
$$r_{k+m}^2-r_k^2=mR\lambda$$

由此可得透镜曲率半径为

$$\begin{aligned}R&=\frac{1}{m\lambda}\left(r_{k+m}^2-r_k^2\right)\\&=\frac{1}{m\lambda}\left(r_{k+m}-r_k\right)\left(r_{k+m}+r_k\right)\end{aligned} \tag{12.30}$$

牛顿环中心处相应的空气层厚度 $e=0$, 而实验观察到的是一暗环, 这是因为光从光疏介质到光密介质界面反射时有相位 π 的突变缘故, 即存在半波损失.

当把牛顿环装置放入水中或其他介质中时, 牛顿环干涉条纹将如何变化? 请读者思考.

牛顿环与等倾干涉条纹都是一组明暗相间的、内疏外密的同心圆环, 但牛顿环的条纹级次是由环心向外递增的, 而等倾干涉条纹则反之.

例 12.5 在牛顿环装置的平凸透镜和平板玻璃间充以某种透明液体, 观测到第 10 个明环的直径由充液前的 14.8 cm 变成充液后的 12.7 cm, 求这种液体的折射率 n.

解 设所用的单色光的波长为 λ, 则该单色光在液体中的波长为 λ/n. 根据牛顿环的明环半径公式

$$r=\sqrt{(2k-1)R\lambda/2}$$

有

$$r_{10}^2=19R\lambda/2$$

充液后有

$$r_{10}'^2=19R\lambda/(2n)$$

由以上两式可得

$$n=r_{10}^2/r_{10}'^2\approx 1.36$$

12.2.5 迈克耳孙干涉仪

干涉仪是用来实现光的干涉的仪器, 其基本原理是通过干涉仪器使一束入射光分为两束相干光, 然后让两束相干光经过不同的光路后进行叠加以实现光的干涉. 干涉仪的种类很多, 常用的有迈克耳孙干涉仪、马赫–曾德尔干涉仪、法布里–珀罗干涉仪等, 其中, 迈克耳孙干涉仪最具有代表性.

QR12.21 语音导读 12.2.5

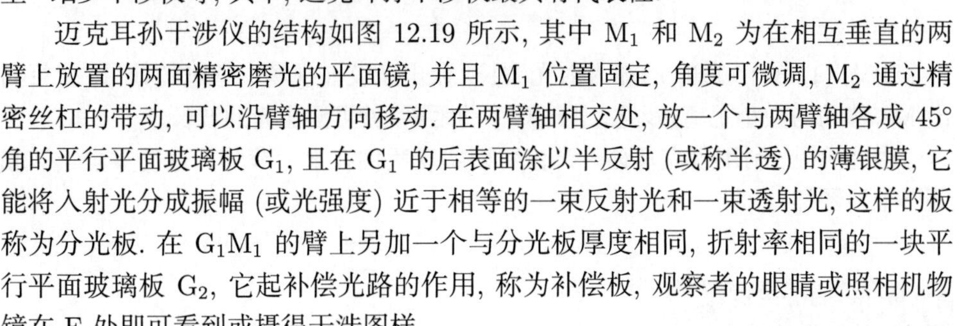

迈克耳孙干涉仪的结构如图 12.19 所示, 其中 M_1 和 M_2 为在相互垂直的两臂上放置的两面精密磨光的平面镜, 并且 M_1 位置固定, 角度可微调, M_2 通过精密丝杠的带动, 可以沿臂轴方向移动. 在两臂轴相交处, 放一个与两臂轴各成 45° 角的平行平面玻璃板 G_1, 且在 G_1 的后表面涂以半反射 (或称半透) 的薄银膜, 它能将入射光分成振幅 (或光强度) 近于相等的一束反射光和一束透射光, 这样的板称为分光板. 在 G_1M_1 的臂上另加一个与分光板厚度相同, 折射率相同的一块平行平面玻璃板 G_2, 它起补偿光路的作用, 称为补偿板, 观察者的眼睛或照相机物镜在 E 处即可看到或摄得干涉图样.

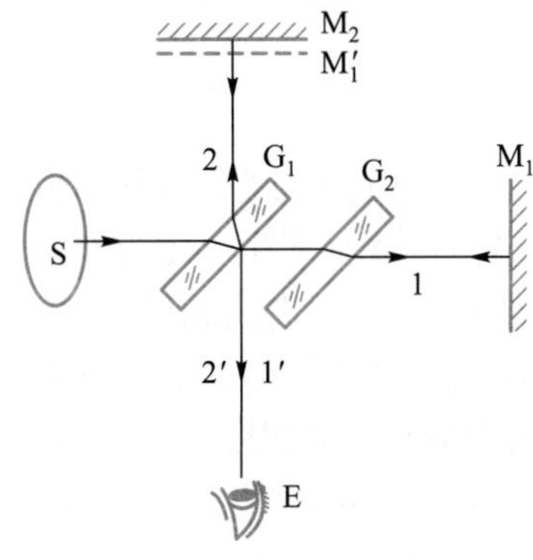

图 12.19

自扩展面光源 S 发出的光线, 射到分光板 G_1 后被分解为透射光束 1 和反射光束 2, 两束光有近似相等的振幅或光强度, 透射光束 1 通过玻璃板 G_2 射向 M_1, 经 M_1 反射后又经过 G_2 到达 G_1, 再经半反射膜反射到 E 处, 这样光束 1′ 和 2′ 是相干光, 在 E 处可观察到干涉图样. 当平面镜 M_1 和 M_2 至分光板 G_1 半反射膜中心的距离 M_1G_1 和 M_2G_1 相等时, 为了使光束 1 和光束 2 在仪器中的光程也相等, 则须加补偿板 G_2, 由于 G_2 的插入, 光束 1 和光束 2 一样都是三次通过玻璃板, 这样光束 1 和光束 2 的光程差就与在玻璃板中的光程无关了. 分光板 G_1 后表面的半反射膜使 M_1 在 M_2 附近成一个虚像 M_1', 光束 1′ 如同从 M_1' 反射的一样, 因而干涉所产生的图样就如同由 M_1' 和 M_2 之间的空气膜产生的一样.

现在我们来分析迈克耳孙干涉仪产生的各种干涉图样. 假如 M_1 与 M_2 严格垂直, 则 M_1' 和 M_2 之间的空气层可等效成一平行平面空气膜, 这时可以观察到等倾条纹. 假如 M_1 和 M_2 不严格垂直, 则 M_1' 和 M_2 就不严格平行, M_1' 与 M_2 之间的空气层可等效成一空气劈尖, 这时可以观察到等厚条纹, 当反射镜 M_2 平移时,

QR12.22 干涉的应用

空气层厚度改变, 可以方便地观察条纹的变化, 若 M_2 平移的距离为 $\dfrac{\lambda}{2}$, 则在视场中某点将观察到移过一条干涉条纹 (或某干涉条纹移过一个条纹间距), 若数出视场中移过的条纹数目为 N, 则 M_2 移动的距离为 d, 即

$$d = N\frac{\lambda}{2} \tag{12.31}$$

由式 (12.31) 可知, 已知入射光波长, 数出条纹在视场中移过的数目, 就可测出 M_2 移动的微小距离; 反之, 若已知移动距离, 就可测出光的波长.

由此可见, 利用迈克耳孙干涉仪可以实现我们在上一节分析过的等倾干涉和等厚干涉图样.

12.3 光的衍射

12.3.1 光的衍射现象

QR12.23 语音导读 12.3.1

光的衍射现象是指当光在传播过程中遇到障碍物后会偏离原来的直线传播方向, 并在绕过障碍物后空间各点的光强产生一定分布规律的现象. 水波可以绕过闸口, 声波可以绕过门窗, 无线电波可以绕过高山等, 都是波的衍射现象. 由于光波的波长很短, 因此在一般情况下, 光的衍射现象并不明显. 实验表明, 只有当障碍物的大小和光的波长可以相比拟时才能观察到明显的衍射现象.

光的衍射现象的实验装置一般由光源、衍射屏和观察屏三部分组成. 根据三者间相互距离的不同, 通常将衍射分为两类: 一类是衍射屏离光源和观察屏的距离为有限远的衍射, 称为菲涅耳衍射 [如图 12.20(a) 所示]; 另一类是衍射屏离光源和观察屏的距离都是无限远的衍射, 也就是照射在衍射屏上的入射光和离开衍射屏的衍射光都是平行光的衍射, 称为夫琅禾费衍射 [如图 12.20(b) 所示], 夫琅禾费衍射可用两个会聚透镜来实现 (如图 12.21 所示). 由于在大多数光学仪器中出现的主要是夫琅禾费衍射, 而且其分析和计算比菲涅耳衍射简单, 因此本章只讨论夫琅禾费衍射.

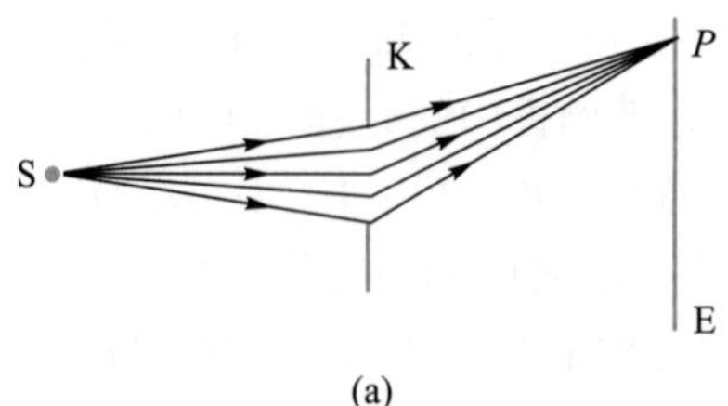

(a)

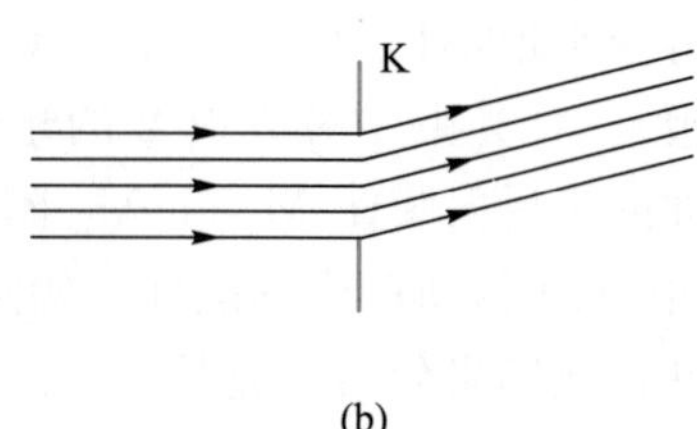

(b)

图 12.20

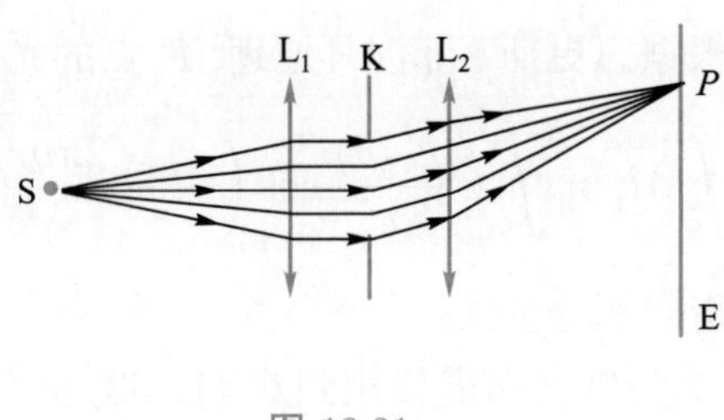

图 12.21

12.3.2 惠更斯–菲涅耳原理

惠更斯原理是指: 波阵面上的每一点都可以看成发射子波的新波源, 任意时刻所有子波的包络面构成新的波阵面. 惠更斯原理反映了机械波在传播过程中可以改变传播的方向, 由于光也是一种波, 所以, 光波的传播也服从惠更斯原理, 即光在传播时也可以改变传播方向. 运用惠更斯原理可以定性地解释光的衍射现象, 但无法解释光的衍射图样中的光强分布.

QR12.24 语音导读 12.3.2

为了解释衍射图样的光强分布, 菲涅耳对惠更斯原理作出了补充和发展, 即: 从同一波阵面上各点发出的子波, 它们是相干波, 在传播过程中空间在某点相遇时也能相互叠加而产生干涉, 空间各点波的强度由各子波在该点的相干叠加所决定.

惠更斯原理与菲涅耳的补充构成了惠更斯–菲涅耳原理, 它是讨论光的衍射的理论基础, 它第一次成功地解释光产生衍射的原因, 并且能够计算不同衍射屏的衍射场光强分布.

如图 12.22 所示, 波面 S 是波动在某时刻的波前, 该波面 S 上各面积元 $\mathrm{d}S$ 发出的子波在 P 点引起的振动的振幅, 正比于该面元的面积 $\mathrm{d}S$, 反比于 $\mathrm{d}S$ 到 P 点的距离 r, 并且和 $\mathrm{d}S$ 与 r 之间的夹角 θ 有关, 次波在 P 点的相位仅取决于光程 nr, 如果 $t=0$ 时波前 S 的相位为零, 则面积元 $\mathrm{d}S$ 在 P 点引起的光振动可以表示为

$$\mathrm{d}E = CK(\theta)\frac{\mathrm{d}S}{r}\cos\left(\omega t - \frac{2\pi nr}{\lambda}\right) \tag{12.32}$$

式中 C 为比例系数, $K(\theta)$ 为倾斜因子, 随着 θ 角的增大而减少, 当 $\theta=0$ 时,

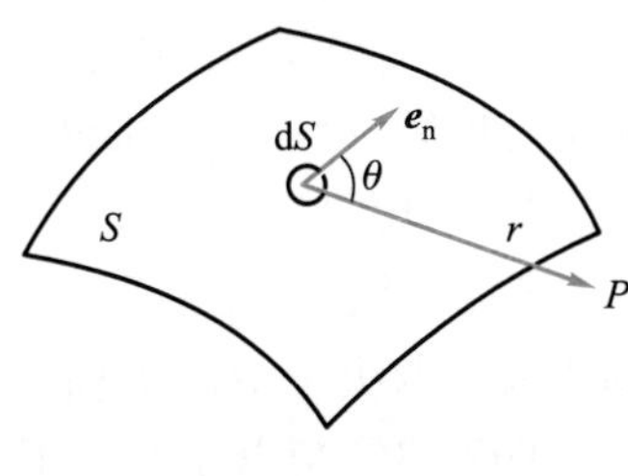

图 12.22

$K(\theta)$ 最大, 可取为 1, 根据惠更斯–菲涅耳原理, P 点的光振动为

$$E=\int_S \mathrm{d}E=\int_S C\frac{K(\theta)}{r}\cos\left(\omega t-\frac{2\pi nr}{\lambda}\right)\mathrm{d}S \tag{12.33}$$

式 (12.33) 称为菲涅耳衍射积分公式.

研究光的衍射条纹的强度分布需要用到式 (12.33) 来计算 P 点的振动, 由于这个积分比较复杂, 计算比较困难, 通常是用半波带法来定性地讨论光在衍射时衍射条纹的强度分布的问题.

惠更斯–菲涅耳原理的实质是子波之间发生的相干叠加, 光的衍射可视为无数个子波干涉的结果, 因此光的衍射是一种比较复杂的干涉现象.

12.3.3 单缝夫琅禾费衍射

QR12.25 语音导读 12.3.3

QR12.26 教学视频 12.3.3

单缝夫琅禾费衍射如图 12.23 所示. 单色光源 S 置于透镜 L_1 的焦平面上, 经透镜 L_1 折射成为平行光, 并垂直入射在狭缝 AB 上, 狭缝宽度为 a, 光通过狭缝后由于衍射, 将向各个方向传播, 衍射光与狭缝所在平面法线的倾角 ϕ 称为衍射角. 入射到狭缝上的平面波只有处于狭缝 AB 间的波阵面可以通过, 根据惠更斯–菲涅耳原理, 波阵面 AB 上所有子波波源都向各个方向发射子波, 所有衍射角 ϕ 相同的衍射光线经透镜 L_2 后将会聚在置于其焦平面处的观察屏 E 上. 按照惠更斯–菲涅耳原理, AB 上所有的子波源都是相干波源, 且相位相同, 它们在 L_2 的焦平面上相遇产生干涉. 下面用半波带法研究单缝衍射条纹的特点.

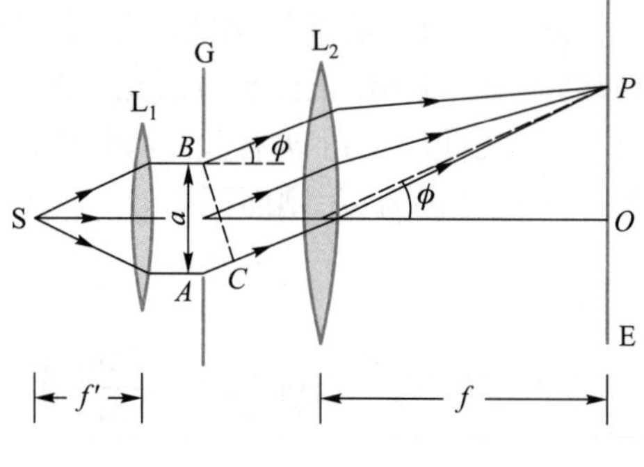

图 12.23

QR12.27 演示实验: 单缝衍射

首先考虑沿入射方向传播的各子波光线, 它们经透镜 L_2 会聚于焦点 O, 由于 AB 是同相面, 所以这些子波的相位是相同的, 它们经透镜后不会引起附加的光程差, 在 O 点会聚时仍保持相同的相位, 因而互相加强. 这样, 在正对狭缝中心的屏幕 O 点处所出现的是明条纹, 称为中央明条纹.

然后再研究其他方向上的子波光线, 沿衍射角 ϕ 前进的平行光经透镜 L_2 会聚于屏幕上的 P 点, P 点的明或暗取决于 AB 波面上无数子波传到 P 点处彼此干涉的结果. 如果过 B 点作一平面 BC 与以 ϕ 角衍射的一束平行光相垂直. 由于透镜的等光程性, 则波面 BC 上各点到达 P 点的光程都相等, 那么波面 AB 上各

点到达 P 点的光程差就等于波面 AB 到波面 BC 之间的光程差. 这些光线中最大的光程差就是单缝两端边缘处的两条光线的光程差, 其大小为 $AC = a\cdot\sin\phi$, P 点处的明或暗就取决于这个最大光程差.

如果 AC 恰好是 $\dfrac{\lambda}{2}$ 的整数倍, 可以作许多彼此相距 $\dfrac{\lambda}{2}$ 的平行于 BC 的平面, 这样就可以把单缝 AB 分成许多等宽度的纵长条带, 称为 "波带", 由于相邻两波带上的对应点发出的光的光程差均为半个波长, 所以这样的条带又称 "半波带", 如图 12.24 所示.

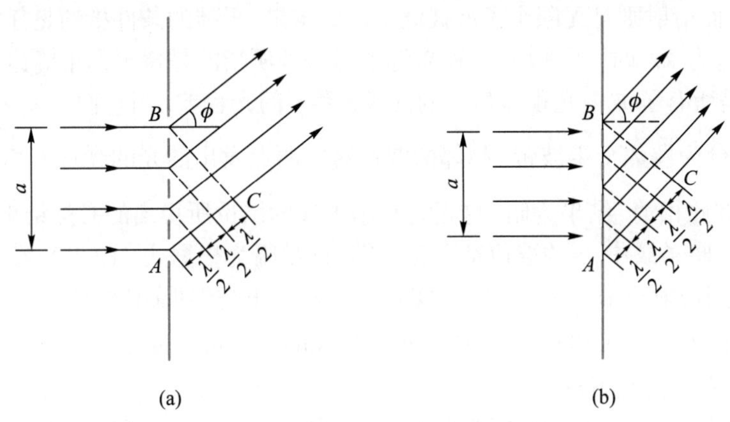

图 12.24

半波带的个数取决于两边缘处光线之间的最大光程差 $AC = a\cdot\sin\phi$. 衍射角 ϕ 不同, 单缝处波阵面分出的半波带个数不同.

如果 AC 恰好是 $\dfrac{\lambda}{2}$ 的偶数倍, 则单缝处波阵面分为偶数个半波带, 由于相邻两半波带的对应点上发出的光线的光程差均为 $\dfrac{\lambda}{2}$, 即相差为 π, 彼此干涉相消, 这样一对对相邻半波带发出的光都分别在 P 点相互干涉抵消, 所以 P 点应是暗条纹中心.

如果 AC 恰好是 $\dfrac{\lambda}{2}$ 的奇数倍, 则单缝处波阵面分为奇数个半波带, 那么一对对相邻的半波带发出的光分别在 P 点相互干涉相消后, 还剩一个半波带发出的光到达 P 点, 这时 P 点应为明条纹中心.

如果 AC 不恰好是 $\dfrac{\lambda}{2}$ 的整数倍, 即对于任意衍射角 ϕ, AB 一般不能恰巧分成整数个半波带, 此时, 衍射光束形成介于最明和最暗之间的中间区域.

综上所述, 当平行光垂直于单缝平面入射时, 单缝衍射形成的明暗条纹的条件为

中央明条纹中心 $\qquad\qquad \phi = 0$

暗条纹中心

$$a \cdot \sin\phi = \pm 2k\frac{\lambda}{2}, \quad k = 1, 2, 3, \cdots \tag{12.34}$$

明条纹中心 (近似)

$$a \cdot \sin\phi = \pm(2k+1)\frac{\lambda}{2}, \quad k = 1, 2, 3, \cdots \tag{12.35}$$

这里值得注意的是, 单缝衍射明暗条件从形式上看刚好与干涉的条件相反, 两者似乎有矛盾, 其实干涉和衍射的本质都是波相干叠加的结果, 但是干涉是有限束光的叠加, 而衍射则是无限个子波彼此干涉的结果. 干涉的条件指的是任意两条光线的光程差为 $k\lambda$ 时, 干涉加强, 而单缝衍射条件所指的是特定的单缝边缘两条光线 (也就是所有子波中光程差最大的两条光线) 的光程差, 当它们相差 $k\lambda$ 时, 把单缝 AB 分为偶数个半波带, 相邻两波带对应两点发出的光的光程差均为 $\frac{\lambda}{2}$, 按干涉条件彼此相消, 结果为暗, 这正是利用干涉的结论所得出的必然结果. 还要注意的是明、暗条纹中 k 的取值都不能为零. 这是因为根据式 (12.34), 在暗条纹中若 $k=0$, 则衍射角 ϕ 必然为零, 但实际上 $\phi=0$ 正是中央明纹位置.

在明条纹条件中, 若 $k=0$, 则中央明条纹的衍射符合 $a \cdot \sin\phi = \frac{\lambda}{2}$, 而不在正中央, 这与实际情况不符.

设单缝宽度为 a, 缝与屏幕间距为 D, 透镜的焦距为 f, 由于透镜是薄透镜, 且离单缝很近, 所以 $D \approx f$, 当衍射角 ϕ 很小时, 则有

$$\sin\phi \approx \tan\phi = \frac{x}{f}$$

根据式 (12.34) 和式 (12.35) 可得

$$a\sin\phi = \begin{cases} 0 & & \text{中央明条纹} \\ \pm k\lambda = \pm(2k)\dfrac{\lambda}{2} & k = 1, 2, \cdots & \text{暗条纹} \\ \pm(2k+1)\dfrac{\lambda}{2} & k = 1, 2, \cdots & \text{明条纹} \end{cases}$$

于是有

$$x = \begin{cases} 0 & & \text{中央明条纹} \\ \pm k\dfrac{f\lambda}{a} & k = 1, 2, \cdots & \text{暗条纹} \\ \pm\dfrac{2k+1}{2}\dfrac{f\lambda}{a} & k = 1, 2, \cdots & \text{明条纹} \end{cases} \tag{12.36}$$

由此可见, 在中央明条纹的两侧出现明暗相间、对称分布的直条纹, 且相邻条纹的间距为

$$\Delta x = (k+1)\frac{f\lambda}{a} - k\frac{f\lambda}{a} = \frac{f\lambda}{a} \tag{12.37}$$

中央明条纹宽度为 $k=1$ 与 $k=-1$ 级暗条纹中心之间的距离, 所以中央明条纹宽度为

$$\Delta x_0 = 2\frac{f\lambda}{a} \tag{12.38}$$

是其他各级明条纹宽度的两倍.

相邻条纹的间距也可以用相邻两个暗条纹 (或明条纹) 所在点对透镜光心所张的角度 (称为角宽度) $\Delta\phi$ 表示, 显然, 条纹的角宽度为

$$\Delta\phi = \phi_{k+1} - \phi_k = \frac{(k+1)\lambda}{a} - \frac{k\lambda}{a} = \frac{\lambda}{a} \tag{12.39}$$

$$\Delta\phi_0 = 2\frac{\lambda}{a} \tag{12.40}$$

由式 (12.39) 和式 (12.40) 可见: 条纹的间距 (或角宽度) 与单缝的宽度 a 成反比, 单缝宽度越窄, 条纹间距越大, 衍射越明显, 这正反映了 "限制" 与 "扩展" 的辩证关系. 当宽度远较波长大时, 即 $a >> \lambda$ 时, 则 $\Delta x \to 0$ (或 $\Delta\phi \to 0$), 各级条纹的间隔非常小, 且均向中央明条纹靠近, 于是在屏幕上形成单缝的像, 这时光可视为直线传播.

单缝衍射光强分布如图 12.25 所示, 此图表明, 单缝衍射图样中各明条纹处的光强是不相同的, 80% 以上光强集中在中央明条纹区域, 随着级数的增加, 其他明条纹光强迅速减弱. 这是由于随着级数的增加, 对应的衍射角增大, 边缘光线的光程差随着增大, 于是分成的波带数目增加, 这样最后未被抵消的波带面积占单缝面积比例减小, 所以光强就减弱.

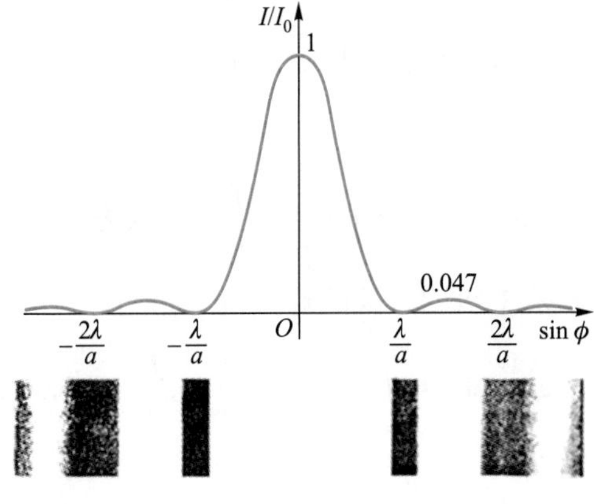

图 12.25

例 12.6 某种单色平行光垂直入射在单缝上, 单缝宽 $a = 0.15$ mm. 缝后放一个焦距 $f = 400$ mm 的凸透镜, 在透镜的焦平面上, 测得中央明条纹两侧的第 3 级暗条纹之间的距离为 8.0 mm, 求入射光的波长.

解 设第 3 级暗条纹在 ϕ_3 方向上, 则有

$$a\sin\phi_3 = 3\lambda$$

此暗条纹到中心的距离为

$$x_3 = f\tan\phi_3$$

因为 ϕ_3 很小, 可认为 $\tan\phi_3 \approx \sin\phi_3$, 所以

$$x_3 \approx \frac{3f\lambda}{a}$$

两侧第 3 级暗条纹的距离是

$$2x_3 = \frac{6f\lambda}{a} = 8.0\ \mathrm{mm}$$

所以

$$\lambda = \frac{x_3 a}{3f} = 500\ \mathrm{nm}$$

例 12.7 在单缝的夫琅禾费衍射中, 缝宽 $a = 0.100\ \mathrm{mm}$, 平行光垂直入射在单缝上, 波长 $\lambda = 500\ \mathrm{nm}$, 会聚透镜的焦距 $f = 1.00\ \mathrm{m}$. 求中央明条纹旁的第 1 级明条纹的宽度 Δx $(1\ \mathrm{nm} = 10^{-9}\ \mathrm{m})$.

解 单缝衍射第 1 级暗条纹条件和位置坐标 x_1 为

$$a\sin\phi_1 = \lambda$$

$$x_1 = f\tan\phi_1 \approx f\sin\phi_1 \approx \frac{f\lambda}{a} \quad (\text{因为 } \phi_1 \text{ 很小})$$

单缝衍射第 2 级暗条纹条件和位置坐标 x_2 为

$$a\sin\phi_2 = 2\lambda$$

$$x_2 = f\tan\phi_2 \approx f\sin\phi_2 \approx \frac{2f\lambda}{a} \quad (\text{因为 } \phi_2 \text{ 很小})$$

单缝衍射中央明条纹旁第 1 级明条纹的宽度为

$$\Delta x_1 = x_2 - x_1 \approx f\left(\frac{2\lambda}{a} - \frac{\lambda}{a}\right) = \frac{f\lambda}{a} = 5.00\ \mathrm{mm}$$

QR12.28 语音导读 12.3.4

12.3.4 圆孔衍射和光学仪器的分辨本领

1. 圆孔夫琅禾费衍射

如果用圆孔代替单缝夫琅禾费实验装置中的狭缝, 当入射光垂直地照射到圆孔上时, 在接收屏上可观察到明暗相间的同心圆环形衍射条纹, 即圆孔夫琅禾费衍

射图样. 其中, 在中央处为一个圆形亮斑, 称为艾里斑. 如果增大圆孔的直径直至 $d>>\lambda$, 衍射图样将向中心靠拢, 最后形成一个亮斑, 这就是孔的几何像. 圆孔衍射现象普遍存在于光学仪器中, 如照相机、显微镜等, 所有对波阵面有限制的孔径都会产生衍射现象, 从而影响光学仪器分辨物体细节的能力.

圆孔夫琅禾费衍射图样和强度分布如图 12.26 所示. 从图中可以看到, 中心部分的光强最大, 称为中央极大, 以中央极大对称分布的艾里斑的光强最大, 占整个入射光强度的 83.78%, 艾里斑的中心是对应极限下几何光学的像点. 而艾里斑的半角宽度 ϕ_0 与圆孔直径 D 及光波波长 λ 之间的关系为

$$\phi_0 \approx \sin\phi_0 = 1.22\frac{\lambda}{D} = \frac{d/2}{f} \tag{12.41}$$

其中, D 为圆孔直径, d 为艾里斑直径, f 为透镜焦距. 艾里斑的大小反映了衍射角度分布的弥散程度, 同时也体现了衍射效应的强弱程度.

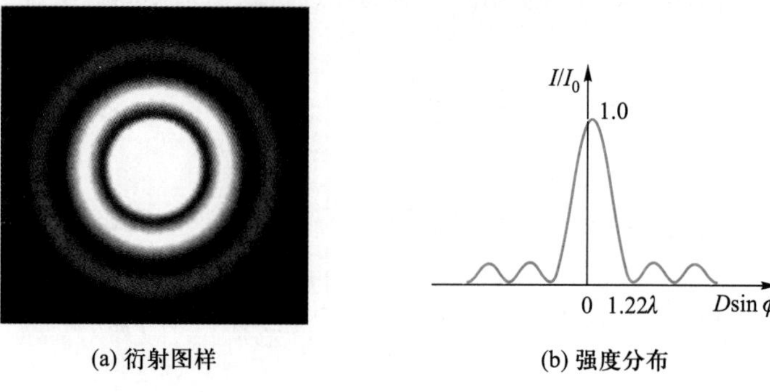

(a) 衍射图样　　(b) 强度分布

图 12.26

在中央亮斑外围还存在一系列强度逐渐减弱的亮环, 在两个相邻暗环之间必有一个次极大, 其中第 1、第 2、第 3 级次极大占总入射光强的比例分别为 1.75%、0.42%、0.16%.

2. 光学仪器的分辨率

圆孔夫琅禾费衍射的图样是一系列明、暗相间的同心圆环, 中央为一圆形的艾里斑. 而各种光学仪器如照相机镜头、望远镜、显微镜等的透镜边缘都相当于一个透光的圆孔, 因此, 光线透过透镜时都要发生圆孔夫琅禾费衍射, 如果有两个光点靠得很近, 它们通过透镜产生的艾里斑就会重叠在一起, 这时就无法从衍射图样中区分是一个艾里斑还是两个艾里斑, 也就是说, 光的衍射现象限制了光学仪器的分辨能力.

如图 12.27 所示, a、b 两点通过透镜后形成两个艾里斑, 右边是这两个艾里斑的强度分布, 当 a、b 两点距离比较远时, 所形成的两个艾里斑能够清楚地分辨出来 [图 12.27(a)], 当 a、b 两点距离比较近时, 所形成的两个艾里斑几乎完全重

叠在一起而无法分辨 [图 12.27(c)], 而在图 12.27(b) 中, 其中一个艾里斑的极大处刚好落在另一个艾里斑的极小处, 这时, 光学仪器恰好能够分辨出是两个点, 这就是由瑞利提出的光学仪器分辨率的判据. 将两物点对透镜光心的张角 θ_0 称为光学仪器的最小分辨角.

$$\theta_0 = 1.22\frac{\lambda}{D} \tag{12.42}$$

而将光学仪器最小分辨角的倒数 $1/\theta_0$ 称为光学仪器的分辨率.

$$\frac{1}{\theta_0} = \frac{D}{1.22\lambda} \tag{12.43}$$

从式 (12.43) 可以看到, 光学仪器的分辨率与仪器的孔径及光波波长有关, 孔径越大、光波波长越短, 则光学仪器的分辨率越高. 在天文观测中, 波长由星球发出的光所决定, 为了分辨两个靠得很近的星球, 可以使用孔径大的天文望远镜; 而在用显微镜观测细胞结构时, 可以使用波长短的光进行照明来提高显微镜的分辨率.

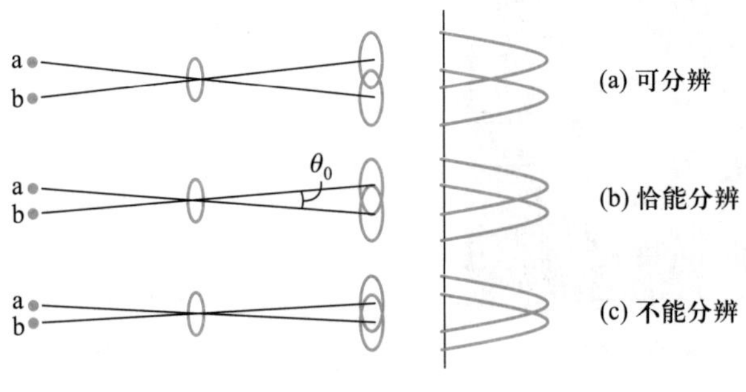

图 12.27

12.4 光栅衍射

12.4.1 衍射光栅

QR12.29 语音导读 12.4.1

QR12.30 教学视频 12.4.1

在实际应用中, 人们总希望衍射的条纹亮度大一些, 同时条纹间距也要大一些, 但是对单缝衍射而言, 这两个因素往往是矛盾的, 若想使亮度大一点, 可把缝宽 a 加大, 让更多的光通过, 但是 a 大了, 条纹间距将变小, 使得条纹难以分辨; 反之, 若想使条纹间距变大, 就需要将 a 变小, 这样又使通过 a 的光少了, 条纹的亮度也相应地减少了. 在实际生活中, 常用光透过光栅产生明亮尖锐的明条纹来测量光波波长和其他有关的量值.

由大量等间距、等宽度的平行狭缝所组成的光学元件称为光栅. 用于透射光衍射的光栅称为透射光栅, 用于反射光衍射的光栅称为反射光栅. 常用的光栅是在一块玻璃片上刻画许多等间距、等宽度的平行刻痕制成的, 刻痕处相当于毛玻璃不透光, 刻痕中间的光滑部分可以透光, 相当于单缝. 如图 12.28 所示, 设光栅透光部分宽度为 a (即单缝宽度), 不透光部分宽度为 b, 则 $a+b=d$ 称为光栅常量, 它是光栅的空间周期性的表示. 现代用的光栅, 在 1 cm 内, 可刻上 $10^3 \sim 10^4$ 条刻痕, 所以一般的光栅常量数量级为 $10^{-6} \sim 10^{-5}$ m.

QR12.31 演示实验: 光栅衍射

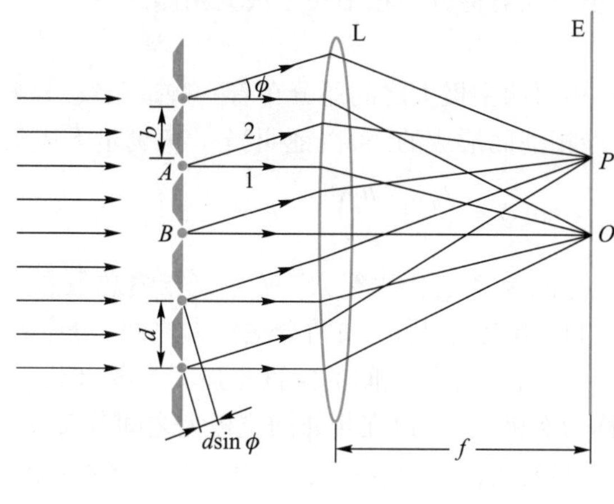

图 12.28

12.4.2 光栅衍射现象与规律

平行单色光垂直照射在光栅上, 由光栅射出的光线经透镜 L 后, 会聚于屏幕 E 上, 在屏幕上出现平行于狭缝的明暗相间的光栅衍射条纹. 这些条纹的特点是: 明条纹很亮很窄, 相邻明纹间的暗区很宽, 衍射图样十分清晰.

QR12.32 语音导读 12.4.2

光栅方程

光栅是由许多单缝所组成, 每个缝都在屏幕上各自形成单缝衍射图样, 由于各缝的宽度均为 a, 故它们形成的衍射图样都相同, 且在屏幕上相互间完全重合. 例如, 各缝中 ϕ 角为 0 的衍射光 (垂直透镜入射的平行光) 经透镜 L 后, 都会聚在透镜主光轴的焦点上, 即图 12.28 中的 O 点, 这就是各单缝衍射的中央明条纹的中心位置. 另一方面, 各单缝的衍射光在屏幕上重叠时, 由于它们都是相干光, 所以缝与缝之间的衍射光将产生干涉, 其干涉条纹的明暗分布取决于相邻两缝到会聚点的光程差. 因此, 分析屏幕上形成的光栅衍射条纹既要考虑到各单缝的衍射, 又要考虑到各缝之间的干涉, 即考虑单缝衍射与多缝干涉的总效果.

在不考虑单缝衍射效应的情况下, 观察屏上的光强分布由光栅上 N 个狭缝的多缝干涉形成. 对于衍射角 ϕ, 光栅上相邻两个狭缝发出的光到达 P 点时的光程差是相等的. 这一光程差等于

$$d \sin \phi = \pm k\lambda \quad (k = 0, 1, 2, \cdots) \tag{12.44}$$

时, 所有的缝发出的光到达 P 点时将发生相长干涉而形成明条纹. 式 (12.44) 称为**光栅方程**. 设光栅的总缝数为 N, 则在 P 点的合振幅应是来自一条缝的光的振

幅的 N 倍, 而合光强将是来自一条缝的光强的 N^2 倍, 所以光栅的明条纹是很亮的, 满足光栅方程的明条纹又称主极大. 由光栅方程可知, 对于一定波长的入射光, 光栅常量越小, 各级明条纹的衍射角越大, 即条纹分布越稀疏, 对应于 $k=0$ 的条纹称为中央主极大, $k=1,2,\cdots$ 的明条纹称为第 1 级、第 2 级、…… 主极大, 正、负号表示各级主极大对称分布在中央主极大两侧.

暗条纹条件

在光栅衍射中, 相邻两主极大之间还分布着一些暗条纹. 这些暗条纹是由各缝射出的衍射光因干涉相消而形成的. 可以证明当 ϕ 角满足下述条件

$$d\sin\phi=\left(k+\frac{n}{N}\right)\lambda \quad k=0,\pm1,\pm2,\cdots \tag{12.45}$$

时, 则出现暗条纹. 式中, k 为主极大级数, N 为光栅缝总数, n 为正整数, 取值为 $n=1,2,\cdots,(N-1)$. 由上式可知, 在两个主极大之间, 分布着 $(N-1)$ 个暗条纹. 显然, 在这 $(N-1)$ 个暗条纹之间的位置光强不为零, 但其强度比各级主极大的光强要小得多, 称为次极大. 所以在相邻两主极大之间分布有 $(N-1)$ 个暗条纹和 $(N-2)$ 个光强极弱的次极大, 这些次极大几乎是观察不到的, 因此实际上在两个主极大之间是一片连续的暗区. 从式 (12.45) 可知, 缝数 N 越多, 暗条纹也越多, 因而暗区越宽, 明条纹越细窄.

缺级现象

对光栅衍射来说, 当满足 $(a+b)\sin\phi=k\lambda$ 时, 在衍射角 ϕ 的方向上产生光栅衍射的 k 级主极大, 但是, 对每一个单缝来说, 如果单缝衍射在此衍射角上形成的是暗条纹, 即

$$a\sin\phi=k'\lambda(k'=1,2,3,\cdots) \tag{12.46}$$

则每个单缝衍射在此衍射方向的相干叠加结果形成的是暗条纹, 光栅衍射本应该出现明条纹的方向, 实际上却出现的是暗条纹, 这种现象称为光栅的缺级. 即当衍射角 ϕ 满足方程组

$$\begin{cases} d\sin\phi=k\lambda \quad (k=0,\pm1,\pm2,\cdots) \\ a\sin\phi=\pm k'\lambda \quad (k'=1,2,\cdots) \end{cases} \tag{12.47}$$

时, 光栅衍射产生缺级. 利用式 (12.46) 可以得到光栅缺级级次 k 与单缝暗纹级次 k' 之间的关系为

$$k=\pm\frac{d}{a}k'(k'=1,2,3,\cdots) \tag{12.48}$$

比如: 当 $a=b$ 时, 由式 (12.48), 有 $k=2k'$, 则光栅在 $k=\pm2,\ \pm4,\ \pm6,\ \cdots$ 时缺级.

总之, 光栅的衍射特性取决于光栅的光栅常量 d 和光栅狭缝总数 N, 其中多光束干涉作用决定了主极大、次极大、暗条纹的位置, 而单缝衍射作用则决定着各主极大、次极大之间的光强分布以及缺级位置.

例 12.8 波长 $\lambda = 600\ \text{nm}$ ($1\ \text{nm}= 10^{-9}\ \text{m}$) 的单色光垂直入射到一光栅上，测得第 2 级主极大的衍射角为 30°, 且第 3 级是缺级.

(1) 光栅常量 $(a+b)$ 等于多少?

(2) 透光缝可能的最小宽度 a 等于多少?

(3) 在选定了上述 $(a+b)$ 和 a 之后, 求在衍射角 $-\frac{1}{2}\pi < \phi < \frac{1}{2}\pi$ 范围内可能观察到的全部主极大的级次.

解 (1) 由光栅衍射主极大公式得

$$a+b = \frac{k\lambda}{\sin\phi} = 2.4\times 10^{-4}\ \text{cm}$$

(2) 若第 3 级不缺级, 则由光栅公式得

$$(a+b)\sin\phi' = 3\lambda$$

由于第 3 级缺级, 则对应于最小可能的 a, ϕ' 方向应是单缝衍射第 1 级暗纹:

$$a_{\min}\sin\phi' = \lambda$$

两式比较, 得

$$a_{\min} = \frac{a+b}{3} = 8\times 10^{-5}\ \text{cm}$$

(3)

$$(a+b)\sin\phi = k\lambda\ (\text{主极大})$$
$$a\sin\phi = \pm k'\lambda\ (\text{单缝衍射极小})\ (k'=1,2,3,\cdots)$$

因此 $k=\pm 3, \pm 6, \pm 9, \cdots$ 缺级.

又因为 $k_{\max} = \dfrac{a+b}{\lambda} = 4$, 所以实际呈现 $k=0,\pm 1,\pm 2$ 级明条纹. ($k=\pm 4$ 在 $\phi = \pi/2$ 处看不到.)

例 12.9 一衍射光栅, 每厘米有 200 条透光缝, 每条透光缝宽为 $a = 2\times 10^{-3}\ \text{cm}$, 在光栅后放一焦距 $f = 1\ \text{m}$ 的凸透镜, 现以 $\lambda = 600\ \text{nm}$ ($1\ \text{nm}= 10^{-9}\ \text{m}$) 的单色平行光垂直照射光栅, 问:

(1) 透光缝 a 的单缝衍射中央明条纹宽度为多少?

(2) 在该宽度内, 有几个光栅衍射主极大?

解 (1) $$a\sin\phi = k\lambda \quad \tan\phi = \frac{x}{\lambda}$$

当 $x \ll f$ 时, $\tan\phi \approx \sin\phi \approx \phi$, $\dfrac{ax}{f} = k\lambda$, 取 $k=\pm 1$ 有

$$x_{+1} = \frac{f\lambda}{a} = 0.03\ \text{m},\quad x_{-1} = -\frac{f\lambda}{a} = -0.03\ \text{m}$$

中央明条纹宽度为

$$\Delta x = x_{+1} - x_{-1} = 0.06 \text{ m}$$

(2)

$$(a+b)\sin\phi = k'\lambda$$

$$k' = \frac{(a+b)x}{f\lambda} = 2.5$$

取 $|k'| = 2$, 共有 $k' = 0, \pm1, \pm2$ 这 5 个主极大.

12.4.3 光栅光谱和色分辨本领

光栅光谱

QR12.33 语音导读 12.4.3

单色光经过光栅衍射后形成各级细而亮的明条纹, 从而可以精确地测定其波长. 如果使用白光来进行光栅衍射实验, 在中央明条纹位置, 不同波长的衍射光在相同位置发生相干叠加而仍为白色明条纹, 而对其他级次的主极大, 由于 $\phi \neq 0$, 不同波长的衍射光要按波长由短到长而由里向外展开形成由紫到红的彩色条纹, 称为光栅的衍射光谱. 由于白光的波长在 400 ∼ 760 nm 的范围, 投射到接收屏上的光谱要随级次的增加而展宽, 使得从某个级次开始相邻的两条主极大谱线发生重叠. 图 12.29 中给出了光栅衍射光谱的分布情况.

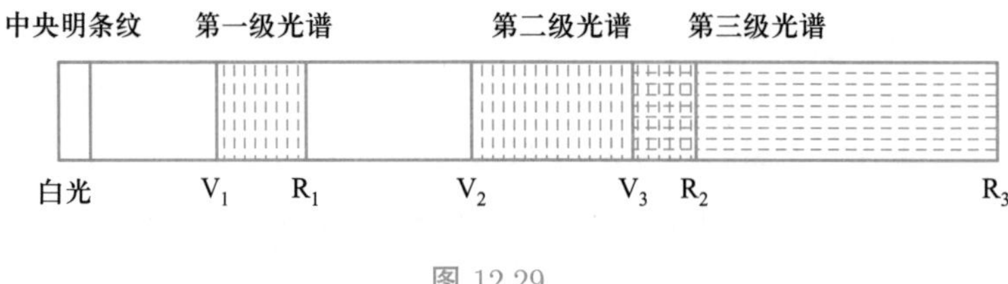

图 12.29

各种元素或化合物有它们自己特定的谱线, 测定光谱中各谱线的波长和相对强度, 可以确定该物质的成分及其含量. 这种分析方法称为光谱分析. 在科学研究和工程技术上有着广泛的应用.

色分辨本领

光栅光谱仪主要是由光栅、狭缝、成像系统和感光底片 (或出射狭缝) 等部件组成. 目前普遍使用的光栅光谱仪是反射光栅光谱仪, 光栅光谱仪的性能用光栅的分辨本领来衡量. 光栅的分辨本领是指能够将波长很接近的两条谱线在光栅光谱中分辨清楚的能力, 包括色分辨本领、角色散本领以及线色散本领, 在实际应用中通常涉及色分辨本领.

光栅的色分辨本领 R 定义为

$$R = \frac{\lambda}{\delta\lambda} \tag{12.49}$$

即恰好能够分辨两条谱线的平均波长 λ 和这两条谱线波长差 $\delta\lambda$ 的比值, $\delta\lambda$ 越小, 则光栅的色分辨本领就越高. 由瑞利判据知道, 对于确定的第 k 级谱线中的某两条临近的波长分别为 λ 和 $\lambda+\delta\lambda$ 的谱线, 要想使它们能够恰好被分辨清楚, 则要求波长为 $\lambda+\delta\lambda$ 的第 k 级主极大恰好与波长为 λ 的第 $kN+1$ 级的极小重合, 如图 12.30 所示. 由光栅公式可得波长为 $\lambda+\delta\lambda$ 的第 k 级主极大角位置

$$(a+b)\sin\phi = k(\lambda+\delta\lambda) \tag{12.50}$$

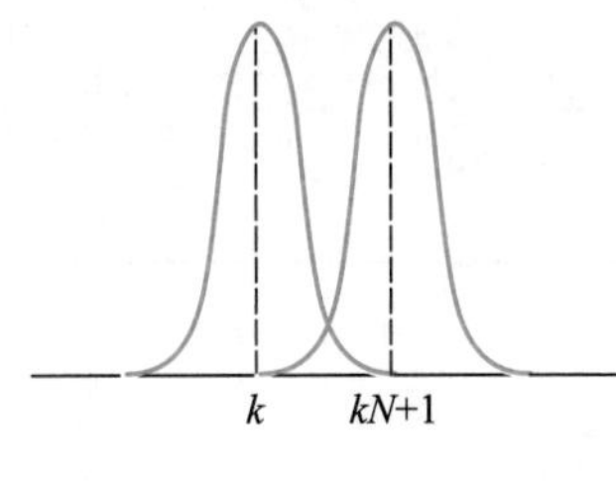

图 12.30

同理可得波长为 λ 的第 $kN+1$ 级的极小的角位置

$$N(a+b)\sin\phi' = (kN+1)\lambda \tag{12.51}$$

当 $\phi=\phi'$ 时, 两条谱线的极大与极小刚好重合, 进一步计算有

$$(a+b)\sin\phi = k(\lambda+\delta\lambda) = \frac{1}{N}(kN+1)\lambda \tag{12.52}$$

即

$$\lambda = Nk\delta\lambda \tag{12.53}$$

由光栅的色分辨本领的定义可得

$$R = kN \tag{12.54}$$

上式说明, 光栅的色分辨本领只与光栅总缝数 N 及光谱级次 k 有关, 与光栅常量无关, 通过增大级次和增加光栅总缝数可以提高光栅的色分辨本领, 前者增大相邻条纹间距, 后者使单个条纹宽度变窄. 这也就是光栅光谱仪内的光栅要在 1 cm 的宽度上刻 $10^3\sim10^4$ 条刻痕的原因.

光谱仪是研究原子与分子的结构、进行物质成分鉴定与分析的重要仪器, 光谱仪种类按不同类型的色散元件可分为光栅光谱仪、棱镜光谱仪和干涉光谱仪等; 按采用的探测方法不同可分为直接用眼睛观察的分光镜、用感光底片记录的摄谱仪以及用光电或热电元件探测光谱的分光光度计等; 按光波段可分为红外光谱仪和紫外光谱仪等.

12.4.4 X 射线的衍射

QR12.34 语音导读 12.4.4

X 射线是波长在 0.001 ~ 10 nm 之间并具有很强的穿透能力的电磁波. X 射线是由伦琴于 1895 年发现的, 因而又称伦琴射线. X 射线由 X 射线管产生, 图 12.31 所示是 X 射线管的结构, 发射电子的阴极 K 与由钨、铜等金属制成的阳极 A 组成使电子加速的元件, 当在阳极 A 和阴极 K 之间加载上万伏的高压时, 从阴极 K 发射出的电子经电场加速后向阳极撞击而产生 X 射线.

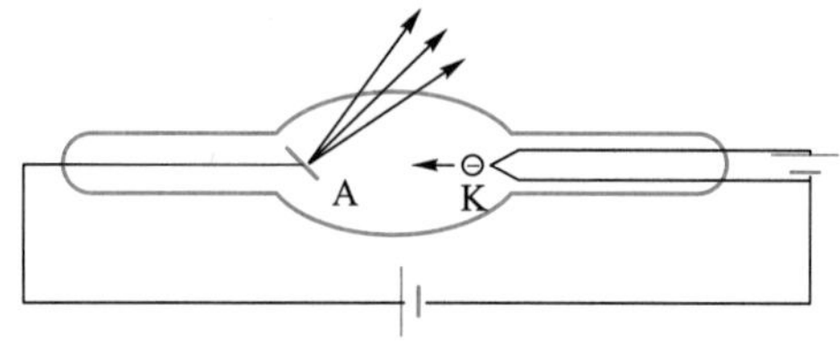

图 12.31

既然 X 射线是电磁波, 那么也具有衍射现象. 但 X 射线的波长很短, 利用普通的光栅无法观察到 X 射线的衍射. 晶体中的原子排列是有规律的, 并且原子的间距与 X 射线的波长接近, 因此利用晶体中原子的有规律的排列来作为晶体光栅, 则可以观察到 X 射线的衍射现象.

德国物理学家劳厄在 1912 年基于晶体是一种天然三维空间光栅的思想设计了一套实验装置, 如图 12.32 所示. 一束 X 射线通过铅板的小孔准直后照射到晶体上, 通过晶体对 X 射线的衍射, 在感光胶片上观察到 X 射线的衍射现象, 即胶片上呈现出按一定规律分布的斑点, 这些有规律分布的斑点称为劳厄斑点. 实验成功地证实了 X 射线是一种电磁波, 而且对这些劳厄斑点的位置和强度分布进行分析, 可推断出晶体内原子的排列结构, 随后 X 射线衍射成为晶体结构分析的一种重要技术.

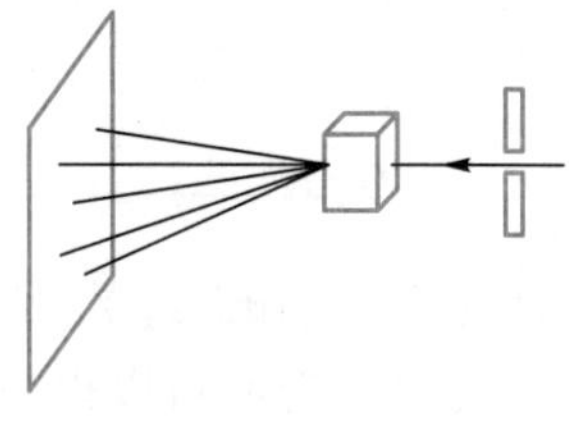

图 12.32

X 射线的衍射的另一种方法是由英国的布拉格父子 1912 年提出的, 他们将晶体的空间点阵简化处理为反射光栅, 如图 12.33 所示, 晶体由一系列彼此平行的原子层构成, 当 X 射线照射到晶体上时,X 射线要受到晶体中的原子或离子的散射, 从而晶体中的原子或离子成为发射子波的波源, 这些子波源所发出的衍射波 (散射波) 的相干叠加可以产生衍射现象. 衍射波的相干叠加有两种情况, 一种是来自同一层原子所发出的衍射波的叠加, 这种情况称为点间干涉; 另一种是来自不同层的原子所发射的衍射波的叠加, 这种情况称为面间干涉.

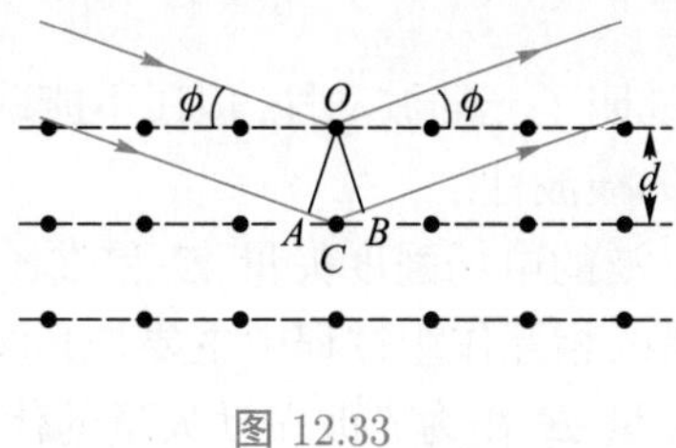

图 12.33

对于点间干涉, 任意相邻衍射光线间的相位差只有在衍射方向角与入射的掠射角相等时才为零, 也即将晶面视为镜面以及衍射处理为特殊的反射, 而此衍射方向正好就是多光束干涉的零级主极大方向. 对于面间干涉, 不同晶面间反射的衍射光只有满足衍射加强条件时才会出现主极大. 假设两原子层之间的距离为 d (称为晶格常数或晶面间距), 当一束平行相干的 X 射线以掠射角 ϕ 入射到晶面上时, 受到相邻两层晶面反射的 X 射线所产生的光程差为

$$AC + BC = 2d\sin\phi \tag{12.55}$$

则当

$$2d\sin\phi = k\lambda\ (k = 1, 2, 3, \cdots) \tag{12.56}$$

时, 衍射光线相干加强而形成亮点, 也就是衍射光线叠加产生主极大的方向, 将上述公式称为布拉格公式 (或布拉格条件).

由布拉格公式, 如果已知晶格常数 d 和掠射角 ϕ, 可求 X 射线的波长 λ; 而如果已知 X 射线的波长 λ 和掠射角 ϕ, 可求晶格常数 d. 因此, 利用 X 射线的衍射可以测量 X 射线的波长和晶体的晶格常数. 另一方面, 利用布拉格公式可以很好地解释劳厄实验. 对晶体内部一系列平行的晶面来说, 不同方向和间隔 d_i 的晶面组成不同的晶面族. 那么在入射光方向相同时, 却会出现不同的掠射角 ϕ_i, 由布拉格公式

QR12.35 X 射线应用

$$2d_i\sin\phi_i = k_i\lambda\ (i = 1, 2, 3, \cdots) \tag{12.57}$$

可知, 不同的掠射角对应于不同间距的晶面. 而每族晶面对于入射的 X 射线总会存在满足布拉格条件的某一波长, 使得在晶面的镜面反射方向形成劳厄斑点. 这样则有一个劳厄斑点对应于一族晶面, 通过分析劳厄斑点的位置和强度则可相应地确定各晶面的取向与晶面上的粒子数. 当前, X 射线衍射已经被广泛用于解决以下两方面的问题, 一是如果衍射晶体的结构已知, 则可通过测定 X 射线的波长来分析 X 射线的光谱; 另一方面是通过波长已知的 X 射线在晶体上发生衍射来测定晶体的晶格常数.

12.5 光的偏振

光的干涉和衍射现象说明了光的波动性, 但还不能确定光是横波还是纵波, 光的偏振现象进一步表明光的横波性.

光波是电磁波, 而电磁波的电场强度矢量 $\boldsymbol{E}$ 和磁场强度矢量 $\boldsymbol{H}$ 与波的传播方向垂直. 鉴于在光和物质的相互作用过程中主要是光波中的电场强度矢量 $\boldsymbol{E}$ 起作用, 所以常以电场强度矢量 $\boldsymbol{E}$ 作为光波振动矢量的代表. 因此电场强度矢量 $\boldsymbol{E}$ 又叫光矢量. 光波中光矢量的振动方向总和传播方向相垂直, 所以光是横波. 在与传播方向垂直的二维空间里, 光矢量可能有各种不同的振动状态, 我们称之为光的偏振态. 实际中最常见的光的偏振态大体可分为五种, 即自然光、线偏振光、部分偏振光、圆偏振光和椭圆偏振光. 下面, 我们将分别对它们作一些简单的介绍.

12.5.1 线偏振光、自然光

1. 线偏振光

QR12.36 语音导读 12.5.1

如果光矢量 $\boldsymbol{E}$ 的方向始终不变, 只沿一个固定的方向振动, 这种光称为线偏振光, 如图 12.34(a) 所示. 光矢量的方向与光的传播方向组成的平面叫振动面. 因线偏振光沿传播方向各处的光矢量都在同一振动面内, 故线偏振光又称为平面偏振光或完全偏振光. 为了清楚地表示线偏振光, 常用和传播方向垂直的短线表示在纸面内的光振动, 用圆点表示与纸面垂直的光振动, 这样, 线偏振光可表示为图 12.34(b).

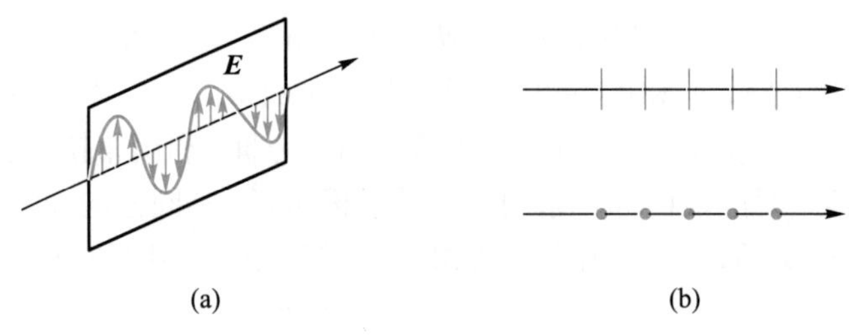

图 12.34

2. 自然光

在普通光源发出的光实际上是光源中的大量原子或分子由高能级向低能级跃迁时发出的光波列总和. 光源中各原子或分子发出的光波不仅初相位彼此无关联, 它们的振动方向也是杂乱无章的. 因此宏观看起来, 在垂直于光传播方向的平面内, 沿各个方向振动的光矢量都有, 而平均说来, 它们对于光的传播方向形成轴对称的均匀分布, 哪个方向也不比其他方向更为突出, 各方向光振动的振幅相同, 具有这种特点的光称为自然光 (或天然光), 如图 12.35(a) 所示, 通常用图 12.35(b) 的图示法表示自然光. 图中用短线和圆点分别表示在纸面内和垂直于纸面的光振动. 短线和圆点交替均匀画出, 表示光矢量对称而均匀地分布. 还应提及的是, 自然光中各光矢量之间无固定的相位关系, 因而用来表示自然光的两个互相垂直的光振动之间也无固定相位关系.

自然光中任何一个方向的光振动, 都可以分解成某两个相互垂直方向的振动, 它们在每个方向上的时间平均值相等. 但是由于这两个分量是互相独立的, 没有固定的相位关系, 所以不能再合成为一个光矢量, 不能合成一个线偏振光. 基于上述原因, 通常可以把自然光用两个相互独立的、等振幅的、振动方向相互垂直的线偏振光表示, 见图 12.35(b), 这两个线偏振光的光强各等于自然光光强的一半.

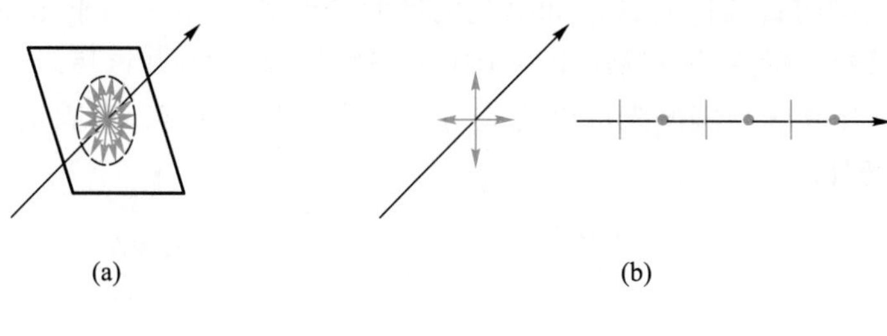

图 12.35

3. 部分偏振光

除了上述讨论的自然光和线偏振光外, 还有一种偏振状态介于两者之间的偏振光. 这种光在垂直于光的传播方向的平面内, 虽然也是各方向的光振动都有, 但不同方向的振幅大小不同, 这种光称为部分偏振光, 如图 12.36 所示. 值得注意的是, 这种偏振光各方向的光矢量之间也没有固定的相位关系.

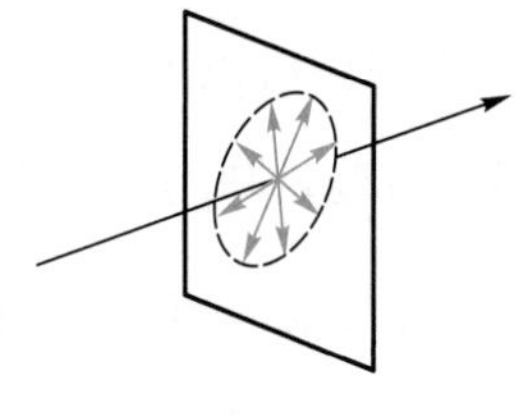

图 12.36

部分偏振光用图 12.37 表示, 其中, 图 12.37(a) 表示平行纸面方向的振动比垂直方向的振动强, 而图 12.37(b) 表示垂直纸面方向的振动比平行纸面方向的振动强. 根据自然光和线偏振光的光振动的特点, 可以将部分偏振光看成自然光与线偏振光的混合.

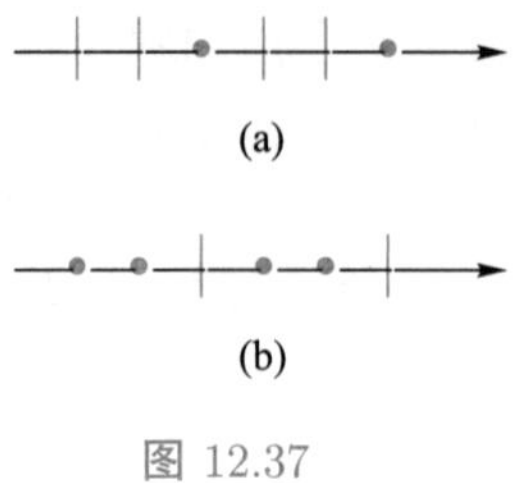

图 12.37

4. 圆偏振光和椭圆偏振光

如果迎着光的传播方向看去, 光矢量的端点不断地在垂直于光的传播方向的平面内旋转 (顺时针或逆时针), 如果光矢量的端点描绘出一个圆, 这种光称为圆偏振光; 如果光矢量的端点描绘出一个椭圆, 这种光称为椭圆偏振光, 如图 12.38 所示. 圆偏振光和椭圆偏振光可以看成两个振动面相互垂直、有固定相位关系的线偏振光的叠加.

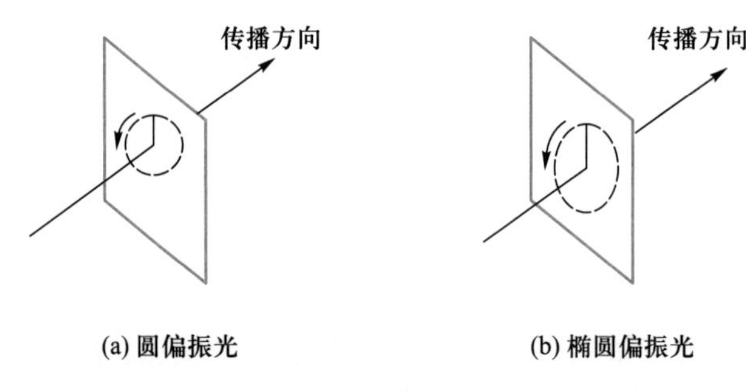

图 12.38

频率相同、传播方向相同的两列线偏振光, 如果它们振动方向垂直, 且具有固定的相位差 $\Delta\phi$, 则当 $\Delta\phi = k\pi\ (k = 0, \pm1, \pm2, \cdots)$ 时, 它们合成光矢量末端的轨迹是一条直线, 这两列线偏振光合成后仍为线偏振光; 当它们振幅相等, $\Delta\phi = (2k+1)\dfrac{\pi}{2}$ 时, 合成光矢量末端的轨迹是圆, 这两列线偏振光合成圆偏振光; 当它们振幅不等, $\Delta\phi \neq k\pi$, 或振幅相等, $\Delta\phi \neq k\pi$ 且 $\Delta\phi \neq (2k+1)\dfrac{\pi}{2}$ 时,合成光矢量末端的轨迹是椭圆, 这两列线偏振光合成椭圆偏振光. 我们规定, 如果迎着光的传播方向看去, 光矢量顺时针旋转称为右旋偏振光, 光矢量逆时针旋转称为左旋偏振光.

12.5.2 获得线偏振光的方法

QR12.37 语音导读 12.5.2

1. 二向色性与起偏器

晶体是一种具有特殊性质的凝聚态物质, 多呈固体状, 其外形规整, 内部微观结构具有周期性和对称性, 晶体的宏观物性表现为各向异性. 像碘化硫酸奎宁、天然电气石等这类各向异性的晶体能够对相互垂直的光矢量分振动进行选择性吸收，它对沿某一方向的光振动具有强烈的吸收作用，而对与之垂直方向的光振动基本不吸收或吸收很少，光只有沿这个吸收少的方向的光振动分量才能够通过晶体，晶体物质的这种光学性质称为二向色性. 普通光源发出的光是自然光，利用具有二向色性的晶体制成的器件，可以使自然光变成偏振光. 将这种能够使自然光变成偏振光的器件称为起偏器.

2. 偏振片的起偏与检偏

偏振片是一种人造的起偏器，它是在透明基质上镀上一层对自然光两个相互垂直的分振动具有选择性吸收性质 (即具有二向色性) 的物质构成的. 偏振片只允许透过某一方向的光振动，将这个方向称为偏振片的偏振化方向或透光轴. 通常用符号 “↕” 表示偏振片的偏振化方向.

QR12.38 偏振片的应用

获得线偏振光与检测线偏振光的方法如图 12.39 所示，让一束自然光垂直地照射到偏振片 P_1 上，这时，透过 P_1 的光线变成振动方向沿 P_1 的偏振化方向的线偏振光，这个过程称为起偏，相应地将 P_1 称为起偏器. 由于自然光的光矢量可分解为互相垂直且强度相等的两个光矢量分量，而仅与偏振化方向平行的分量可透过偏振片，所以透过 P_1 的线偏振光的光强只有自然光的一半. 在 P_1 的右边再放一块偏振片 P_2，通过 P_2 可以检验照射到偏振片 P_2 的光是不是线偏振光，这个过程称为检偏，相应地，将 P_2 称为检偏器. 检偏的方法是让偏振片 P_2 以光传播的方向为轴旋转，并观察透过偏振片的光的光强是否发生变化，当偏振片 P_2 旋转一周时，如果透过偏振片 P_2 的光强交替地出现两次光强最大和两次光强为 0，则照射到偏振片 P_2 的光是线偏振光.

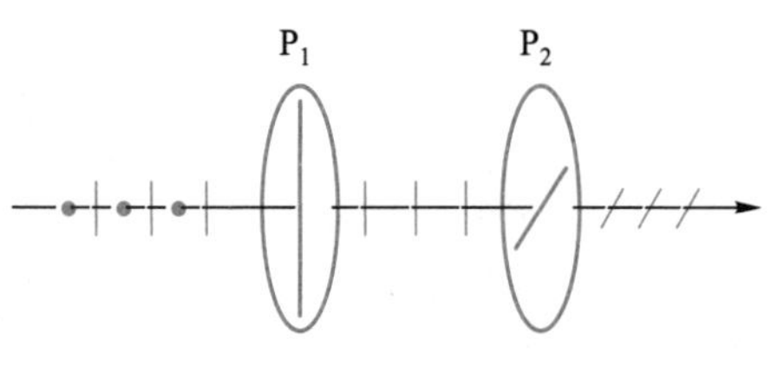

图 12.39

此外，也可以让一束光照射到一块偏振片上，通过旋转偏振片一周来判断入射光的类型. 如果透过偏振片的光强交替地出现两次光强最大和两次光强为 0 (**消光现象**)，则入射光是线偏振光；如果最小光强不为 0，则入射光是部分偏振光或椭圆偏振光；如果光强不变，则入射光是自然光或圆偏振光.

当然，除了用偏振片获得偏振光外，还有其他方法可以获得偏振光. 如利用自然光在两介质分界面上的反射和折射，反射光有可能成为完全偏振光，折射光将成为部分偏振光. 此外，一些各向异性的晶体如方解石也有起偏作用，一束光射入方解石晶体后，将分裂成两束光，称为**双折射现象**. 其中一束折射光服从折射定律，

称为寻常光 (o 光), 另一束折射光却不服从折射定律, 称为非寻常光 (e 光), 但它们都是偏振光.

12.5.3 马吕斯定律

QR12.39 语音导读 12.5.3

QR12.40 教学视频 12.5.3

马吕斯由实验发现, 入射光强为 I_0 的线偏振光, 透过检偏振器后, 透射光的强度为 I, 则

$$I = I_0 \cos^2 \alpha \tag{12.58}$$

式中 α 是线偏振光的光矢量方向与检偏振器的偏振化方向之间的夹角, 式 (12.58) 称为马吕斯定律.

马吕斯定律可以通过波动理论解释. 如图 12.40 所示, OP_1 表示入射线偏振光的光振动方向, OP_2 表示偏振片 P_2 的偏振化方向, 两者的夹角为 α, 令 A_0 为入射线偏振光的光矢量的振幅. 将 A_0 分解为 $A_0\cos\alpha$ 及 $A_0\sin\alpha$, 其中只有平行于偏振器 P_2 偏振化方向 OP_2 的分量 $A_0\cos\alpha$ 可通过, 所以透射光的振幅为 $A = A_0\cos\alpha$. 由于透射光强 I 与入射光强 I_0 之比等于各自振幅的平方之比, 即

$$\frac{I}{I_0} = \frac{A^2}{A_0^2}$$

于是得

$$I = I_0 \frac{A^2}{A_0^2} = I_0 \cos^2 \alpha$$

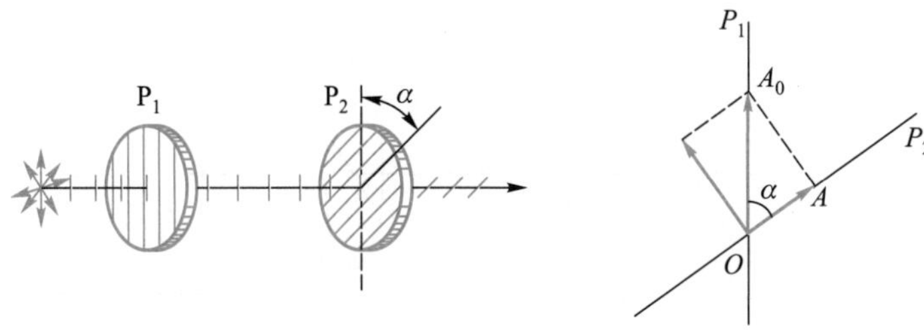

图 12.40

由上式可知, 当 $\alpha = 0°$ 或 $\alpha = 180°$ 时 (即检偏器的偏振化方向与入射线偏振光的光振动方向平行时), $I = I_0$, 透射光强最大. 当 $\alpha = 90°$ 或 $\alpha = 270°$ 时 (即检偏器的偏振化方向与入射线偏振光的光振动方向正交时), $I = 0$, 透射光强最小, 这时没有光从检偏器射出. 当 α 为其他值时, 透射光强介于最大和零之间.

如果入射到检偏器上的入射光束是部分偏振光, 那么以光的传播方向为轴, 慢慢转动检偏器时, 每转 90°, 透射光强也交替出现极大和极小, 但透射光强的极小不是零, 即不存在消光的情况. 当入射到检偏器上的光是圆偏振光或椭圆偏振光

时, 随着检偏器的转动, 对于圆偏振光, 其透射光强将和检验自然光时的情况一样, 不发生变化; 对于椭圆偏振光, 其透射光强的变化和检验部分偏振光时的变化一样. 因此, 仅用检偏器观察透射光强的变化, 无法将圆偏振光和自然光区分开来; 同样也无法将椭圆偏振光和部分偏振光区分开.

例 12.10　如图 12.41 所示, P_1、P_2 为偏振化方向相互平行的两个偏振片, 光强为 I_0 的平行自然光垂直入射在 P_1 上.

(1) 求通过 P_2 后的光强 I.

(2) 如果在 P_1、P_2 之间插入第三个偏振片 P_3, (如图中虚线所示) 并测得最后光强 $I = I_0/32$, 求: P_3 的偏振化方向与 P_1 的偏振化方向之间的夹角 α (设 α 为锐角).

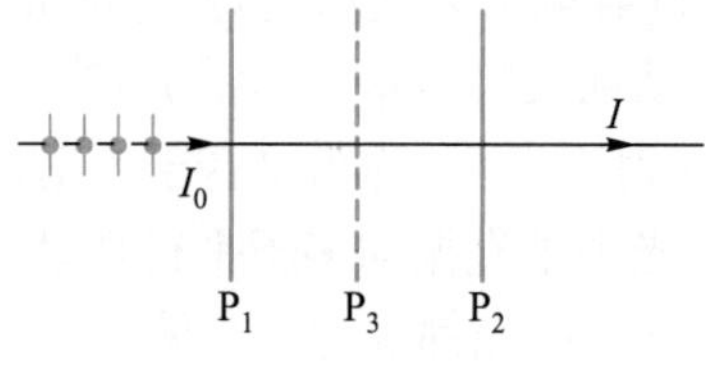

图 12.41

解　(1) 经 P_1 后, 光强

$$I_1 = \frac{1}{2} I_0$$

I_1 为线偏振光. 通过 P_2 后的光强, 由马吕斯定律有

$$I = I_1 \cos^2 \theta$$

因为 P_1 与 P_2 偏振化方向相互平行, 所以 $\theta = 0$.
故

$$I = I_1 \cos^2 0 = I_1 = \frac{1}{2} I_0$$

(2) 加入第三个偏振片后, 设第三个偏振片的偏振化方向与第一个偏振片的偏振化方向间的夹角为 α, 则透过 P_2 的光强

$$I_2 = \frac{1}{2} I_0 \cos^2 \alpha \cos^2 \alpha = \frac{1}{2} I_0 \cos^4 \alpha$$

由已知条件有

$$\frac{1}{2} I_0 \cos^4 \alpha = \frac{I_0}{32}$$

所以

$$\cos^4 \alpha = \frac{1}{16}$$

得 $\cos \alpha = \dfrac{1}{2}$, 即 $\alpha = 60^\circ$.

12.5.4 反射光和折射光的偏振

1. 反射光和折射光的偏振态

QR12.41 语音导读 12.5.4

实验表明, 当一束光从一种各向同性的均匀介质射到另一种各向同性的均匀介质界面时, 一部分要反射回原来的介质, 另一部分要折射到第二种介质中. 光的反射与折射除了满足反射定律和折射定律以外, 实验中还发现, 当入射光为自然光时, 反射光和折射光变成了部分偏振光, 当入射角发生变化时, 在反射光和折射光中两个相互垂直方向的分量的成分要随之发生变化, 而当入射角满足一定的条件时, 反射光变成线偏振光.

QR12.42 教学视频 12.5.4

如图 12.42 所示, 自然光入射到折射率分别为 n_1 和 n_2 两种介质的分界面上, 入射角、反射角用 i 表示, 折射角用 r 表示. 自然光的光振动可分解为两个振幅相等的分振动, 其中一个分振动和入射面垂直, 称为垂直于入射面的振动 (简称为垂直振动); 另一个分振动和入射面平行, 称为平行于入射面的振动 (简称平行振动). 实验和理论都指出, 在反射光中垂直振动多于平行振动, 而在折射光中, 平行振动多于垂直振动, 可见反射光和折射光都成为部分偏振光.

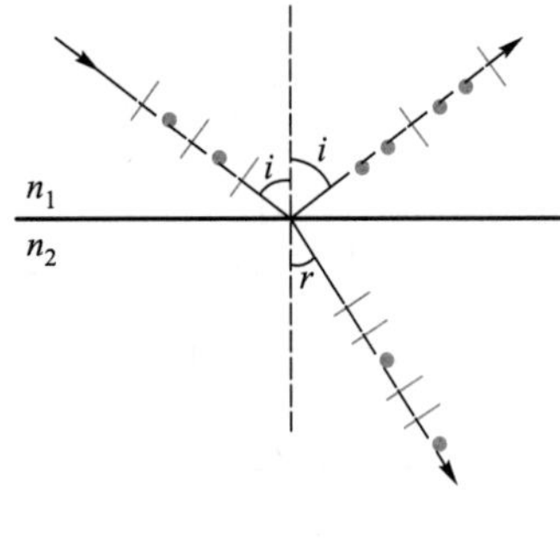

图 12.42

2. 布儒斯特定律

布儒斯特在研究中指出, 反射光偏振化程度和入射角有关, 当入射角等于某一特定值 i_0 时, 如图 12.43 所示, 反射光是光振动垂直于入射面的线偏振光, i_0 满足

$$\tan i_0 = \frac{n_2}{n_1} \tag{12.59}$$

这个特定的入射角 i_0 称起偏角或布儒斯特角, 式 (12.59) 称为布儒斯特定律.

实验还发现, 当入射角为 i_0 时, 反射光和折射光的传播方向相互垂直, 这个实验结论可由布儒斯特定律和折射定律直接得出. 根据折射定律, 入射角 i_0 与折射角 r 的关系为

$$\frac{\sin i_0}{\sin r} = \frac{n_2}{n_1}$$

而在入射角为起偏角时, 又有

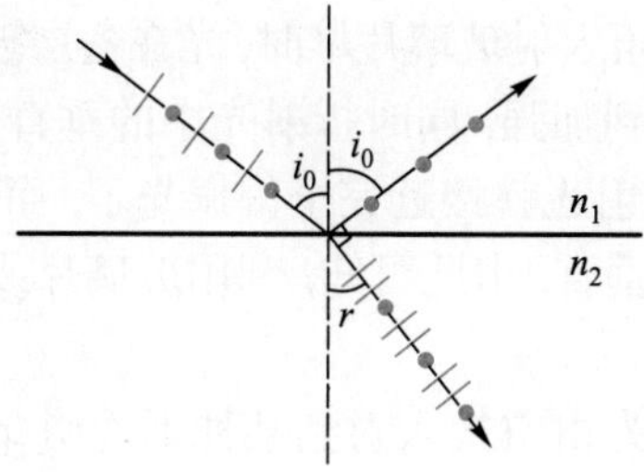

图 12.43

$$\tan i_0 = \frac{\sin i_0}{\cos i_0} = \frac{n_2}{n_1}$$

所以有

$$\sin r = \cos i_0$$

也即

$$i_0 + r = \frac{\pi}{2}$$

还需指出, 自然光以布儒斯特角 i_0 入射时, 由于反射光中只有垂直于入射面的光振动, 所以入射光中平行于入射面的光振动全部被折射. 又由于垂直于入射面的光振动也大部分被折射, 而反射的仅是其中的一部分, 所以, 反射光虽然是完全偏振光, 但光强较弱, 而折射光是部分偏振光, 光强却较强. 例如, 自然光从空气射向玻璃面而反射时 $i_0 = \text{arccot}\ 1.50$, 即起偏角为 56.3°, 入射角是 i_0 的入射光中平行于入射面的光振动全部被折射, 垂直于入射面的光振动的光强约有 85% 也被折射, 反射的只占 15%. 为了增强反射光的强度和折射光的偏振化程度, 可以把许多相互平行的玻璃片叠在一起, 构成一玻璃片堆, 如图 12.44 所示.

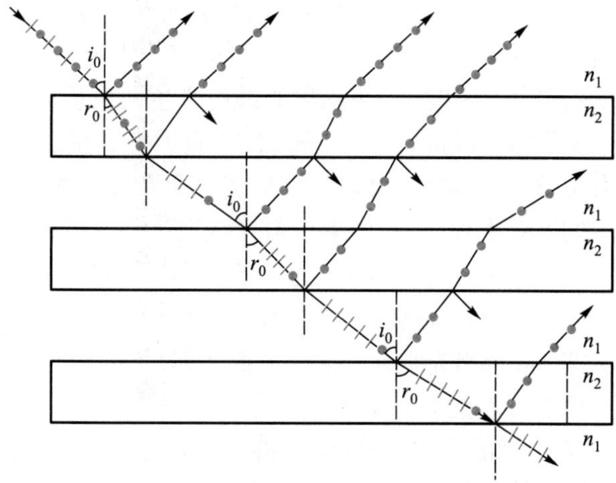

图 12.44

当自然光以布儒斯特角入射玻璃片堆时, 光在各层玻璃面上反射和折射, 这样就可以使反射光的光强得到加强, 同时折射光中的垂直分量也因多次被反射而减少. 当玻璃片足够多时, 透射光就接近完全偏振光了, 而且透射偏振光的振动面和反射偏振光的振动面相互垂直. 由此可知, 利用玻璃片或玻璃片堆, 可制造起偏器或检偏器.

例 12.11 一束自然光由空气入射到某种不透明介质的表面上. 今测得此不透明介质的起偏角为 56°, 求这种介质的折射率. 若把此种介质放入水 (折射率为 1.33) 中, 使自然光束自水中入射到该介质表面上, 求此时的起偏角.

解 设此不透明介质的折射率为 n, 空气的折射率为 1, 由布儒斯特定律可得

$$n = \tan 56^\circ \approx 1.483$$

将此介质放入水中后, 由布儒斯特定律

$$\tan i_0 = n/1.33 \approx 1.115$$

$$i_0 \approx 48.11^\circ$$

此 i_0 即为所求的起偏角.

12.5.5 光的双折射现象

QR12.43 语音导读 12.5.5

通过方解石晶体观察物体时会看到物体的两个像. 这说明, 一束自然光经过方解石晶体会产生两条折射光线, 这种现象叫双折射现象. 能产生双折射现象的晶体叫双折射晶体, 除立方系晶体 (如岩盐晶体) 外, 一般晶体都是双折射晶体.

1. 光的双折射现象, 寻常光线和非寻常光线

在有些物质中 (如玻璃、水等), 光的传播速度与光的传播方向无关, 也与光的偏振状态无关, 这些物质称为光学的各向同性介质. 还有些物质 (如方解石、石英等许多晶体), 光在其中的传播速度与光的传播方向以及光的振动方向有关, 这些物质叫光学的各向异性介质. 一束光线在两种各向同性介质的分界面上发生折射时, 在入射面内只有一束折射光, 其方向由折射定律决定. 但是, 当光射到各向异性介质 (如方解石晶体) 中时, 一束入射光线将产生两束折射光线, 它们沿不同的方向传播, 这种现象称为双折射现象. 图 12.45 表示光线在方解石晶体内的双折射, 如果入射光束足够细, 同时, 晶体足够厚, 则透射出来的两束光线可以完全分开. 实验证明, 当改变入射角 i 时, 两束折射光线之一遵守折射定律, 这束光线称为寻常光线, 通常用 o 表示, 简称 o 光; 另一束光线不遵守折射定律, 不但入射角和折射角正弦之比不是常量, 而且不一定在入射面内, 这束光线称为非寻常光线, 用 e 表示, 简称 e 光. 甚至当光垂直于晶体表面入射, 即入射角 $i_0 = 0$ 时, 寻常光线沿原方向前进, 而非寻常光线一般不沿原方向前进, 如图 12.45 所示. 这时, 如果把方解石以入射光传播的方向为轴旋转, 将出现 o 光不动, e 光随着晶体的旋转而转动起来的现象. 用检偏器检验的结果表明, o 光和 e 光都是线偏振光. 为了更方便地描述 o 光和 e 光的偏振情况, 下面简单介绍晶体的一些光学性质.

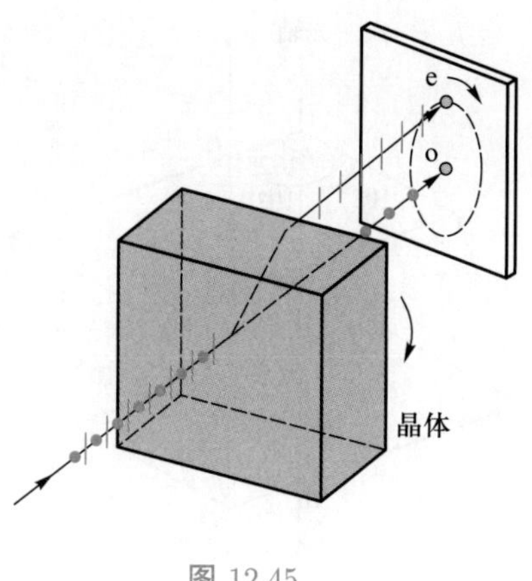

图 12.45

2. 晶体的光轴和光线的主平面

晶体对入射光产生双折射的原因是晶体中 o 光和 e 光的折射率不同, 从而光线在晶体中传播时分为 o 光和 e 光两条光线. 但是, 在晶体中存在一个特殊的方向, 在这个方向上晶体对 o 光和 e 光的折射率相同, 光线沿这个方向传播时不会分成两条光线, 并且传播速度相同, 这个方向称为晶体的光轴. 需要注意的是, 光轴是指晶体内的某一个特定的方向, 而不是指具体的一条线, 任何平行于该方向的直线都是晶体的光轴, 当光在晶体中沿光轴传播时, 都不会产生双折射现象.

实验发现, 有的晶体只有一条光轴, 我们将这种只有一条光轴的晶体称为单轴晶体, 如: 方解石、石英、红宝石等都是单轴晶体; 而有的晶体会有两个光轴, 我们将这种有两个光轴的晶体称为双轴晶体, 如: 云母、硫磺、蓝宝石等都是双轴晶体. 我们只讨论单轴晶体.

在单轴晶体中, 将晶体的光轴与任一光线传播方向所组成的平面称为该光线的主平面. 对于 o 光和 e 光来说, 由 o 光和光轴构成的平面就是 o 光的主平面, 而由 e 光和光轴构成的平面则是 e 光的主平面. 已知实验表明, 同为线偏振光的 o 光和 e 光, 它们光矢量的振动方向不相同, o 光的光矢量振动方向与它所对应的主平面相互垂直, 而 e 光的光矢量振动方向在其所对应的主平面内.

一般情形下, 在给定的入射面中, o 光和 e 光所在的主平面是不重合的, 两主平面间存在一个夹角; 当光轴在入射面内时, o 光和 e 光主平面才会重合.

由晶体表面法线和晶体内光轴组成的平面称为晶体主截面, 实验表明, 在主截面与入射面重合时, e 光的折射方向仍然在入射面内, 因此实际应用中常选沿主截面入射以求简便; 而主截面与入射面不重合时, e 光的折射方向可能在入射面之外.

方解石 (又称冰洲石) 是最常用的单轴晶体, 天然方解石晶体是六面棱体, 每一个表面都是平行四边形, 平行四边形的两个钝角各约为 102°, 两个锐角各约为 78°, 从其三个钝角相会合的顶点引出一条直线, 并使其与各邻边成等角, 这一直线的方向就是方解石晶体的光轴方向, 如图 12.46 所示.

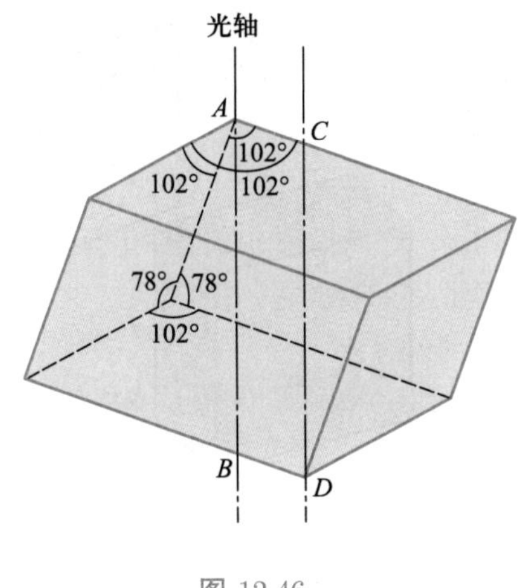

图 12.46

3. 双折射现象的惠更斯解释

惠更斯认为, 双折射现象是由于晶体内 o 光和 e 光的传播速度不同而引起的. 在单轴晶体内, o 光的传播速度在各方向是相同的, e 光的传播速度在各方向是不同的, 只有在光轴的方向上 o 光和 e 光的传播速度才相同, 在垂直于光轴的方向上, 两光线传播速度相差最大. 假想在晶体内有一子波源, 由它发出的光波在晶体内传播, 由于晶体的各向异性, 从子波源将发出两组惠更斯子波, 一组是球面波, 表示各方向光速相等, 相应于寻常光线, 称为 o 光波面; 另一组的波面是旋转椭球面, 表示各方向光速不等, 相应于非寻常光线, 称为 e 光波面, 如图 12.47 所示. 由于两种光线沿光轴的方向传播速度相等, 所以两波面在光轴方向相切. 寻常光线的传播速度用 v_o 表示, 折射率用 n_o 表示. 非寻常光线在垂直于光轴方向上的传播速度用 v_e 表示, 折射率用 n_e 表示, 设真空中光速用 c 表示, 则有

$$n_\mathrm{o}=\frac{c}{v_\mathrm{o}}\quad n_\mathrm{e}=\frac{c}{v_\mathrm{e}}$$

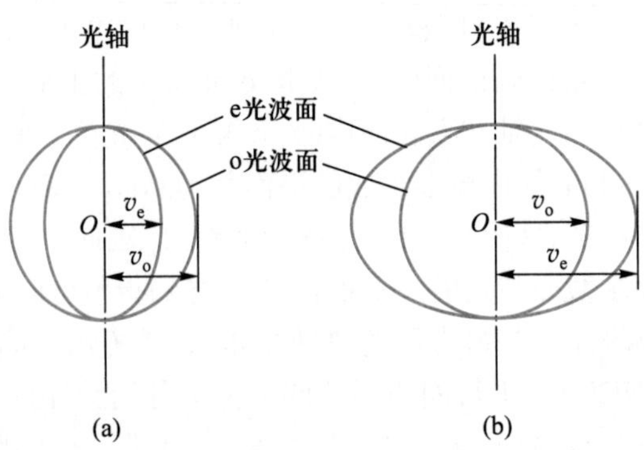

图 12.47

n_o 和 n_e 称为晶体的主折射率, 它们是晶体的两个重要光学参量.

有些晶体 (如石英) $v_o > v_e$, 球面在旋转椭球面之外, 如图 12.47(a) 所示, 这类晶体称为正晶体; 还有些晶体 (如方解石), $v_o < v_e$, 球面在旋转椭球面之内, 如图 12.47(b) 所示, 这类晶体称为负晶体.

知道晶体光轴方向和 n_o、n_e 两个主折射率, 根据惠更斯作图法就可以确定晶体内 o 光和 e 光的传播方向, 从而解释双折射现象.

如图 12.48(a) 所示, 平面光波以入射角 i 斜入射到方解石晶体表面, AC 是入射波的一个波面, 当入射波由 C 点传到 D 点时, AC 面上除 C 点外其他各点都

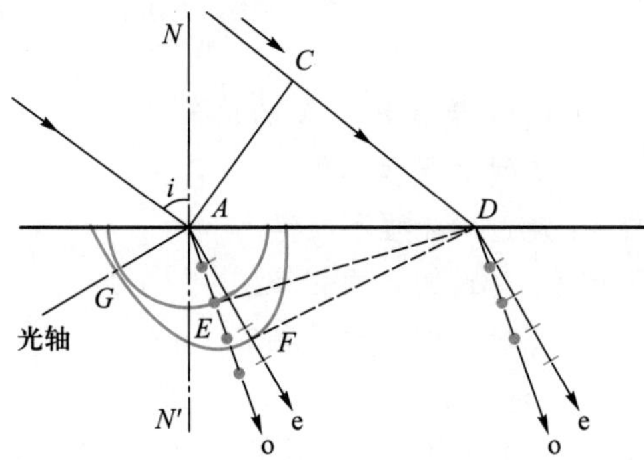

(a) 平面光波倾斜入射方解石

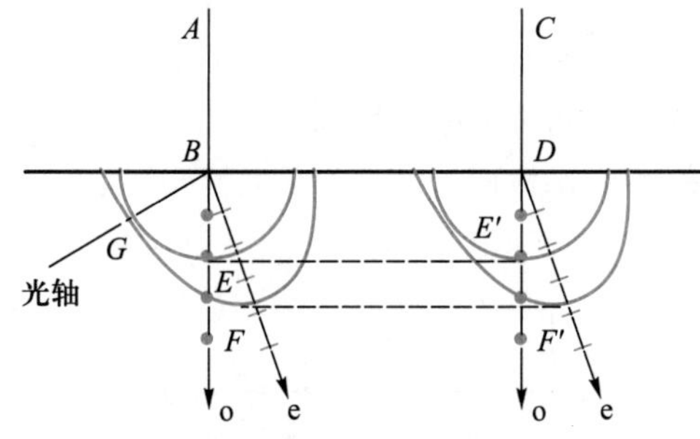

(b) 平面光波垂直入射方解石

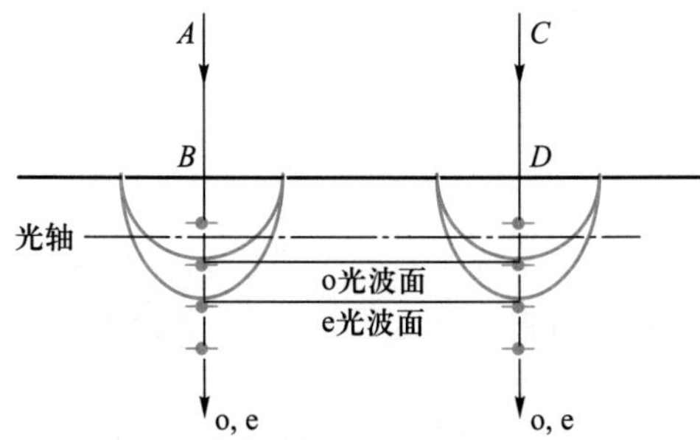

(c) 平面光波垂直入射方解石(光轴在折射面内并平行于晶面)

图 12.48

已先后到达晶体表面 AD 并向晶体内发出子波, 其中 A 点发出的 o 光球面子波和 e 光旋转椭球面子波波面如图所示, 两子波波面相切于光轴上的 G 点, 从 D 点画出两个平面 DE 和 DF 分别与球面和旋转椭球面相切, 在晶体内, DE 是 o 光的新波阵面, DF 是 e 光的新波阵面, 引 AE 及 AF 两线, 就可表示光在晶体中传播的两条光线. 注意, 在晶体内 e 光的传播方向和波面是不垂直的. 图 12.48(b) 和图 12.48(c) 为平面光波垂直入射到晶体表面的情况. 在图 12.48(c) 中 o 光和 e 光在晶体内的传播方向相同, 但传播速度和折射率均不同, 仍属双折射现象.

习题 12

QR12.44 习题 12 参考答案

12.1 在相同的时间内, 一束波长为 λ 的单色光在空气中和在玻璃中 (　　)

(A) 传播的路程相等, 走过的光程相等.

(B) 传播的路程相等, 走过的光程不相等.

(C) 传播的路程不相等, 走过的光程相等.

(D) 传播的路程不相等, 走过的光程不相等.

12.2 如图所示, S_1、S_2 是两个相干光源, 它们到 P 点的距离分别为 r_1 和 r_2. 路径 S_1P 垂直穿过一块厚度为 t_1, 折射率为 n_1 的介质板, 路径 S_2P 垂直穿过厚度为 t_2, 折射率为 n_2 的另一介质板, 其余部分可视为真空, 这两条路径的光程差等于 (　　)

(A) $(r_2+n_2t_2)-(r_1+n_1t_1)$

(B) $[r_2+(n_2-1)t_2]-[r_1+(n_1-1)t_2]$

(C) $(r_2-n_2t_2)-(r_1-n_1t_1)$

(D) $n_2t_2-n_1t_1$

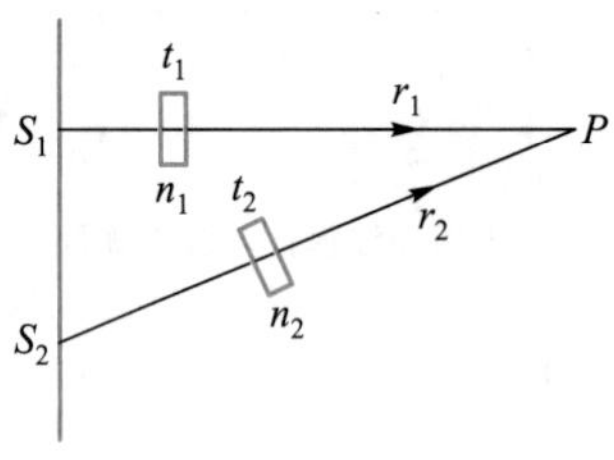

习题 12.2 图

12.3 如图所示, 波长为 λ 的平行单色光垂直入射在折射率为 n_2 的薄膜上, 经薄膜上下两个表面反射的两束光发生干涉. 若薄膜厚度为 e, 而且 $n_1>n_2>n_3$, 则两束反射光在相遇点的相位差为 (　　)

(A) $4\pi n_2e/\lambda$　　(B) $2\pi n_2e/\lambda$

(C) $(4\pi n_2e/\lambda)+\pi$　　(D) $(2\pi n_2e/\lambda)-\pi$

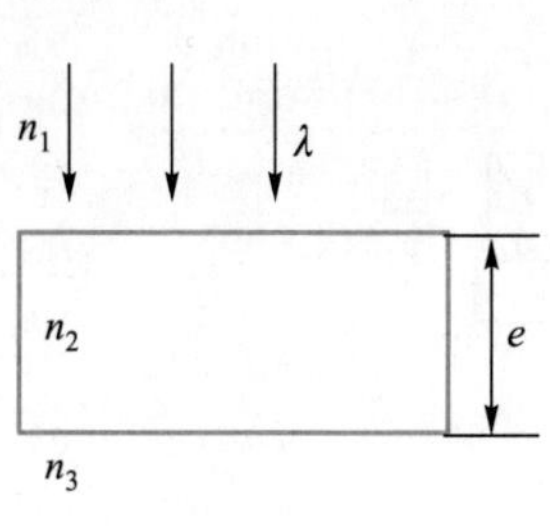

习题 12.3 图

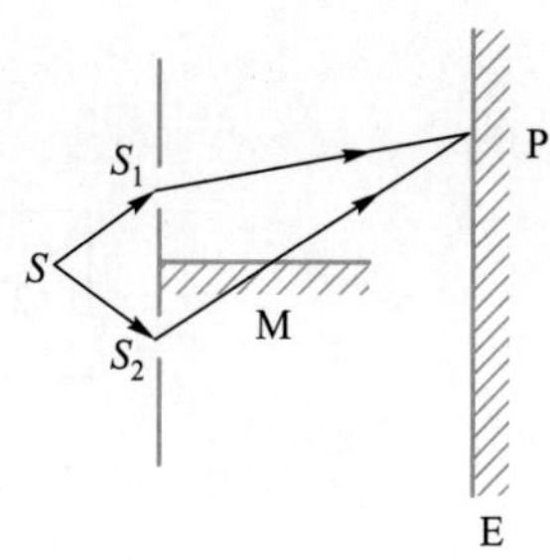

习题 12.4 图

12.4 在杨氏双缝干涉实验中, 屏幕 E 上的 P 点处是明条纹. 若将缝 S_2 盖住, 并在 S_1S_2 连线的垂直平分面处放一高折射率介质反射面 M, 如图所示, 则此时 (　　)

(A) P 点处仍为明条纹.

(B) P 点处为暗条纹.

(C) 不能确定 P 点处是明条纹还是暗条纹.

(D) 无干涉条纹.

12.5 用劈尖干涉法可检测工件表面缺陷, 当波长为 λ 的单色平行光垂直入射时, 若观察到的干涉条纹如图所示, 每一条纹弯曲部分的顶点恰好与其左边条纹的直线部分的连线相切, 则工件表面与条纹弯曲处对应的部分 (　　)

(A) 凸起, 且高度为 $\lambda/4$.

(B) 凸起, 且高度为 $\lambda/2$.

(C) 凹陷, 且深度为 $\lambda/2$.

(D) 凹陷, 且深度为 $\lambda/4$.

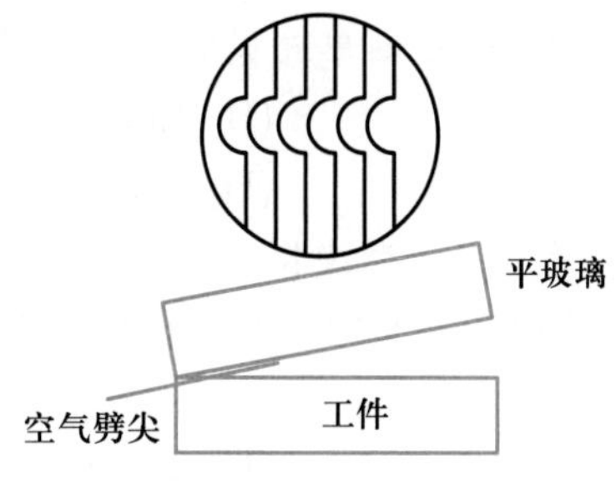

习题 12.5 图

12.6 在图示三种透明材料构成的牛顿环装置中, 用单色光垂直照射, 在反射光中看到干涉条纹, 则在接触点 P 处形成的圆斑为 (　　)

(A) 全明.　　　　(B) 全暗.

(C) 右半部明, 左半部暗.　　　　(D) 右半部暗, 左半部明.

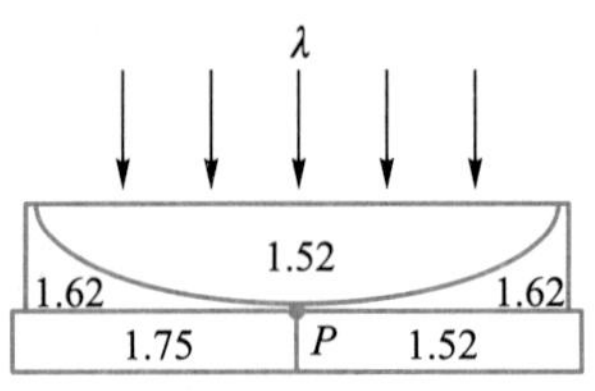

习题 12.6 图

图中数字为各处的折射

12.7 在迈克耳孙干涉仪的一支光路中,放入一片折射率为 n 的透明介质薄膜后,测出两束光的光程差的改变量为一个波长 λ,则薄膜的厚度是 (　　)

(A) $\lambda/2$　　(B) $\lambda/(2n)$

(C) λ/n　　(D) $\dfrac{\lambda}{2(n-1)}$

12.8 在单缝夫琅禾费衍射实验中,波长为 λ 的单色光垂直入射在宽度 $a=4\lambda$ 的单缝上,对应于衍射角为 30° 的方向,单缝处波阵面可分成的半波带数目为 (　　)

(A) 2 个.　　(B) 4 个.　　(C) 6 个.　　(D) 8 个.

12.9 根据惠更斯–菲涅耳原理,若已知光在某时刻的波阵面为 S,则 S 的前方某点 P 的光强取决于波阵面 S 上所有面积元发出的子波各自传到 P 点的 (　　)

(A) 振动振幅之和.　　(B) 光强之和.

(C) 振动振幅之和的平方.　　(D) 振动的相干叠加.

12.10 如果单缝夫琅禾费衍射的第 1 级暗条纹发生在衍射角为 30° 的方位上,所用单色光波长为 $\lambda=500\ \text{nm}$,则单缝宽度为 (　　)

(A) 2.5×10^{-5} m　　(B) 1.0×10^{-5} m

(C) 1.0×10^{-6} m　　(D) 2.5×10^{-7} m

12.11 某元素的特征光谱中含有波长分别为 $\lambda_1=450\ \text{nm}$ 和 $\lambda_2=750\ \text{nm}$ 的光谱线. 在光栅光谱中,这两种波长的谱线有重叠现象,重叠处波长为 λ_2 的谱线的级数将是 (　　)

(A) $2,3,4,5,\cdots$　　(B) $2,5,8,11,\cdots$

(C) $2,4,6,8,\cdots$　　(D) $3,6,9,12,\cdots$

12.12 波长 $\lambda=550\ \text{nm}$ 的单色光垂直入射于光栅常量 $d=2\times10^{-4}\ \text{cm}$ 的平面衍射光栅上,可能观察到的光谱线的最大级次为 (　　)

(A) 2　　(B) 3　　(C) 4　　(D) 5

12.13 设光栅平面、透镜均与屏幕平行,则当入射的平行单色光从垂直于光栅平面入射变为斜入射时,能观察到的光谱线的最高级次 k (　　)

(A) 变小.　　(B) 变大.

(C) 不变.　　(D) 改变无法确定.

12.14 一束光是自然光和线偏振光的混合光, 让它垂直通过一偏振片. 若以此入射光束为轴旋转偏振片, 测得透射光强最大值是最小值的 5 倍, 那么入射光束中自然光与线偏振光的光强比值为 ( )

(A) 1/2 (B) 1/3 (C) 1/4 (D) 1/5

12.15 两偏振片堆叠在一起, 一束自然光垂直入射其上时没有光线通过. 当其中一偏振片慢慢转动 180° 时透射光强发生的变化为 ( )

(A) 光强单调增加.

(B) 光强先增加, 后又减小至零.

(C) 光强先增加, 后减小, 再增加.

(D) 光强先增加, 然后减小, 再增加, 再减小至零.

12.16 一束自然光自空气射向一块平板玻璃 (如图所示), 设入射角等于布儒斯特角 i_0, 则在界面 2 的反射光 ( )

(A) 是自然光.

(B) 是线偏振光且光矢量的振动方向垂直于入射面.

(C) 是线偏振光且光矢量的振动方向平行于入射面.

(D) 是部分偏振光.

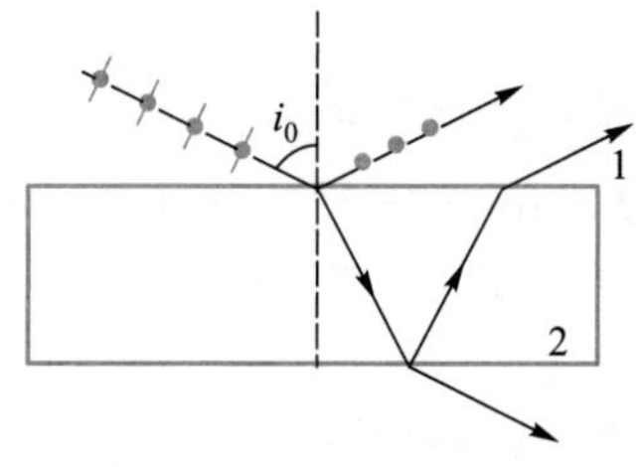

习题 12.16 图

12.17 某种透明介质对于空气的全反射临界角等于 45°, 光从空气射向此介质时的布儒斯特角是 ( )

(A) 35.3° (B) 40.9° (C) 45°

(D) 54.7° (E) 57.3°

12.18 在杨氏双缝干涉实验中, 用波长 $\lambda = 546.1\,\text{nm}$ 的单色光照射, 双缝与屏的距离 $D = 300\,\text{mm}$. 测得中央明条纹两侧的两个第 5 级明条纹的间距为 12.2 mm, 求双缝间的距离.

12.19 在杨氏双缝干涉实验中, 波长 $\lambda = 500\,\text{nm}$ 的单色光垂直入射到双缝上, 屏与双缝的距离 $D = 200\,\text{cm}$, 测得中央明条纹两侧的两条第 10 级明条纹中心之间距离为 2.20 cm, 求两缝之间的距离 d.

12.20 用波长 $\lambda = 500\,\text{nm}$ 的单色光进行牛顿环实验, 测得第 k 个暗环半径 $r_k = 4\,\text{mm}$, 第 $k+10$ 个暗环半径 $r_{k+10} = 6\,\text{mm}$, 求平凸透镜的凸面的曲率半径 R.

12.21 如图所示, 两块平板玻璃, 一端接触, 另一端用纸片隔开, 形成空气劈尖. 用波长为 λ 的单色光垂直照射, 观察透射光的干涉条纹.

(1) 设 A 点处空气薄膜厚度为 e, 求发生干涉的两束透射光的光程差.

(2) 在劈尖顶点处, 透射光的干涉条纹是明条纹还是暗条纹?

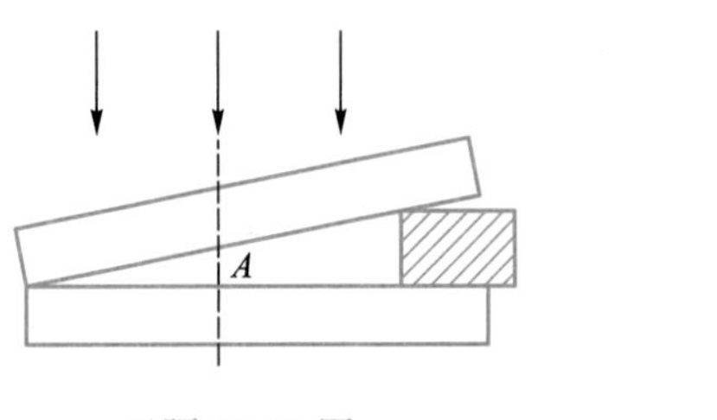

习题 12.21 图

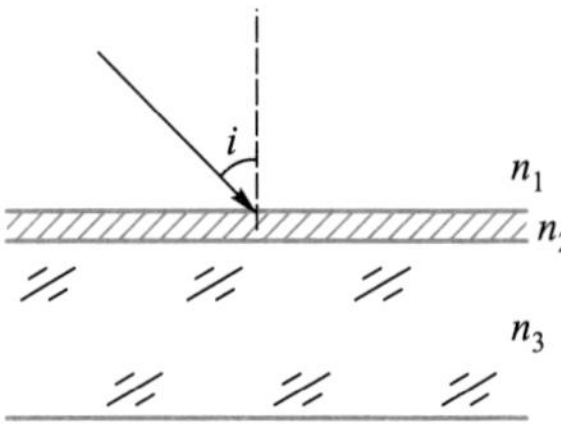

习题 12.22 图

12.22 如图所示, 在折射率为 n_3 的平板玻璃上镀一层薄膜 (折射率为 n_2). 波长为 λ 的单色平行光从空气 (折射率为 n_1) 中以入射角 i 射到薄膜上, 欲使反射光尽可能增强, 所镀薄膜的最小厚度是多少 (设 $n_1 < n_2 < n_3$)?

12.23 波长为 600 nm 的单色光垂直入射到宽度为 $a = 0.10$ mm 的单缝上, 观察单缝夫琅禾费衍射图样, 透镜焦距 $f = 1.0$ m, 屏在透镜的焦平面处. 求:

(1) 中央明条纹的宽度 Δx_0;

(2) 第 2 级暗条纹离透镜焦点的距离 x_2.

12.24 用波长 $\lambda = 632.8$ nm 的平行光垂直照射单缝, 缝宽 $a = 0.15$ mm, 缝后用凸透镜把衍射光会聚在焦平面上, 测得同侧第 2 级与第 3 级暗条纹之间的距离为 1.7 mm, 求此透镜的焦距.

12.25 用每毫米 300 条刻痕的衍射光栅来检验仅含有红和蓝两种单色成分的光谱. 已知红谱线对应波长 λ_R 在 $0.63 \sim 0.76$ μm 范围内, 蓝谱线对应波长 λ_B 在 $0.43 \sim 0.49$ μm 范围内. 当光垂直入射到光栅时, 发现在衍射角为 24.46° 处, 红蓝两谱线同时出现.

(1) 在其他什么角度下红蓝两谱线还会同时出现?

(2) 在什么角度下只有红谱线出现?

12.26 钠黄光中包含 $\lambda_1 = 589.0$ nm 和 $\lambda_2 = 589.6$ nm 的两个波长相近的成分. 用平行的钠黄光垂直入射在每毫米有 600 条缝的光栅上, 会聚透镜的焦距 $f = 1.00$ m. 求在屏幕上形成的第 2 级光谱中上述两波长 λ_1 和 λ_2 的光谱之间的间隔 Δl. ($1\ \text{nm} = 10^{-9}\ \text{m}$)

12.27 两个偏振片 P_1、P_2 叠在一起, 由强度相同的自然光和线偏振光混合而成的光束垂直入射在偏振片上. 进行了两次测量, 第一次和第二次测量时 P_1、P_2 的偏振化方向夹角分别为 30° 和未知的 θ, 且入射光中线偏振光的光矢量振动方向与 P_1 的偏振化方向夹角分别为 45° 和 30°. 若连续穿过 P_1、P_2 后的透射光强的两次测量值相等, 求 θ.

12.28 如图所示的三种透光介质 Ⅰ 、Ⅱ 、Ⅲ , 其折射率分别为 $n_1 = 1.33$,

$n_2 = 1.50$, $n_3 = 1$. 两个分界面相互平行. 一束自然光自介质 I 中入射到 I 与 Ⅱ 的交界面上, 反射光为线偏振光.

(1) 求入射角 i.

(2) 介质 Ⅱ 、Ⅲ 分界面上的反射光是不是线偏振光? 为什么?

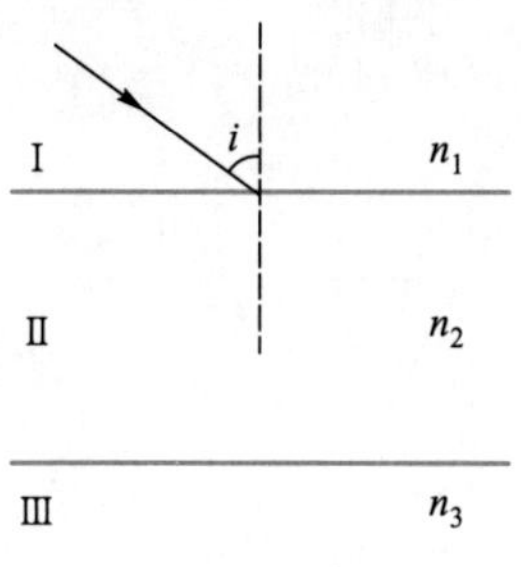

习题 12.28 图

第十三章

量子物理学基础

QR13.1 本章内容提要

量子力学和相对论是现代物理学的两大基石, 在上册中我们已经学习了相对论的基础知识, 本章我们将学习量子力学的基础知识. 量子力学涉及许多奇妙的理论. 它的许多基本概念、基本规律与基本方法都和经典物理有很大的区别, 我们需要从一种全新的视角来学习量子力学. 量子力学是关于微观世界的理论, "量子" 的概念最早是在 1900 年由德国物理学家普朗克提出的, 到今天已经过去了一百余年, 在这一百多年的时间里, 量子力学的理论体系已经非常完善. 量子力学的基本理论框架是在爱因斯坦、玻尔、玻恩、德布罗意、薛定谔、海森伯、狄拉克等许多著名物理学家的共同努力下, 于 20 世纪 30 年代形成的, 本章我们主要学习这些科学家建立的基本理论. 尽管量子力学的哲学意义还是一个被广泛讨论且未能达到统一的热点问题, 但它已在现代科学和技术中获得了很大的成功, 应用到宏观领域时, 量子力学的基本内容就过渡到经典力学, 正像在低速领域相对论转化为经典理论一样.

13.1 光的量子性

13.1.1 光电效应的实验规律

QR13.2 语音导读 13.1.1

QR13.3 教学视频 13.1.1

1887 年, 德国物理学家赫兹发现, 光照射到某些金属表面时, 会有带电粒子从金属表面逸出, 后来经德国物理学家、赫兹的助手莱纳德证明, 逸出的带电粒子是电子. 这种光照射到金属表面有电子逸出的现象称为**光电效应**. 逸出的电子称为**光电子**. 通过对光电效应的仔细研究, 最终证明光具有粒子性.

图 13.1 为研究光电效应的实验装置简图. 在图 13.1 中, S 表示一个内部被抽成真空的玻璃管. K 表示发射电子的金属阴极. A 表示阳极. 光电效应中使用的入射光频率一般介于可见光频率到紫外线频率之间, 而石英玻璃窗对这些光基本是透明的. 当单色光照射到 K 时, 金属释放出光电子, 若在 KA 之间加上一定的电势差, 离开阴极的光电子会由 K 飞向 A, 然后再经由导线回到电源负极. 光电子的运动在回路中形成了电流, 该电流可称为**光电流**. 实验中, KA 之间的电势差的值可由电压表 V 读出, 光电流数值可直接从检流计 G 中读出. 依据光电流数值可计算出单位时间内由 K 飞到 A 的光电子数. 设 I 表示光电流, n_0 表示单位时间内由 K 飞到 A 的光电子数, 则 $I = n_0 e$. 由此关系式可继续分析单位时间内从金属表面逸出的光电子数. 通过对实验结果进行总结, 可得到如下规律.

(1) 单位时间内逸出的光电子数与光强的关系. 保持入射光的频率不变且光强一定时, 可测得图 13.2 所示光电流 I 和两极 AK 之间电势差 U 的关系曲线, 曲线表明, 刚开始光电流 I 随 U 的增加而增加, 但当 U 达到一定值时, 光电流不再增加, 而达到一个饱和值 I_s, I_s 可称为**饱和光电流**. 光电流达到饱和状态说明此时单位时间内从阴极 K 逸出的光电子已全部被阳极 A 接收了. 改变入射光的光强后重新进行的实验表明, 饱和光电流数值与光强成正比, 说明单位时间内从阴极逸出的光电子数与入射光的强度成正比.

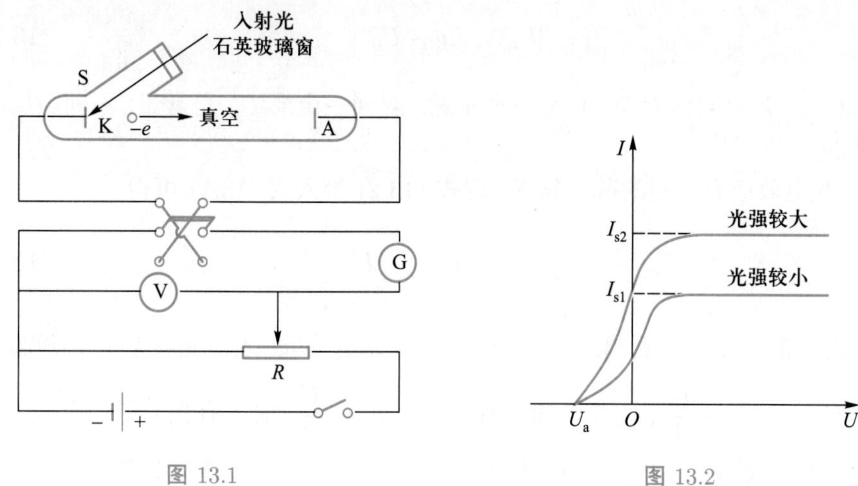

图 13.1　　图 13.2

(2) 光电子的初动能与入射光频率之间的关系. 这里光电子的初动能指光电子离开金属表面时所具有的动能. 一般各个光电子离开金属表面时的初动能是不同的, 其中初动能的最大值称为光电子的最大初动能. 从图 13.2 所示的实验曲线可以看出, 当电势差 U 减小到零时, 光电流 I 并不等于零, 只有在实验过程中利用换向开关换向, 使电势差 $U = U_{\mathrm{A}} - U_{\mathrm{K}}$ 为负值, 且绝对值达到一定数值, 光电流 I 才可减小为零. 光电流为零, 说明当逸出金属后具有最大初动能的光电子也不能到达阳极 A, 该电势差称为遏止电势差 (或遏止电压), 用 U_{a} 表示, 此时有

$$\frac{1}{2}mv_{\mathrm{m}}^2 = e\left|U_{\mathrm{a}}\right| \tag{13.1}$$

式 (13.1) 中, m 为电子质量, v_{m} 为电子的最大初速度, $\frac{1}{2}mv_{\mathrm{m}}^2$ 为电子的最大初动能, e 为电子电荷绝对值. 由于光电子的最大初动能可很方便地由 U_{a} 测出, 而其他初动能测量起来却较为麻烦, 同时光电子动能与其他参量间的变化关系也完全可以用最大初动能代表, 因此接下来讨论光电子动能时, 主要讨论最大初动能. 实验表明 U_{a} 与光的强度无关, 如图 13.3 所示, 光电子的遏止电势差随入射光频率的

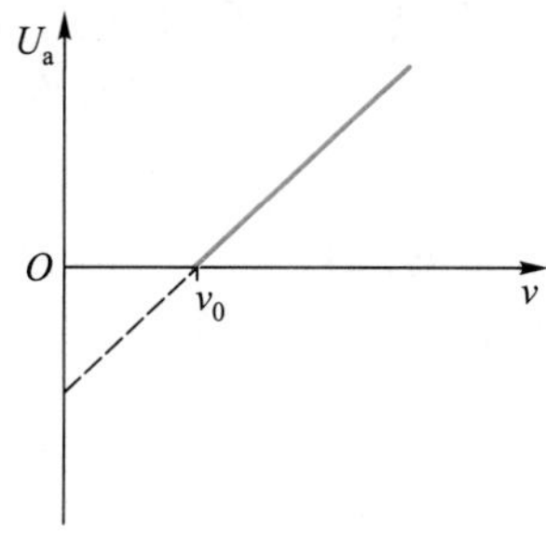

图 13.3

增加而增加, 二者呈线性关系, 依据具体的实验数据可总结出二者的数学关系为

$$|U_{\mathrm{a}}| = k\nu - U_0 \tag{13.2}$$

式 (13.2) 中, k 是直线斜率, 它是一个常量. 对同一金属 U_0 是常量, 不同金属的 U_0 将不同.

(3) 光电效应有一定的截止频率. 将式 (13.2) 带入式 (13.1) 可得

$$\frac{1}{2}mv_{\mathrm{m}}^2 = ek\nu - eU_0 \tag{13.3}$$

从式 (13.3) 中可以看出, 由于 $\frac{1}{2}mv_{\mathrm{m}}^2 \geqslant 0$ 永远成立, 入射光频率 ν 必须满足 $ek\nu - eU_0 \geqslant 0$, $\nu \geqslant \frac{U_0}{k}$, 由此可知只有当 $\nu \geqslant \nu_0 = \frac{U_0}{k}$ 时才有光电子产生, ν_0 是一个光电效应能否产生的频率界限, 称为光电效应的**截止频率** (或**红限频率**), 与截止频率对应的波长 $\lambda_0 = \frac{c}{\nu_0}$ 称为**截止波长** (或**红限波长**), 也就是说当光照射某一给定的金属时, 如果入射光的频率小于这种金属的截止频率 ν_0, 则无论光的强度如何, 都不会产生光电效应. 反之, 如果入射光的频率大于这种金属的截止频率 ν_0, 则无论光的强度有多小, 都会产生光电效应.

(4) 光电效应具有瞬时性. 通过实验发现, 只要入射光频率大于金属的截止频率, 从光线照射到金属表面到检测到逸出的光电子, 几乎是瞬时的, 二者时间差不超过 10^{-9} s.

13.1.2 光电效应与经典理论的困惑

QR13.4 语音导读 13.1.2

上述的光电效应实验规律无法用经典物理理论解释. 按照经典物理理论中的光的波动理论, 光是一种电磁波, 电磁波可促使金属中的电子进行受迫振动, 振动频率就是入射光的频率. 电子在受迫振动过程中吸收入射光的能量, 当能量积累到一定程度, 电子就会脱离原子核的束缚, 从金属中逸出, 形成光电效应. 从前面光学部分的学习中我们知道, 光的强度与入射光振幅的平方成正比, 与频率无关. 因此无论入射光的频率值有多小, 只要光的强度足够大, 或者即使强度较小, 但光的照射时间足够长, 电子就应该能从入射光中获得足够的能量, 从而离开原子产生光电效应. 即光电效应只与入射光的强度、光照时间有关, 而与入射光的频率无关, 但光电效应实验规律中的 (2)、(3) 均体现了频率的重要作用. 同时, 按照经典物理理论的观点, 光电效应必然需要一定的时间, 因为无论入射光能量多大, 电子总是需要一定的时间来积累能量的, 这一点与实验规律 (4) 又相矛盾. 这样看来要解释光电效应用经典物理理论是不行的, 必须用新的理论.

13.1.3 普朗克的能量子假设

1. 热辐射现象

任何物质都在辐射热量, 但是温度较低的物质辐射现象不明显, 所以人们对热辐射问题的认识是从高温物体开始的, 比如铁块在较高温度下的辐射. 如果将某一铁块加热, 在温度较低时观察不到铁块发光. 但若通过加热使铁块的温度不断升高, 它会先后具有暗红、赤红、橙色等颜色, 最后会变成黄白色. 其他物体加热时发光的颜色也有类似的随温度而改变的现象. 光是一种电磁波, 电磁波的频率决定着光的颜色, 说明在不同温度下物体能发出频率不同的电磁波. 进一步的实验说明, 不同频率的电磁波, 对能量的辐射本领是不同的, 这种能量按频率的分布随温度而不同的电磁辐射称为热辐射.

QR13.5 语音导读 13.1.3

为定量描述物体热辐射规律, 引入光谱辐射出射度的概念. 频率为 ν 的光谱辐射出射度是指单位时间内从物体单位表面积发出的频率在 ν 附近单位频率区间的电磁波的能量. 光谱辐射出射度是频率的函数, 用 M_ν 表示, 它在国际单位制 (SI) 中的单位为 $\mathrm{W/(m^2 \cdot Hz)}$.

物体在辐射电磁波的同时, 还会吸收照射到它表面的电磁波. 如果在同一时间内从物体表面辐射的电磁波的能量与它吸收的电磁波的能量相等, 物体就处于温度一定的热平衡状态. 这时的热辐射称为平衡热辐射. 接下来只讨论平衡热辐射.

2. 黑体辐射

为研究黑体辐射, 首先引入光谱吸收比的概念. 在温度为 T 时, 物体表面吸收的频率介于 ν 到 $\nu+\mathrm{d}\nu$ 区间内的辐射能量占全部入射的该区间的辐射总能量的比例, 称为物体的光谱吸收比, 以 $a(\nu)$ 表示, $a(\nu)$ 的最大值为 1. 实验表明, 辐射能力越强的物体, 其吸收能力也越强. 理论上还可证明, 尽管各种材料的 M_ν 和 $a(\nu)$ 差别较大, 但在同一温度下二者的比值却与材料种类无关, 而是一个确定的值. 能完全吸收照射到表面各种频率光的物体称为黑体. 对于黑体, $a(\nu)=1$. 黑体的光谱辐射出射度是各种材料中最大的, 而且光谱辐射出射度只与频率和温度有关. 因此研究黑体辐射的规律具有更基本的意义.

一般物体颜色越黑, $a(\nu)$ 的值就会越大, 但都不能被看成理想黑体. 实际中的理想黑体是这样得到的: 用任意一种材料制成一个图 13.4 所示的空腔, 然后在腔壁上开一个小洞, 再让光线以一个较为特殊的角度射入小洞, 使射入小洞内的光线无论在洞内反射多少次都不会从洞口射出, 这样一个小洞实际上就能完全吸收各种波长的入射光, 因此小洞的 $a(\nu)$ 等于 1, 小洞是一个理想黑体. 将这个空腔加热到不同温度, 小洞就成了不同温度下的理想黑体. 用分光技术测出由它发出的光能量按频率的分布, 就可以研究黑体辐射中的各种规律.

19 世纪末, 德国钢铁工业出现了蓬勃发展的新局面, 在这种背景下, 德国的许

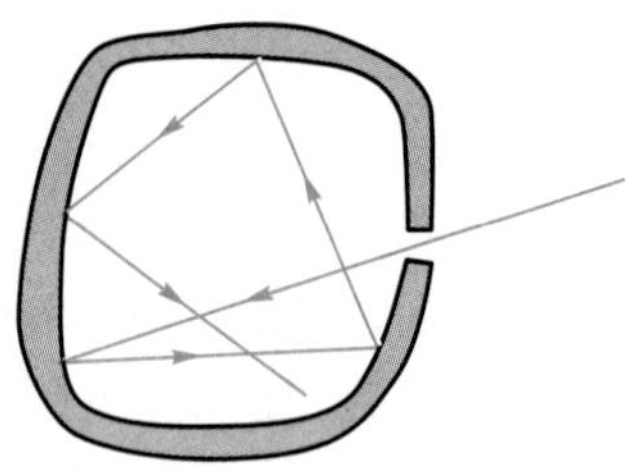

图 13.4

多实验和理论物理学家都很关注黑体辐射现象，也投入大量精力对黑体辐射现象进行研究. 实验物理学家设计了精巧的实验测出黑体的 M_ν 和 ν 的关系曲线，曲线的形式如图 13.5 所示. 理论物理学家就试图从理论上对曲线进行解释. 在 1896 年，德国物理学家维恩从经典热力学和麦克斯韦分布律出发，导出了一个用于描述黑体辐射曲线的公式，被称为**维恩公式**. 公式形式如下:

$$M_\nu = \alpha\nu^3 \mathrm{e}^{-\beta\nu/T} \tag{13.4}$$

式 (13.4) 中 α 和 β 均为常量，T 为热力学温标下的温度值. 由维恩公式给出的计算结果，在高频范围和实验曲线符合得很好，但在低频范围内却与实验曲线有较大的偏差，如图 13.5 所示.

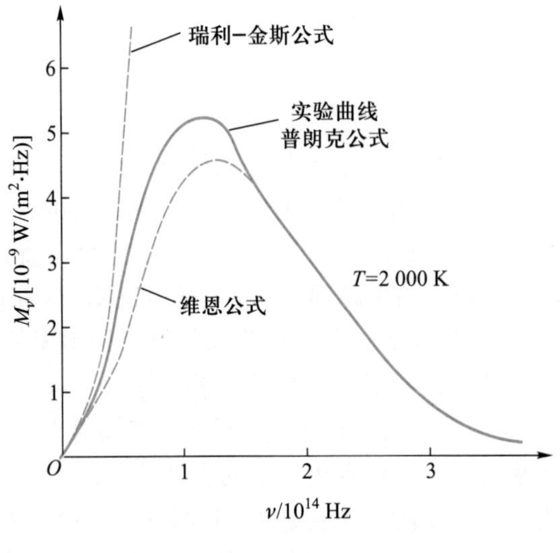

图 13.5

1900 年 6 月，英国物理学家瑞利发表了他根据经典电磁学和能量均分定理导出的黑体辐射公式，由于该公式后来经过英国物理学家金斯的修正，因此称为**瑞利–金斯公式**.

$$M_\nu = \frac{2\pi\nu^2}{c^2}kT \tag{13.5}$$

式 (13.5) 给出的结果, 在低频范围内还能符合实验值; 在高频范围就和实验值相差甚远, 甚至趋向无限大值, 如图 13.5 所示. 维恩公式和瑞利 – 金斯公式在解释黑体辐射问题中的失败, 证明了经典理论在黑体辐射研究方面的失效, 尤其是瑞利 – 金斯公式的失败, 在当时被很多物理学家惊呼为 "紫外灾难".

3. 普朗克的两条假设

1900 年 12 月德国物理学家普朗克发表了他导出的黑体辐射公式, 即普朗克公式

QR13.6 普朗克的物理思想

$$M_\nu = \frac{2\pi h}{c^2}\frac{\nu^3}{\mathrm{e}^{h\nu/kT-1}} \tag{13.6}$$

式 (13.6) 在全部频率范围内都和实验值相符, 如图 13.5 所示. 式 (13.6) 中 c 为真空中光速, k 为玻耳兹曼常量, e 为自然对数的底, h 为普朗克常量, 由实验测定

$$h = 6.626\ 070\ 15 \times 10^{-34}\ \mathrm{J{\cdot}s}$$

为推导出这个公式, 普朗克作了如下两条假设, 其中第二条假设是与经典理论相矛盾的.

(1) 黑体由带电谐振子组成, 即组成空腔壁的分子、原子的振动均可视为线性谐振子振动, 这些谐振子辐射电磁波, 并和周围的电磁场交换能量.

(2) 所有谐振子的能量不是连续变化的, 只能取一系列不连续的分立值, 这些分立值是最小能量 ε 的整数倍, 即谐振子可取能量为

$$\varepsilon, 2\varepsilon, 3\varepsilon, \cdots, n\varepsilon, \cdots$$

其中 n 为正整数, 普朗克假设频率为 ν 的谐振子的最小能量为

$$\varepsilon = h\nu$$

其中 ε 可称为能量子, h 为普朗克常量.

普朗克的能量子假设打破了经典物理学认为能量连续的想法与习惯, 利用能量分立的观点推导出式 (13.6), 完美地解释了黑体辐射问题. 这是一个重大发现, 开创了物理学的新时代. 普朗克常量 h 是近代物理学最重要的常量之一, 它是近代物理学和经典物理学的判据. 因此, 人们把 1900 年普朗克提出的能量子假设作为量子论的起点. 普朗克虽然提出了量子论的基本观点, 但他深知自己所提出的理论与经典理论背道而驰. 他对自己的理论非常忐忑不安, 他认为, "经典理论给了我们这样多有用的东西, 因此, 必须以最大的谨慎对待它, 维护它……除非绝对必要, 否则不要改变现有的理论." 1910 年, 他提出发射能量不连续, 但吸收连续, 这就像在说一瓶一瓶啤酒卖出去后就混合在一起成了流体. 1913 年, 他又提出能

量发射也连续, 只有相互碰撞时才不连续. 总之普朗克提出能量子假设之后的很长一段时间里, 并没有努力继续发展量子论, 而是试图用经典理论重新解释黑体辐射. 普朗克把物理学带到量子论的门口, 却没进去. 爱因斯坦、玻尔勇敢地闯了进去!

13.1.4 爱因斯坦的光量子假设

1. 光量子假设

QR13.7 语音导读 13.1.4

1905 年爱因斯坦在普朗克能量子概念的基础上提出了光量子假设, 圆满地解释了光电效应. 该理论认为, 光在空间传播时, 除经典波动光学阐述的波动性之外, 也具有粒子性, 一束光就是一束以光速 c 运动的粒子流. 这些粒子称为光量子, 简称光子. 频率为 ν 的一个光子具有的能量为

$$\varepsilon = h\nu \tag{13.7}$$

2. 光电效应方程

按照爱因斯坦的理论, 光电效应过程中单个光子与单个电子相互作用, 作用中光子被电子完全吸收. 比如, 用频率为 ν 的单色光照射金属时, 一个电子通过吸收一个光子增加了 $h\nu$ 的能量, 电子获取能量之后, 将能量的一部分用于脱离金属表面时所需的逸出功W, 另一部分则成为电子离开金属表面后的初动能. 根据能量守恒定律, 得

$$\frac{1}{2}mv_{\mathrm{m}}^2 = h\nu - W \tag{13.8}$$

或者

$$h\nu = \frac{1}{2}mv_{\mathrm{m}}^2 + W \quad \frac{hc}{\lambda} = \frac{1}{2}mv_{\mathrm{m}}^2 + W$$

这就是爱因斯坦光电效应方程.

比较式 (13.3) 和式 (13.8) 可得

$$h = ek$$

回过头再来看图 13.3 给出的 $U_{\mathrm{a}}-\nu$ 的关系曲线, 根据式 (13.2), 该曲线的斜率应为 k, 则可由 $h = ek$ 计算出普朗克常量的数值. 通过比较发现, 利用 $U_{\mathrm{a}}-\nu$ 的关系曲线斜率得到的 h 值与当时用其他方法测得的值符合. 这也是爱因斯坦光量子假设正确性的一个证明.

3. 光量子假设对光电效应实验规律的解释

(1) 对单位时间内逸出的光电子数与光强关系的解释. 入射光的光强取决于单位时间内通过垂直于光传播方向单位面积的能量 (即能流密度). 设单位时间内

通过单位面积的光子数为 n, 则入射光的能流密度为 $nh\nu$, 当 ν 一定时, 入射光光强越大, n 越大, 则单位时间内照射到阴极 K 的光子数越多, 逸出的光电子数也就越多, 因此饱和光电流越大.

(2) 对光电子的初动能与入射光频率之间关系的解释. 由光电效应方程式 (13.8) 可知, 光电子的初动能与入射光频率恰好可以作出一条直线, 直线的斜率即为 h, 截距为 W.

(3) 对截止频率的解释. 由式 (13.3) 和式 (13.8) 可得

$$W = eU_0$$

则

$$\nu_0 = \frac{U_0}{k} = \frac{W}{h}$$

说明截止频率是由逸出功引起的. 当入射光的频率为截止频率时, 电子吸收光子后得到的能量恰好可以使电子克服逸出功而脱离原子核的束缚, 也就发生了光电效应, 此时电子的初动能为 0. 当光子能量 $h\nu < W$ 时, 电子获得的能量不足以克服逸出功, 则不能产生光电效应. 若测出截止频率, 可由截止频率算出逸出功 $W = h\nu_0$, 同一种金属的 W 具有确定值.

(4) 对光电效应瞬时性的解释. 由于光子是被电子一次性吸收的, 中间不涉及能量积累的时间, 所以电子获得能量脱离原子的过程时间很短, 几乎是瞬时的.

4. 光的波粒二象性

我们在波动光学中曾经讲过, 光具有干涉、衍射等波动性特征, 因此光一定具有波动性, 光可以被称为光波. 通过光电效应的学习我们又认识了光的粒子性, 构成光的最小单元是光子. 综合起来看, 光既有波动性, 又有粒子性, 即光具有波粒二象性.

光的波动性一般用波长 λ 和频率 ν 描述; 光的粒子性用光子的质量 m、能量 ε、动量 p 描述. 按照光量子的理论, 一个光子的能量为

$$\varepsilon = h\nu$$

根据相对论的质能关系又可得到一个光子的能量为

$$\varepsilon = mc^2$$

则有光子的质量

$$m = \frac{h\nu}{c^2} \tag{13.9}$$

从粒子的质速关系 $m = \dfrac{m_0}{\sqrt{1-\dfrac{v^2}{c^2}}}$ 可计算光子的运动质量, 对于光子其运动速度 $v = c$, 若带入质速关系公式会计算出 $m = \infty$, 而实际中 m 是有限的, 这就

要求 $m_0 = 0$, 即光子的静止质量为零, 只有这样才能满足 m 有限. 由动量定义可得光子的动量为 $p = mc$, 将式 (13.9) 带入动量表达式可得

$$p = \frac{h}{\lambda} \tag{13.10}$$

式 (13.7) 和式 (13.10) 是描述光的性质的基本关系式. 等式左边描述光的粒子性, 右边描述光的波动性. 这两种性质在数量上是通过普朗克常量 h 联系起来的. 由于在理论物理方面的贡献, 特别是对光电效应的成功解释, 爱因斯坦获得了 1921 年的诺贝尔物理学奖.

13.1.5 康普顿效应

QR13.8 语音导读 13.1.5

从 1922 年开始, 美国物理学家康普顿研究了 X 射线被较轻物质散射后光的成分. 这里的较轻物质指的是原子序数相对较小的物质, 比如石墨. 康普顿通过研究发现散射谱线中除了有波长与入射线相同的成分外, 还有波长较长的成分. 这种出现新波长成分的散射现象称为**康普顿散射或康普顿效应**. 康普顿效应进一步证明了光的量子性.

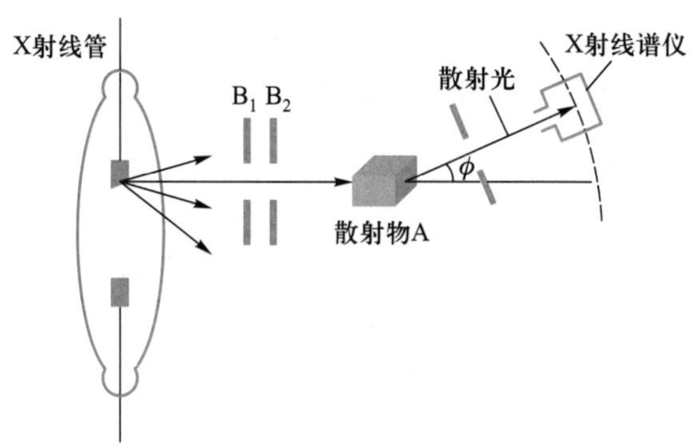

图 13.6

QR13.9 教学视频 13.1.5

图 13.6 是康普顿效应的实验装置简图. 从 X 射线管发出的波长为 λ_0 的 X 射线, 经光阑 B_1 和 B_2 后被散射物 A 散射. 散射光的波长和强度利用晶体衍射 X 射线谱仪测量. 散射方向和入射方向之间的夹角称为**散射角**. 通过康普顿效应实验得到了如下规律:

(1) 散射光中除了有和原波长 λ_0 相同的成分外还有 $\lambda > \lambda_0$ 的成分.

(2) 令 $\Delta\lambda = \lambda - \lambda_0$ 表示任意散射角方向上波长的改变量, 实验发现随散射角 ϕ 的增大, $\Delta\lambda$ 增加.

QR13.10 康普顿的科学思想

(3) 对于不同元素的散射物质, 在同一散射角下, 波长的改变量 $\Delta\lambda$ 相同. 波长为 λ 的散射光强度随散射物原子序数的增加而减小.

在康普顿效应实验中, 散射物相当于光栅, 整个实验过程可理解为光垂直穿过光栅后的衍射. 波长为 λ 的成分的出现, 就相当于光栅衍射实验中, 衍射光中出

现了新颜色的光, 这是经典物理理论难以解释的. 按照经典波动理论, 散射物分子的受迫振动频率等于入射光波的频率, 因此散射光的波长只应与入射光的波长 λ_0 相同, 不应出现波长变长的现象.

康普顿认为, X 射线的散射是单个电子和单个光子发生弹性碰撞的结果, 利用光量子理论成功地解释了这些实验结果. 分析计算如下:

QR13.11 X 射线的发现

在固体中有许多和原子核联系较弱的电子, 这些电子可视为自由电子. 另外, 由于电子热运动平均动能 (0.01 eV 数量级) 和入射的 X 射线光子的能量 ($10^4 \sim 10^5$ eV 数量级) 比起来可忽略不计, 因而这些电子在碰撞前可以视为静止. 一个电子的静止能量为 m_0c^2, 动量为零. 设入射光的频率为 ν_0, 则一个光子的能量为 $h\nu_0$, 动量大小为 $\dfrac{h\nu_0}{c}$. 再设弹性碰撞后, 电子的能量变为 mc^2, 动量大小变为 mv; 散射光子的能量为 $h\nu$, 动量大小为 $\dfrac{h\nu}{c}$, 散射角为 ϕ. 在图 13.7 中, 分别给出碰撞前和碰撞后光子与电子的相对关系. 在图 13.8 中, 标记出光子碰撞前与碰撞后的运动方向、电子碰撞后的运动方向, 以及这三个方向之间的夹角. 在图 13.8 中, $\boldsymbol{n}_0$ 和 $\boldsymbol{n}$ 分别为碰撞前和碰撞后的光子运动方向上的单位矢量.

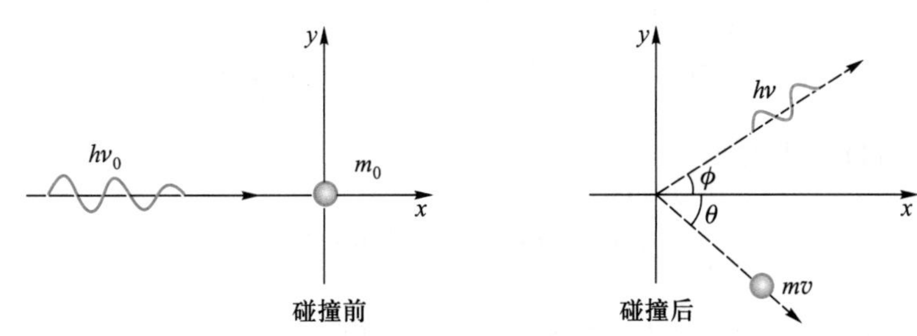

图 13.7

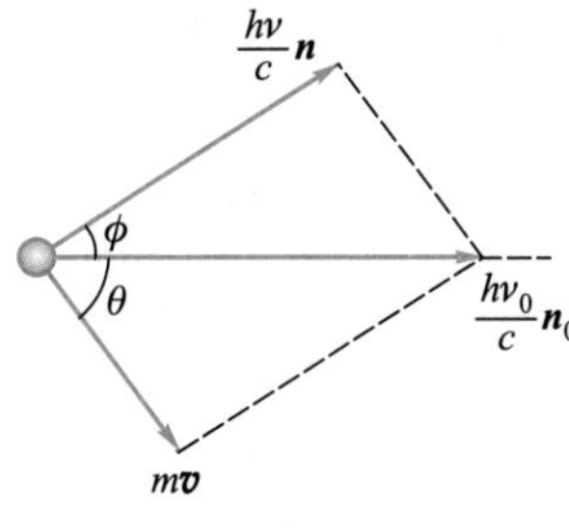

图 13.8

按照能量守恒定律有

$$h\nu_0 + m_0c^2 = h\nu + mc^2 \tag{13.11}$$

按照动量守恒定律有

$$\frac{h\nu_0}{c}\boldsymbol{n}_0 = \frac{h\nu}{c}\boldsymbol{n} + m\boldsymbol{v} \tag{13.12}$$

由于反冲电子速度很大, 需考虑相对论效应

$$m = \frac{m_0}{\sqrt{1-\dfrac{v^2}{c^2}}}$$

式 (13.12) 可改写为

$$m\boldsymbol{v} = \frac{h\nu_0}{c}\boldsymbol{n}_0 - \frac{h\nu}{c}\boldsymbol{n}$$

两边平方可得

$$m^2v^2 = \left(\frac{h\nu_0}{c}\right)^2 + \left(\frac{h\nu}{c}\right)^2 - 2\frac{h^2\nu\nu_0}{c^2}\boldsymbol{n}_0\cdot\boldsymbol{n} \tag{13.13}$$

由于 $\boldsymbol{n}_0\cdot\boldsymbol{n} = \cos\phi$, 所以式 (13.13) 可变为

$$m^2v^2c^2 = h^2\nu_0^2 + h^2\nu^2 - 2h^2\nu\nu_0\cos\phi \tag{13.14}$$

式 (13.11) 可改写为

$$mc^2 = h(\nu_0 - \nu) + m_0c^2 \tag{13.15}$$

将式 (13.15) 两边取平方, 再与式 (13.14) 相减, 同时考虑 $m = \dfrac{m_0}{\sqrt{1-\dfrac{v^2}{c^2}}}$ 可得

$$\frac{c}{\nu} - \frac{c}{\nu_0} = \frac{h}{m_0c}(1-\cos\phi) \quad \Delta\lambda = \lambda - \lambda_0 = \frac{2h}{m_0c}\sin^2\frac{\phi}{2} \tag{13.16}$$

式 (13.16) 被称为康普顿散射公式. 其中 $\dfrac{h}{m_0c}$ 具有波长量纲, 称为电子的康普顿波长, 以 λ_c 表示

$$\lambda_c = \frac{h}{m_0c} = 0.002\,426\,3\ \text{nm}$$

该波长与短波 X 射线波长具有相同数量级. 式 (13.16) 表明波长的改变量与散射物质的种类及入射光的波长无关, 只与散射角 ϕ 有关, 随 ϕ 的增大, $\Delta\lambda$ 增大, 此结果与实验数据相符. 式 (13.16) 也可写成如下形式

$$\lambda = \lambda_0 + \lambda_c(1-\cos\phi) \quad \lambda = \lambda_0 + 2\lambda_c\sin^2\frac{\phi}{2} \tag{13.17}$$

为什么散射光中还有与入射光波长 λ_0 相同的成分? 这是因为上面的计算中假定了电子是自由的, 这仅对轻原子中的电子和重原子外层中结合不太紧的电子近似成立. 而内层电子, 尤其是重原子中数目较多且束缚较紧的内层电子, 就不能当成自由电子. 光子和这种电子碰撞, 相当于和整个原子相碰, 该碰撞可视为完全弹性碰撞, 就像一个弹性小球与墙面碰撞后被弹开一样, 因此, 碰撞中光子传给原子的能量很小, 几乎保持自己的能量不变. 这样散射光中就保留了原波长 λ_0 的成分. 由于内层电子的数目随散射物原子序数的增加而增加, 所以波长为 λ_0 的散射光强度随散射物原子序数的增加而增强, 而波长为 λ 的散射光强度随之减弱.

康普顿散射只有在入射光的波长与电子的康普顿波长大小相近时才较为明显, 这正是选用 X 射线观察康普顿效应的原因. 而在光电效应中, 入射光是可见光或紫外线, 所以基本观察不到康普顿效应. 康普顿效应不仅证实了光的粒子性, 而且证实了在微观粒子相互作用的过程中, 能量守恒定律和动量守恒定律同样适用.

至此, 我们分别学习了光电效应和康普顿效应, 接下来总结一下二者之间有什么区别和联系. 先谈相同之处, 康普顿效应与光电效应在物理本质上是相同的, 研究的都是个别光子与个别电子之间的相互作用, 作用过程中都遵循能量守恒定律. 接下来谈二者间的区别. 首先, 康普顿效应与光电效应的入射光的波长不同, 光电效应的入射光波长为 1000 Å 数量级, 康普顿效应入射光波长一般为 1 Å 数量级. 其次, 康普顿效应与光电效应中光子与电子相互作用的微观机制不同, 光电效应中电子吸收了光子全部能量, 能量守恒; 康普顿效应中光子与电子进行弹性碰撞, 能量动量均守恒.

例 13.1 波长为 $\lambda_0 = 0.01\ \text{nm}$ 的 X 射线沿水平向右的方向入射, 如图 13.9 所示, X 射线光子在遇到电子之后发生散射, 散射角 $\phi = 90°$.

求: (1) 散射光波长 λ; (2) 反冲电子的动能 E_k; (3) 反冲电子的动量大小 p_e.

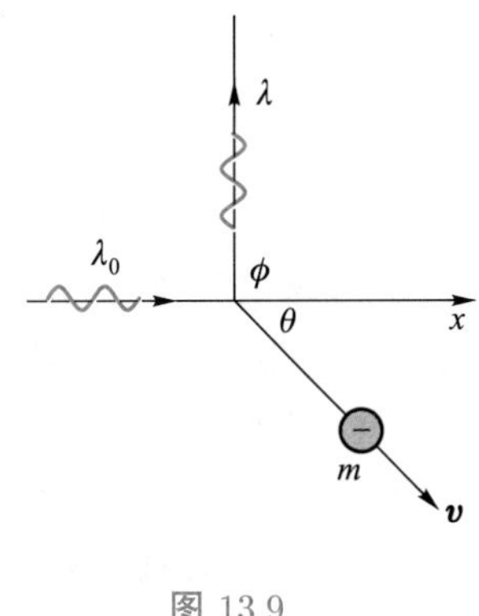

图 13.9

解 (1) 由康普顿散射公式 (13.17)

$$\lambda = \lambda_0 + \lambda_\text{c}\,(1 - \cos\phi)$$

其中 λ_c 的数值取为 0.0024 nm, $\phi = 90°$, 则

$$\lambda = \lambda_0 + \lambda_c = 0.0124\ \text{nm}$$

由此可知在散射角为 $\phi = 90°$ 的方向, 有两种波长的散射光, 它们的波长分别为 0.01 nm 和 0.0124 nm.

(2) 由光子与电子碰撞过程中能量守恒可得

$$\frac{hc}{\lambda_0} + m_0c^2 = \frac{hc}{\lambda} + mc^2$$

m_0 表示电子的静止质量, m 表示电子的相对论质量. 按相对论动力学理论, 电子动能计算公式为

$$E_k = mc^2 - m_0c^2 = \frac{hc}{\lambda_0} - \frac{hc}{\lambda} = 3.8 \times 10^{-15}\ \text{J}$$

碰撞后电子动能为 3.8×10^{-15} J.

(3) 由碰撞过程中动量守恒, 则可分别在水平和竖直方向列出动量守恒方程为

水平方向 $$\frac{h}{\lambda_0} + 0 = \frac{h}{\lambda} + p_e \cos\theta$$

竖直方向 $$0 + 0 = \frac{h}{\lambda} - p_e \sin\theta$$

由此可解得 $$p_e = \frac{h}{\lambda\lambda_0}\sqrt{\lambda_0^2 + \lambda^2} = 8.5 \times 10^{-23}\ \text{kg·m·s}^{-1}$$

$$\cos\theta = \frac{h}{\lambda_0 p_e} = 0.78 \quad \theta = 38°44'$$

碰撞后电子动量大小为 8.5×10^{-23} kg·m·s^{-1}, 方向如图 13.9 所示, 其中 $\theta = 38°44'$.

13.1.6 光电效应在近代技术中的应用

1. 微光夜视仪

QR13.12 语音导读 13.1.6

微光夜视仪工作时, 是以红外变像管作为该仪器的探测器及显示器, 同时外加一个作为光源的红外探照灯. 通过目标反射的红外辐射光, 进行聚焦成像, 并在变像管一端银氧铯的光电阴极上面, 激发出这些相关的光电子. 光电子被管内电子透镜进行加速并聚焦到荧屏, 通过轰击荧光屏而发光显像. 夜视仪主要运用于夜晚工作, 属于一种被动方式的工作, 该仪器能较好地隐藏观测者, 因此微光夜视仪适用于不少特殊工作部门, 例如军队、刑警工作、缉毒活动、监控、保卫等.

2. 紫外光电管

国内紫外光电管的主要应用有

(1) 坦克及其他装甲车辆的三防系统;
(2) 飞机发动机及机舱的紫外监控;
(3) 舰船火灾警告系统;
(4) 消防火焰检测系统.

紫外光电管是一种光子检测器件, 它主要具有 4 个特点:

(1) 由于器件工作区位于中紫外区, 是太阳光谱的盲区, 因此可使检测的系统避开自然的光源, 系统信号的检测难度降低, 促进误报率一同降低;

(2) 由于器件自身对紫外线极其敏感, 使得系统能在极短时间内对来自外部的变化作出极其可靠的反应;

(3) 被动探测, 不发射电磁信号;

(4) 可覆盖所有可能的观测角.

3. 光电效应的其他应用

光信号转变为电信号的器件通常被称为光电器件. 主要的光电器件包括光敏电阻, 光敏二极管、三极管, 硅光敏管, 色敏器件, 光电池等. 此类器件基本已被应用到人类的生产、生活的各个领域. 在传真机、电影的放映机、录音机等设备当中, 也广泛应用光电管, 而电影的放映机还声系统当中还应用了光电倍增管.

13.2 氢原子光谱 氢原子玻尔理论

13.2.1 氢原子光谱

在粒子物理与原子核物理研究中, 有两种重要的实验手段, 分别是粒子加速器和光谱分析. 光谱是电磁辐射的波长成分和强度分布的记录, 有时只是波长成分的记录. 原子光谱的规律提供了原子内部结构的重要信息. 氢原子是结构最简单的原子, 历史上就是从研究氢原子光谱规律开始研究原子的. 在可见光和近紫外区, 氢原子的谱线如图 13.10 所示. 由图 13.10 可看出, 光谱可简单理解为将某一波长的光用一条短线代替, 再将这些短线按波长大小排列出来.

QR13.13 语音导读 13.2.1

QR13.14 粒子加速器

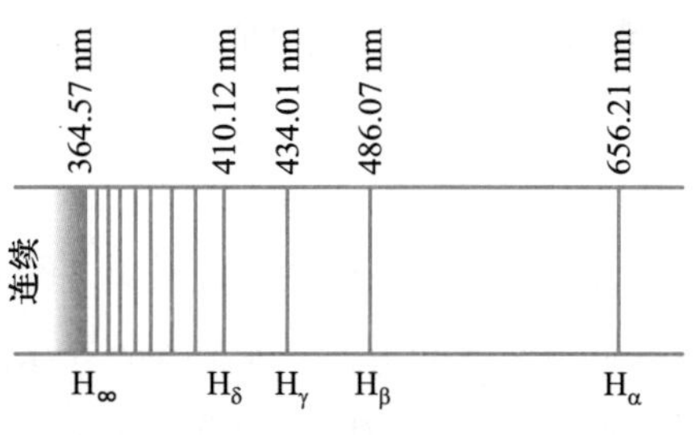

图 13.10

图 13.10 中 H_α、H_β、H_γ 和 H_δ 均在可见光区. 图 13.10 明显表明, 氢原子谱线是线状分立的, 光谱线从长波方向的 H_α 线起向短波方向展开, 谱线的间距越来越小, 最后趋近一个极限位置, 称为线系限, 用 H_∞ 表示. 1885 年瑞士数学家、物理学家巴耳末通过对氢原子谱线波长规律进行研究, 发现这些谱线的波长可用简单的整数关系公式计算出来

$$\lambda = B\frac{n^2}{n^2-4} \tag{13.18}$$

式 (13.18) 中 $B = 364.57\ \mathrm{nm}$, 当 $n = 3, 4, 5, 6, \cdots$ 正整数时, 就可以算出 H_α, H_β, H_γ, H_δ, $\cdots$ 的波长. 式 (13.18) 称为巴耳末公式. 公式值与实验值符合得很好. 光谱学上常用波长的倒数 $\sigma = \dfrac{1}{\lambda}$ 来表征谱线, σ 可称为波数, 它的物理意义是单位长度内所包含完整波长的数目, 则巴耳末公式可写成

$$\sigma = \frac{1}{\lambda} = R\left(\frac{1}{2^2} - \frac{1}{n^2}\right) \quad n = 3, 4, 5, 6, \cdots \tag{13.19}$$

式 (13.19) 中 $R = \dfrac{4}{B} = 1.096\,775\,8 \times 10^7\ \mathrm{m}^{-1}$, 称为氢原子的里德伯常量. 后来又在光谱的紫外区、红外区及远红外区发现了其他线系, 它们的波数公式也有类似的形式. 这些线系有

莱曼系: $\sigma = R\left(\dfrac{1}{1^2} - \dfrac{1}{n^2}\right)$ $n = 2, 3, 4, \cdots$ 在紫外区

帕邢系: $\sigma = R\left(\dfrac{1}{3^2} - \dfrac{1}{n^2}\right)$ $n = 4, 5, 6, \cdots$ 在近红外区

布拉开系: $\sigma = R\left(\dfrac{1}{4^2} - \dfrac{1}{n^2}\right)$ $n = 5, 6, 7, \cdots$ 在红外区

普丰德系: $\sigma = R\left(\dfrac{1}{5^2} - \dfrac{1}{n^2}\right)$ $n = 6, 7, 8, \cdots$ 在红外区

这些线系可统一用一个公式表示为

$$\sigma = R\left(\frac{1}{k^2} - \frac{1}{n^2}\right) \quad k = 1, 2, 3, \cdots \quad n = k+1, k+2, k+3, \cdots \tag{13.20}$$

式 (13.20) 称为广义巴耳末公式. 再将它改写成

$$\sigma = T(k) - T(n)$$

其中 $T(k) = \dfrac{R}{k^2}$, $T(n) = \dfrac{R}{n^2}$ 均可称之为光谱项. 可见氢原子光谱的任何一条谱线的波数都可由两个光谱项之差表示. 改变前项 $T(k)$ 中的整数 k 可给出不同谱线系; 前项中整数保持定值, 后项 $T(n)$ 中整数 n 取不同数值, 给出同一谱线系中各谱线的波数. 不同的线系中可以有共同的光谱项.

13.2.2 经典氢原子模型及其困惑

在 1911 年, 针对著名的 α 粒子散射实验, 卢瑟福提出一种原子结构模型, 该模型被称为**原子有核模型**, 模型的内容是这样的: 在原子中心有一个原子核, 原子核集中了原子全部的正电荷和几乎全部的质量, 而在原子核外有绕核旋转的电子, 所有的电子都在各自的轨道上围绕原子核高速旋转, 电子与原子核内正电荷之间的库仑力提供电子旋转的向心力. 原子核的体积非常小, 对于一般的原子核, 实验确定的核半径的数量级为 10^{-13} m, 而整个原子半径的数量级是 10^{-10} m, 两者相差甚多, 可见原子内部是十分 "空" 的. 由于卢瑟福原子模型有些类似天体物理中行星绕着星系中心运动的情况, 因此该模型也称为原子结构的行星模型.

QR13.15 语音导读 13.2.2

按照卢瑟福原子模型, 可得出氢原子的结构如图 13.11 所示, 在原子中心的原子核只带一个单位的正电荷, 核外只有一个电子在围绕原子核作圆周运动, 可视为匀速圆周运动. 图 13.11 中 Z 表示原子核的正电荷数, 对于氢原子, $Z=1$.

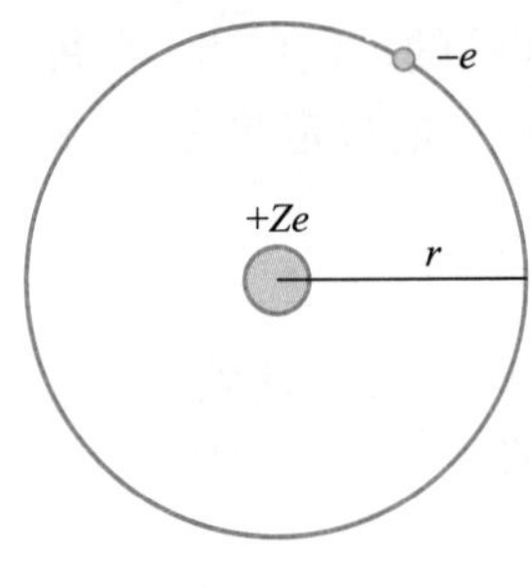

图 13.11

卢瑟福原子模型虽然很好地解释了 α 粒子散射实验, 但却与经典理论之间形成了尖锐的矛盾, 矛盾主要表现为两点.

(1) 原子系统不稳定与事实上稳定的矛盾. 电子绕原子核作匀速圆周运动, 一定不断地向外辐射电磁波, 能量不断减少, 电子绕核运动的半径将逐渐减小, 最后将落到原子核上. 说明原子结构是不稳定的, 而实际中原子却是稳定的.

QR13.16 玻尔的科学思想

(2) 原子光谱为连续光谱与实际上原子光谱是线光谱的矛盾. 按照卢瑟福提出的原子模型, 氢原子中的电子绕原子核作匀速圆周运动, 库仑力提供向心力:

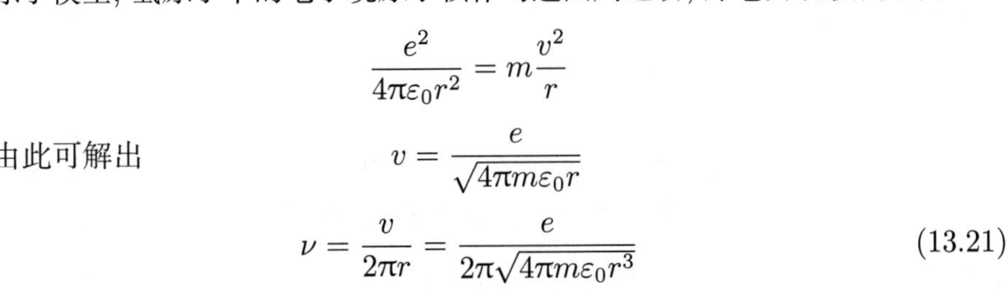

$$\frac{e^2}{4\pi\varepsilon_0 r^2}=m\frac{v^2}{r}$$

由此可解出

$$v=\frac{e}{\sqrt{4\pi m\varepsilon_0 r}}$$

$$\nu=\frac{v}{2\pi r}=\frac{e}{2\pi\sqrt{4\pi m\varepsilon_0 r^3}} \tag{13.21}$$

由式 (13.21) 可看出, 电子作匀速圆周运动的频率与 $\dfrac{1}{\sqrt{r^3}}$ 成正比. 按照经典电动力学理论, 电子的圆周运动可视为电子的一种振荡, 振荡的电子会发射电磁波, 电磁波的频率即为电子振荡的频率, 也就是电子作匀速圆周运动的频率, 则电子发射电磁波的频率也与 $\dfrac{1}{\sqrt{r^3}}$ 成正比. 在电子不断发射电磁波的过程中, 能量会不断减小, 半径也不断减小, 直至最后落在原子核中, 此过程中电子绕核旋转的半径是连续变化的, 因此辐射电磁波的频率也应该是连续变化的, 测得的光谱应该为连续光谱. 但实际中得到的氢原子光谱均为分立的线状光谱.

13.2.3 氢原子玻尔理论

1. 玻尔理论的基本假设

QR13.17 语音导读 13.2.3

QR13.18 教学视频 13.2.3

为解决经典理论所遇到的困难, 玻尔于 1913 年在卢瑟福原子模型基础上, 把普朗克能量子的概念和爱因斯坦光量子的概念运用到原子系统, 提出了三条基本假设.

(1) 稳定态假设

原子只能处在一系列不连续的稳定状态, 在每一个稳定状态中, 电子绕核运动, 但不辐射能量. 这些原子系统的稳定状态, 简称定态, 所有定态的能量只能取不连续的值 $E_1, E_2, E_3, \cdots$.

(2) 跃迁假设

当原子从一个能量为 E_n 的定态跃迁到另一个能量为 E_k 的定态时, 原子会发射或吸收一个光子, 发射或吸收光子的频率由下式决定

$$h\nu = E_n - E_k \tag{13.22}$$

式中 h 为普朗克常量.

(3) 轨道角动量量子化假设

原子中电子绕核作圆周运动的轨道角动量 L 必须等于 $\dfrac{h}{2\pi}$ 的整数倍, 即

$$L = n\frac{h}{2\pi} \quad n = 1, 2, 3, \cdots \tag{13.23}$$

式 (13.23) 中 n 只能取不为零的正整数, 称为量子数. 此式也称为轨道角动量量子化条件.

2. 氢原子光谱的玻尔理论

玻尔根据上述假设计算了氢原子在稳定态中的轨道半径和能量. 他认为原子核不动, 电子以核为中心作半径为 r 的圆周运动. 电子质量为 m, 速率为 v, 向心加速度为 $\dfrac{v^2}{r}$, 由库仑力提供向心力, 根据牛顿第二定律有

$$m\frac{v^2}{r} = \frac{e^2}{4\pi\varepsilon_0 r^2} \tag{13.24}$$

再根据轨道角动量量子化假设有

$$L = mvr = n\frac{h}{2\pi} \quad n = 1, 2, 3, \cdots \tag{13.25}$$

由式 (13.25) 解出 v, 再将 v 的表达式带入式 (13.24), 并用 r_n 代替 r, 通过推导可得

$$r_n = n^2 \left(\frac{\varepsilon_0 h^2}{\pi m e^2}\right) = n^2 r_1 \tag{13.26}$$

r_n 表示在第 n 个稳定态中电子绕核旋转的轨道半径, 用 r_n 代替 r 体现了电子轨道半径量子化的观点. 当 n 取 1, 2, 3, $\cdots$ 的数值时, 可分别得到电子绕核运动的轨道半径, 由于 n 的取值是分立的, r_n 的取值也必然是分立的, 也就是说 r_n 不能随意取值, 只能取一系列不连续的值, r_n 的这种取值方式被称为是**量子化**的. 由式 (13.26) 可得,

$$r_1 = \frac{\varepsilon_0 h^2}{\pi m e^2} = 5.29 \times 10^{-11}\ \mathrm{m}$$

可称之为**第一玻尔轨道半径**, 是氢原子核外电子最小的轨道半径. 玻尔还认为原子系统的能量等于电子的动能和电子与核的势能的总和, 即

$$E_n = \frac{1}{2}mv_n^2 - \frac{e^2}{4\pi\varepsilon_0 r_n} \tag{13.27}$$

其实这里的 E_n 既可以指氢原子系统的总能量, 也可以指电子处于氢原子内部所具有的能量. 如果单独研究氢原子中的电子, 其总能量应等于电子的动能和势能之和, 计算结果与式 (13.27) 一样, 因此接下来谈 E_n, 有时说是原子系统具有的总能量, 有时也会说成是电子所具有的能量, 两种说法都可以.

由式 (13.24) 可推出

$$\frac{1}{2}mv_n^2 = -\frac{e^2}{8\pi\varepsilon_0 r_n} \tag{13.28}$$

将式 (13.28) 带入式 (13.27), 并将 r_n 换成式 (13.26) 所示形式得

$$E_n = -\frac{e^2}{8\pi\varepsilon_0 r_n} = -\frac{1}{n^2} \cdot \frac{me^4}{8\varepsilon_0^2 h^2} \quad n = 1, 2, 3, \cdots \tag{13.29}$$

推导结果告诉我们氢原子的能量只能是 E_1, E_2, E_3, $\cdots$ 这些不连续的数值, 因此能量也是**量子化**的, 每一个能量称为一个**能级**. 当 $n = 1$ 时, 得

$$E_1 = -\frac{me^4}{8\varepsilon_0^2 h^2} \approx -13.6\ \mathrm{eV}$$

由式 (13.29) 可得

$$E_n = -\frac{13.6}{n^2}\ \mathrm{eV}$$

当 $n=1$ 时得到的 E_1 为能量最小值, 此时原子处于能量最低的状态, 称为基态. 所有 $n>1$ 的状态均称为激发态, 当 $n=2,3,4,\cdots$ 时, 对应的能量分别表示为 E_2, E_3, E_4, $\cdots$, 分别称为第一激发态、第二激发态、第三激发态……, 当 $n=\infty$ 时, $E_\infty=0$, 此时电子能量不再为负值, 也就不再受到原子核的束缚, 可以离开原子成为自由电子. 能量在 $E_\infty=0$ 以上的电子态可称为电离态, 此时电子的能量是连续的, 不受量子化条件限制. 电子从基态到脱离原子核的束缚所需要的能量称为电离能. 可见, 基态氢原子的电离能为 13.6 eV. 其他各原子态的电离能也均等于相应原子态能量的绝对值. 在基态和各激发态中, 电子能量都是负值, 电子都没脱离原子, 可统称为束缚态.

用一条横线代表一个能级状态, 然后将氢原子能级排列在一起, 可形成氢原子的能级图. 图 13.12 给出的是氢原子一部分能级形成的能级图, 读者可通过图 13.12 中标记的能量值验证关系式 $E_n=-\dfrac{13.6}{n^2}$ eV. 在实际分析中画出能级图可加快问题的解决速度.

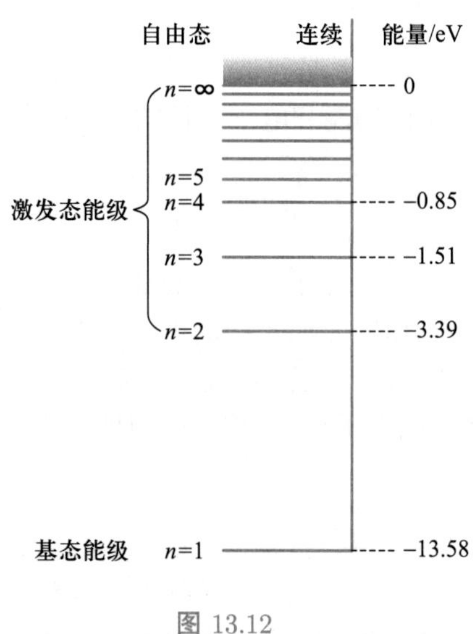

图 13.12

根据玻尔理论的跃迁假设可得

$$\nu=\frac{E_n-E_k}{h}=\frac{me^4}{8\varepsilon_0^2h^3}\left(\frac{1}{k^2}-\frac{1}{n^2}\right)$$

用波数表示可得

$$\sigma=\frac{\nu}{c}=\frac{me^4}{8\varepsilon_0^2h^3c}\left(\frac{1}{k^2}-\frac{1}{n^2}\right)\tag{13.30}$$

将式 (13.30) 与式 (13.20) 比较可得里德伯常量的理论计算公式为

$$R=\frac{me^4}{8\varepsilon_0^2h^3c}\tag{13.31}$$

将式 (13.31) 中各参量代入数值可计算出里德伯常量的理论值为

$$R_{理论} = 1.097\ 373 \times 10^7\ \mathrm{m}^{-1}$$

而通过测量得到的里德伯常量实验值为

$$R_{实验} = 1.096\ 776 \times 10^7\ \mathrm{m}^{-1}$$

可见理论值与实验值符合得非常好. 这是玻尔理论正确性的一个重要证据. 由里德伯常量理论计算公式, 氢原子能级式 (13.29) 还可写为

$$E_n = -\frac{Rch}{n^2}$$

要产生氢原子光谱, 必须先使氢原子处于激发态. 通常是在放电管中加速电子或其他粒子与氢原子碰撞, 使氢原子通过吸收能量跃迁到各激发态, 然后氢原子会自发从高能级跃迁到低能级, 并发出光子. 氢原子从 $n > 1$ 的能级向 $n = 1$ 的能级跃迁, 可产生莱曼系各谱线; 从 $n > 2$ 的能级向 $n = 2$ 的能级跃迁, 可产生巴耳末系各谱线; 从 $n > 3$ 的能级向 $n = 3$ 的能级跃迁, 可产生帕邢系各谱线; 从 $n > 4$ 的能级向 $n = 4$ 的能级跃迁, 可产生布拉开系各谱线; 从 $n > 5$ 的能级向 $n = 5$ 的能级跃迁, 可产生普丰德系各谱线. 各谱线系的形成如图 13.13 所示.

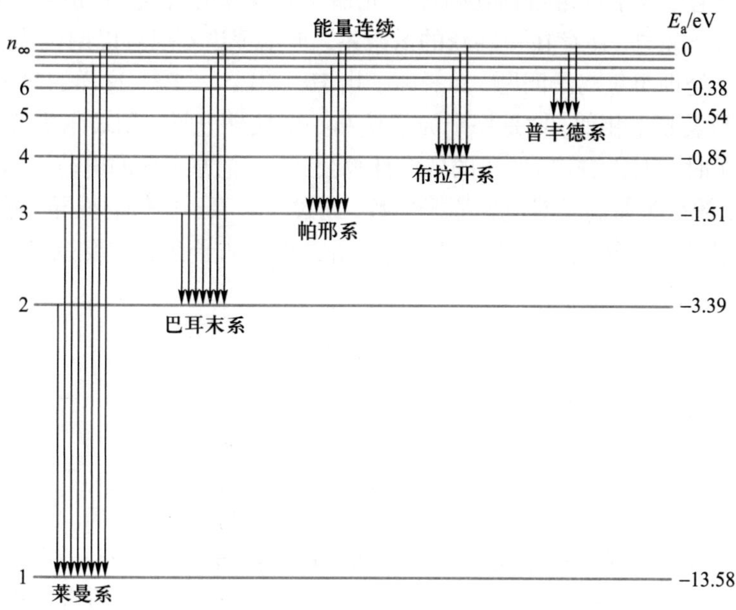

图 13.13

例 13.2 现有处于第一激发态的氢原子, 如果用可见光照射氢原子, 假设照射中氢原子可吸收可见光中光子的能量而发生跃迁, 请问此时氢原子能否发生电离?

解 第一激发态也就是 $n=2$ 的状态, 此时能级为 E_2, 若想发生电离, 氢原子需要的能量值为

$$\Delta E = E_\infty - E_2 = 0 - \frac{1}{2^2}\ (-13.6\ \text{eV}) = 3.4\ \text{eV}$$

在可见光中, 光子能量值最大的是紫光, 如果将一个紫光光子能量补充给氢原子, 氢原子都不会发生电离, 则可见光照射下氢原子就一定不会发生电离. 反之, 若紫光光子可使氢原子电离, 则用可见光照射是有可能使氢原子电离的. 用 $\nu_{\max}$ 表示紫光频率, 可得一个紫光光子的能量值为

$$E_{\max} = h\nu_{\max} = 3.1\ \text{eV}$$

由于 $E_{\max} < \Delta E$, 所以氢原子不能发生电离.

3. 玻尔氢原子理论的成功与局限性

(1) 玻尔理论的成功

玻尔理论在处理氢原子光谱问题上取得了巨大成功, 其成功可通过两个方面来说明, 第一, 利用玻尔氢原子理论能推导出里德伯常量的理论计算式 (13.31), 通过将理论计算式得到的结果与实验结果进行比较, 发现理论计算式完全正确; 第二, 玻尔理论得到了可定量描述氢原子光谱实验规律的公式, 它预言在氢原子光谱中除巴耳末系外, 还存在一些新的谱线系. 玻尔理论不仅可以用于描述氢原子, 还可以用于处理类氢离子问题. 类氢离子指 He^+、Li^{2+}、B^{3+} 这样的离子, 类氢离子的结构与氢原子相似, 均是一个原子核和一个核外电子. 用玻尔氢原子理论处理类氢离子时, 只需要在氢原子的各个计算公式中, 把原子核的电荷 e 改为 Ze 即可, Z 表示的是类氢离子对应的原子序数. 通过与氢原子类似的推导, 可得到类氢离子的能级和电子轨道半径表达式, 这对研究类氢离子具有重要意义, 其中能级表达式为

$$E_n = Z^2\frac{E_1}{n^2}$$

电子轨道半径表达式为

$$r_n = \frac{n^2 r_1}{Z}$$

玻尔首先提出了原子系统能量和角动量量子化的概念, 提出了定态假设和能级跃迁假设, 并率先提出了能级差决定谱线频率的假设, 玻尔的这些观点在现代量子力学理论中是很重要的. 可以说, 玻尔的氢原子理论是原子结构理论发展中一个具有划时代意义的成果, 玻尔的氢原子理论使物理学向量子理论跨了一大步.

(2) 玻尔理论的局限性

虽然取得了巨大的成功, 但玻尔的氢原子理论也有很大的局限性. 第一, 玻尔的氢原子理论只能计算氢原子谱线的频率, 对于光谱的强度、宽度、偏振等问题

却无法提出解决思路. 第二, 玻尔的氢原子理论只能处理氢原子和类氢离子问题, 对氦原子这样稍复杂一点的原子, 就无能为力了. 第三, 玻尔的氢原子理论虽然指出经典物理不适用于原子内部, 但仍未能完全摆脱经典物理的影响, 保留了很浓重的经典理论的痕迹. 比如, 玻尔的氢原子理论仍然把电子看成一个经典粒子, 同时保留了轨道的概念, 在轨道半径和能量公式的推导过程中, 使用的仍然是经典物理的方法. 从本质上讲, 玻尔的氢原子理论是把经典理论和量子化条件生硬地结合起来, 缺乏完整一致的理论体系. 在玻尔的氢原子理论中, 始终没有体现微观粒子的波粒二象性. 因此, 从量子力学角度来说, 玻尔氢原子理论的物理图像和某些结果是不正确的, 所以它必然会被进一步发展起来的更正确的理论——量子力学所取代.

13.3 实物粒子的波粒二象性

13.3.1 德布罗意波 (物质波)

通过物理学的学习我们可以发现, 自然界在许多方面都是明显对称的. 光量子理论告诉我们光具有波粒二象性, 既然原本仅具有波动性的物质可以具有粒子性, 那么原本仅具有粒子性的实物粒子, 如电子、质子、中子等是否也会具有波动性? 这个问题最早是在 1924 年被法国青年物理学家德布罗意想到的. 通过思考他认为, 实物粒子也具有波动性. 假设一个实物粒子的能量为 E、动量大小为 p, 德布罗意在光的波粒二象性的启发下得到了跟粒子相联系的波的频率 ν 和波长 λ:

QR13.19 德布罗意的科学思想

$$E = mc^2 = h\nu \quad \nu = \frac{E}{h} \tag{13.32}$$

$$p = mv = \frac{h}{\lambda} \quad \lambda = \frac{h}{p} \tag{13.33}$$

QR13.20 语音导读 13.3.1

式 (13.32) 和式 (13.33) 可称为德布罗意公式. 和实物粒子相联系的波, 称为德布罗意波或物质波.

例 13.3 设电子的静止质量为 m_0, 如果将电子在电压为 U 的电场中由静止加速, 则加速之后电子的德布罗意波波长为多少?

解 首先, 对电子应用动能定理可得

$$\frac{1}{2}m_0v^2 = eU$$

由此可求得电子的速率为

$$v = \sqrt{\frac{2eU}{m_0}}$$

再由德布罗意公式式 (13.33) 可得电子德布罗意波波长计算式为

$$\lambda=\frac{h}{p}=\frac{h}{mv}=\frac{h}{\sqrt{2eUm_0}}=\frac{12.25}{\sqrt{U/\mathrm{V}}}\ \text{Å}$$

若 U 取为 54 V, 可计算电子的德布罗意波波长为 1.67 Å, 而原子线度的数量级为 1 Å, 因此在原子内部, 电子的波动性很明显.

13.3.2 德布罗意波的实验验证

QR13.21 语音导读 13.3.2

德布罗意波后来为许多实验所证实. 1927 年美国物理学家戴维孙和革末做了电子束在晶体表面的散射实验, 证实了电子波动性的存在. 实验装置简图如图 13.14 所示, 通过实验发现, 电子束穿过金箔后, 在后面的感光胶片上形成了与 X 射线完全相同的衍射图样, 说明电子具有波动性. 同样在 1927 年, 英国物理学家 G. P. 汤姆孙做了电子衍射实验. 将电子束穿过金属片, 在感光片上产生圆环衍射图, 该衍射图和 X 射线通过多晶膜产生的衍射图样极其相似. 这也证实了电子的波动性. 后来, 人们又做了中子、质子、原子、分子的衍射实验, 都说明这些粒子具有波动性.

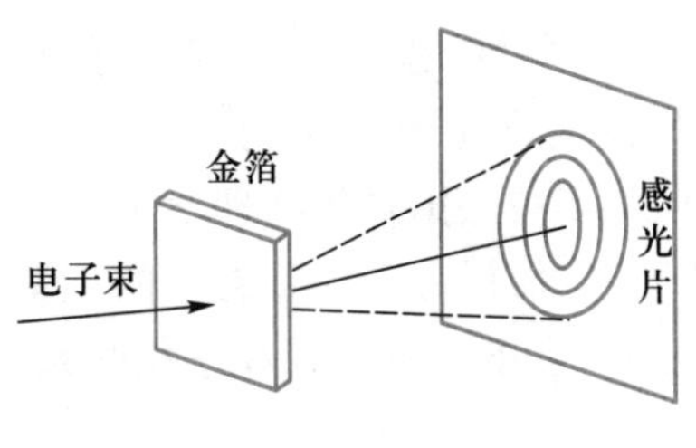

图 13.14

1961 年约恩逊分别进行了电子的单缝、双缝、三缝和四缝衍射实验, 实验结果如图 13.15 所示, 这些实验结果进一步证明了电子具有波动性.

图 13.15

波粒二象性是光子和一切微观粒子共同具有的特性, 德布罗意公式是描述微观粒子波粒二象性的基本公式.

如果对证明实物粒子波动性的实验稍微总结一下会发现, 所有实验的实验对象均为微观粒子, 这是因为微观粒子的波动性容易观察到. 如果使用宏观物体作为实验对象, 物体的波动性是很难观察到的. 比如某小球, 质量为 $m_\phi=0.02$ kg,

若小球以速率 v_ϕ =20 m/s 运动, 可计算出小球的德布罗意波波长为

$$\lambda=\frac{h}{p}=\frac{h}{m_\phi v_\phi}=6.63\times10^{-34}\ \mathrm{m}$$

这样的波长目前是很难观察到的. 由于宏观物体的德布罗意波波长太小, 很难觉察到, 实际中也就基本不考虑.

13.3.3 德布罗意波的统计解释

QR13.22 语音导读 13.3.3

实物粒子波动性的存在虽然已经被证实, 但实物粒子波动性的具体图景却一直存在争议. 这里需要强调一下, 实物粒子的波动性与我们在经典物理学中学习的机械波完全不同, 实物粒子的物质波并不是由具体物理存在组成的波, 而是一种概率波. 对实物粒子概率波的解释, 是在 1926 年德国物理学家玻恩提出概率波的概念后得到一致认可的.

对比光和实物粒子的衍射图像, 可以看出实物粒子的波动性和粒子性之间的联系. 关于光的强度, 爱因斯坦从统计学的观点提出: 光强大的地方, 光子到达的概率大; 光强小的地方, 光子到达的概率小. 玻恩用同样的观点来分析电子衍射图样, 认为衍射图样出现亮条纹处电子出现的概率大; 而衍射图样出现暗条纹处, 电子出现的概率小. 对其他微观粒子也一样. 在实验中, 个别粒子在何处出现, 有一定的偶然性; 但是大量粒子在空间何处出现, 以及粒子的空间分布却服从一定的统计规律. 物质波的这种统计性解释把粒子的波动性和粒子性正确地联系起来, 成为量子力学的基本观点之一. 有人让电子一个一个地照射金箔来进行汤姆孙电子衍射实验. 发现一个一个的衍射电子出现在感光片上的位置好像是无规律的, 但通过长时间照射发现, 随着衍射电子越来越多, 才形成了确定的衍射图样. 1909 年英国物理学家泰勒用极弱的光照射缝衣针, 曝光三个月才获得衍射图样, 和用强光短时间曝光结果相同. 这些实验都说明了德布罗意波是概率波.

13.3.4 不确定关系

QR13.23 语音导读 13.3.4

若按照经典力学的基本理论与方法, 一个粒子的运动状态可用位置坐标和动量来描述, 质点的运动可以具有确定的轨道. 但对引入波粒二象性的微观粒子, 它的空间位置需要用概率波来描述, 而概率波只能给出粒子在各处出现的概率, 所以任一时刻粒子不具有确定的位置, 与此相联系, 粒子在各时刻也不具有确定的动量. 此时粒子在 x 轴方向位置坐标的不确定量 Δx 和动量不确定量 Δp_x 的关系为

$$\Delta x\cdot\Delta p_x\geqslant h$$

QR13.24 海森伯的科学思想

该关系式称为不确定关系. 量子力学认为, 这种位置和动量不能同时测定的结果, 不是由仪器和测量方法引起的, 而是完全源于微观粒子的波粒二象性. 如果继续使用坐标和动量来描述微观粒子的运动, 则必然存在这种不确定性, 不确定关系又称为测不准关系. 下面以光的单缝衍射为例来说明这一关系.

QR13.25 教学视频 13.3.4

图 13.16 表示一束波长为 λ 的单色光沿 y 轴方向入射到缝宽为 Δx 的单缝上, 通过缝后可在屏幕上观测到衍射条纹. 对于一个光子来说, 不能确定地说它从缝中哪一点通过, 而只能说它是从宽为 Δx 的缝中通过的, 因此它在 x 轴方向的位置不确定量为 Δx. 由图 13.16 可知光子通过缝后在 x 轴方向的动量 $\boldsymbol{p}_x$ 不再为零了, 因为实际衍射条纹比缝宽大得多, 说明光子沿 x 轴方向发生了运动, 速度在 x 轴方向有分量, 则动量也会在 x 轴方向有分量. 接下来我们研究中央明条纹, 设中央明条纹角宽度为 2φ, φ 为第 1 级暗条纹的衍射角, 根据单缝衍射中暗纹条件公式有

$$\Delta x \sin\varphi = \lambda \tag{13.34}$$

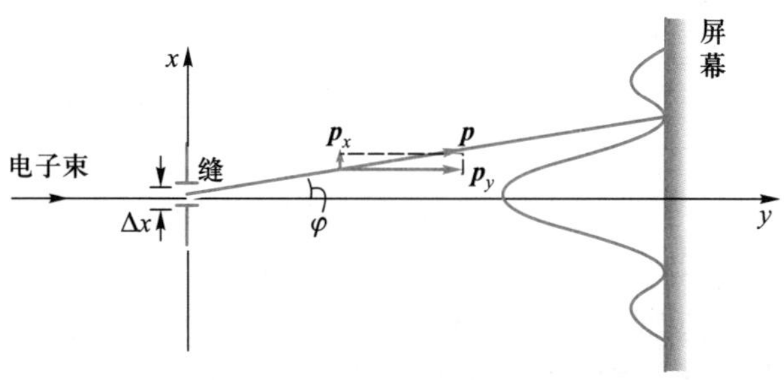

图 13.16

对于沿衍射角 φ 方向运动的光子, 其动量在 x 轴方向的分量大小为 $p_x = p\sin\varphi$. 对中央明条纹内的所有光子来说, p_x 的不确定量 $\Delta p_x \approx p\sin\varphi$, 由此可得

$$\sin\varphi = \frac{\Delta p_x}{p}$$

再结合式 (13.34) 可得

$$\frac{\Delta x \Delta p_x}{p} = \lambda \quad \Delta p_x = p\frac{\lambda}{\Delta x}$$

再由德布罗意公式 $\lambda = \dfrac{h}{p}$ 可得

$$\Delta x \Delta p_x \approx h$$

这是由第 1 级暗条纹得到的结果, 若再考虑 1 级以上的条纹可得

$$\Delta x \Delta p_x \geqslant h$$

量子力学通过算符对易理论推出的结果为

$$\Delta x \Delta p_x \geqslant \frac{\hbar}{2}$$

其中 $\hbar=\dfrac{h}{2\pi}$, 称为**约化普朗克常量**.

在实际中此公式通常只用于数量级的估计, 又常简写为

$$\Delta x\Delta p_x\geqslant\hbar \tag{13.35}$$

同理可得

$$\Delta y\Delta p_y\geqslant\frac{\hbar}{2}\quad \Delta z\Delta p_z\geqslant\frac{\hbar}{2}$$

式 (13.35) 说明位置坐标测量结果越准确, 坐标测量的不确定量越小, 动量测量的不确定量就会越大, 动量测量结果就越不准确. 依照同样的过程可推知动量测量越准确, 坐标测量就越不准确. 这和衍射实验的结果一致. 单缝宽 Δx 越小, 衍射条纹越宽, 即 Δp_x 越大.

可以证明, 能量和时间也有类似的测不准关系

$$\Delta E\Delta t\geqslant\frac{\hbar}{2} \tag{13.36}$$

其中 ΔE 是系统的能量不确定量, Δt 是时间不确定量. 我们用一个例子来说明式 (13.36). 设一质量为 m 的粒子以速度 v 作直线运动, 其动能为

$$E=\frac{1}{2}mv^2=\frac{p^2}{2m}$$

将上式两端取微分, 得

$\Delta E=\dfrac{p}{m}\Delta p=\dfrac{mv}{m}\Delta p=v\Delta p$, 由 $x=vt$, 可得 $\Delta x=v\Delta t$, 利用式 (13.35) 可得

$$\Delta x\Delta p_x=\frac{\Delta E}{v}v\Delta t=\Delta E\Delta t\geqslant\hbar$$

原子处于某激发能级的平均时间称为平均寿命, 用 τ 表示. 利用能量和时间的不确定关系, 可知能级宽度 ΔE 与它的平均寿命 τ 成反比, 能级寿命越短, 能级宽度越宽, 反之越窄.

例 13.4 原子的线度约为 10^{-10} m (可视为电子在原子内部运动时, 坐标的不确定量), 试估算原子中电子速度的不确定量.

解 本题中测不准关系的公式选为

$$\Delta x\Delta p_x\geqslant h$$

$\Delta p_x=\Delta(mv)$, 在不考虑相对论效应的情况下, 可认为电子质量保持不变, 则

$$\Delta p_x=m\Delta v$$

再由测不准关系公式可得

$$\Delta x m \Delta v \geqslant h \quad \Delta v \geqslant \frac{h}{m\Delta x} = 7.8 \times 10^6 \text{ m/s}$$

按照经典力学的计算结果, 氢原子中电子的轨道速度为 10^6 m/s 数量级. 而通过本题的计算发现速度的不确定量也是这个数量级, 物理量与其不确定量同数量级, 此时测量物理量已没有意义. 这个例题说明在微观领域内, 经典的决定论和粒子的轨道概念已不再适用. 速度的数量级在 10^6 m/s 时, 电子质量变化量是非常小的, 这也是本例题中不考虑质量相对论效应的原因.

13.4 波函数及其概率解释

13.4.1 波函数的形式

QR13.26 语音导读 13.4.1

由于微观粒子具有波粒二象性, 其运动状态不能用经典力学中的坐标和动量来描述, 需要采用新的方式来描述, 物理学家通过多方对比发现可以用概率波来描述. 表示概率波的数学公式可称为波函数, 习惯上用字母 $\varPsi$ 表示波函数. $\varPsi$ 一般是时间和空间的函数, 即 $\varPsi = \varPsi(x, y, z, t)$.

首先来看一下单个自由粒子的波函数. 自由粒子不受力, 动量和能量均为常量. 根据德布罗意公式, 其频率 $\nu = \dfrac{E}{h}$, 波长 $\lambda = \dfrac{h}{p}$. 经典波动力学已经给出沿 x 轴正方向传播的频率为 ν、波长为 λ 的平面简谐波的波动方程为

$$y(x,t) = A\cos 2\pi \left(\nu t - \frac{x}{\lambda}\right)$$

现在以此函数作为实部来构造一个复数

$$y(x,t) = A\left[\cos 2\pi \left(\nu t - \frac{x}{\lambda}\right) - \mathrm{i}\sin 2\pi \left(\nu t - \frac{x}{\lambda}\right)\right] = A\mathrm{e}^{-\mathrm{i}2\pi\left(\nu t - \frac{x}{\lambda}\right)}$$

该复数的实部就是可观测的经典波动方程.

把 $\lambda = \dfrac{h}{p}$, $\nu = \dfrac{E}{h}$ 代入上面构造的复数表达式中, 并用 $\varPsi$ 表示波函数可得

$$\varPsi(x,t) = \varPsi_0 \mathrm{e}^{-\mathrm{i}\frac{2\pi}{h}(Et - px)} = \varPsi_0 \mathrm{e}^{-\frac{\mathrm{i}}{\hbar}(Et - px)} \tag{13.37}$$

对于一个能量为 E、动量为 p 的自由粒子, 可以使用式 (13.37) 的波函数描述其在一维空间中的运动, 这样的波函数可称之为平面波. 从波函数的形式上可明显看出, 波函数比经典的波动方程多了虚数部分, 因此理论上讲波函数可以比经典波动方程携带更多的信息.

如果某一系统能量为确定值, 不随时间的变化而变化, 其波函数可写成

$$\varPsi(x,t) = \psi(x)\mathrm{e}^{-\frac{\mathrm{i}}{\hbar}Et}, \text{ 其中 } \psi(x) = \varPsi_0 \mathrm{e}^{\frac{\mathrm{i}}{\hbar}px} \tag{13.38}$$

$\psi(x)$ 是只与坐标有关而与时间无关的函数, 可称为振幅函数, 通常也称为波函数. 式 (13.37) 中引入了反映微观粒子波粒二象性的德布罗意关系和虚数 i, 这使得 $\varPsi$ 从形式到本质都与经典波有着根本性的区别. 虽然波函数为复数, 但实际中解得的波函数完全可以为实函数, 这一点并不矛盾, 因为实数本身也是包含在复数范围内的.

式 (13.37) 描述的是一维自由粒子, 在三维问题中, 自由粒子的波函数形式为

$$\varPsi=\varPsi_0\mathrm{e}^{-\frac{\mathrm{i}}{\hbar}\,(Et-\boldsymbol{p}\cdot\boldsymbol{r})}$$

其中, $\boldsymbol{r}=x\boldsymbol{i}+y\boldsymbol{j}+z\boldsymbol{k}$, 表示粒子的位置矢量. $\boldsymbol{p}=p_x\boldsymbol{i}+p_y\boldsymbol{j}+p_z\boldsymbol{k}$, 表示粒子在三维状态下的动量.

13.4.2 波函数的统计解释

QR13.27 语音导读 13.4.2

波函数的物理意义可由玻恩的统计解释来说明. 波函数 $\varPsi(x,y,z,t)$ 是描述单个粒子的, 而不是大量粒子构成的体系, 大量粒子体系也用相应的波函数来描述, 但波函数的形式要复杂得多. 波函数的统计解释可由电子的衍射实验来认识, 在电子的衍射实验中, 可把入射电子束的强度减弱到每次只有一个电子入射, 以保证相继两个电子之间没有任何关联. 利用感光胶片记录衍射电子的出现位置, 发现就单个电子而言, 落在照片上的位置是随机的, 而长时间照射时, 就大量电子而言, 照片上得到的是有规律的衍射图样. 在整个衍射图样中, 明条纹代表的是电子出现概率较大的位置, 即单个电子衍射时到达该处的概率较大.

对于使用者而言, 波函数在物理上有测量意义的是其模的平方, 而不是波函数本身, 波函数模的平方具有概率密度的意义. 下面我们通过一个例子来认识一下波函数的作用, 如果想计算 t 时刻在空间点 (x,y,z) 附近的体积元 $\mathrm{d}V=\mathrm{d}x\mathrm{d}y\mathrm{d}z$ 内测到粒子的概率, 可使用的计算式为 $\mathrm{d}\varOmega=|\varPsi|^2\,\mathrm{d}V$, 由于 $\varPsi$ 是复数, 则 $|\varPsi|^2=\varPsi\varPsi^*$, 这里 $\varPsi^*$ 是 $\varPsi$ 的共轭复数. 此时 $\varPsi\varPsi^*$(或 $|\varPsi|^2$) 就可称为粒子的概率密度, 其意义为 t 时刻在空间点 (x,y,z) 附近单位体积内测到粒子的概率. 前述的 $\mathrm{d}\varOmega$ 是粒子在某一微小体积元内出现的概率, 若想求在某一体积 V 内找到粒子的概率, 则需进行积分运算

$$\varOmega=\int\mathrm{d}\varOmega=\int_V|\varPsi|^2\,\mathrm{d}V$$

$|\varPsi|^2=\varPsi\varPsi^*$ 表示的是某处粒子出现的概率密度而非概率, 概率密度可用于计算某一空间范围内找到粒子的概率. 二者之间的关系非常密切, 可简单理解为概率密度大的地方, 找到粒子的概率也会较大.

由前面求解概率的运算过程可见, 波函数并未表征一个物理量, 它仅仅是用来计算测量概率的一个数学量, 这一点与经典波动方程有较大区别, 在经典波动方程中函数值表示的是质点某一时刻的位移. 波函数描写的波是概率波, 而概率波没有直接的物理意义, 不是任何物理实在的位移或其他参量. 由于波函数只描

写测到粒子的概率分布, 所以有意义的是相对取值, 因此把波函数 Ψ 乘以任意常数后, 并不反映新的物理状态, 如果波函数没有反应新的物理状态, 则可以说波函数描述的粒子状态并没有改变, 也就是波函数没有改变.

13.4.3 波函数应满足的基本条件

1. 归一化条件

QR13.28 语音导读 13.4.3

对于单个粒子而言, 由于粒子一定会在空间中存在, 因此在全空间中找到粒子的概率为 1, 即

$$\int_{-\infty}^{+\infty}\int_{-\infty}^{+\infty}\int_{-\infty}^{+\infty}|\Psi|^2\,\mathrm{d}x\mathrm{d}y\mathrm{d}z=1$$

这就是三维状态下波函数的归一化条件. 该条件说明的内容就是波函数模的平方 (概率密度) 在全空间中的积分为 1. 实际中通过各种条件得到的波函数有可能不满足归一化条件, 这样的波函数不能直接用来计算粒子在某范围内出现的概率, 需要对波函数进行归一化处理. 假设实际中求得的不满足归一化条件的波函数为 φ, 则可假设归一化之后的波函数为 $\Psi=C\varphi$, C 为任意常数, 则满足

$$\int_{-\infty}^{+\infty}\int_{-\infty}^{+\infty}\int_{-\infty}^{+\infty}|C\varphi|^2\,\mathrm{d}x\mathrm{d}y\mathrm{d}z=1\quad C=\frac{1}{\sqrt{\int_{-\infty}^{+\infty}\int_{-\infty}^{+\infty}\int_{-\infty}^{+\infty}|\varphi|^2\,\mathrm{d}x\mathrm{d}y\mathrm{d}z}}$$

计算出 C 之后, 便可得到归一化的波函数 $\Psi=C\varphi$, Ψ 可用来计算粒子在空间中某一区域内出现的概率. 波函数归一化过程进一步说明, 一个波函数乘以一个常数之后还是它本身, 因为不管波函数乘以什么样的常数, 最终计算概率问题的时候都要使用归一化之后的波函数, 也就是相差一个常数的所有波函数都要归一化到同一个波函数中, 也就是代表了相同的状态. 如果是在一维问题中, 归一化条件可写为

$$\int_{-\infty}^{+\infty}|\Psi|^2\,\mathrm{d}x=1$$

前面谈归一化过程时, 都认为粒子可出现在全空间, 所以积分限均取负无穷到正无穷, 在实际的很多问题中, 粒子并不是在全空间出现的, 而是被束缚在某一范围中, 此时积分限就不再是负无穷到正无穷, 而是取成粒子被束缚的范围. 比如, 某个粒子被束缚在一个范围 $0\leqslant x\leqslant a$ (a 为一常数) 内, 则归一化条件为

$$\int_{0}^{a}|\Psi|^2\,\mathrm{d}x=1$$

2. 标准化条件

由于一定时刻在空间给定点粒子出现的概率应该是唯一的, 并且是有限的, 概率的空间分布不能发生突变, 所以波函数必须满足单值、有限两个条件. 同时波

函数在空间中不能有间断点, 比如, 在两种不同势场交界处, 波函数必须是连续的, 该条件称为波函数的**连续性**条件. 连续性条件还要求波函数的一阶导数在空间中也是连续的. 总结起来波函数一共需要满足三个条件, 一般称这三个条件为波函数的**标准化条件**. 其中波函数及其一阶导数在空间中是连续的这一条件在后面求解粒子在各种势场中的波函数时候会用到, 简单问题中仅用到波函数在空间中的连续性就足够了, 若问题复杂的话就需要将波函数及其一阶导数的连续性都用上.

例 13.5 某粒子运动的波函数为

$$\psi(x)=\sqrt{\frac{2}{a}}\sin\frac{n\pi}{a}x\ \ (0\leqslant x\leqslant a)$$

其中 a 为常数, n 为正整数, 取值为 $n=1,2,3,\cdots$, 在这里也可以视为常数. 求 $x=0$ 到 $x=\frac{a}{3}$ 范围内找到粒子的概率.

解 将 $x=0$ 到 $x=\frac{a}{3}$ 进行微分, 从中选取一个宽为 $\mathrm{d}x$ 坐标为 x 的微元, 在 $\mathrm{d}x$ 范围内找到粒子的概率为 $\mathrm{d}\Omega=|\psi(x)|^2\,\mathrm{d}x$, 在 $x=0$ 到 $x=\frac{a}{3}$ 范围内找到粒子的概率为

$$\Omega=\int\mathrm{d}\Omega=\int_{-\infty}^{+\infty}|\psi(x)|^2\,\mathrm{d}x=\int_0^{\frac{a}{3}}\frac{2}{a}\sin^2\frac{n\pi}{a}x\mathrm{d}x=\frac{1}{3}-\frac{1}{2n\pi}\sin\frac{2n\pi}{3}$$

13.5 薛定谔方程

前面式 (13.37) 给出的是自由粒子波函数的一般情况, 自由粒子是不受任何作用力的, 那么如果粒子在一定外力作用下, 其运动状态应该如何研究呢? 接下来就粒子在外力场中的运动进行讨论. 首先, 在外力场中的粒子运动状态仍然用波函数来描述, 但该波函数不能是任意给出的, 应该是在求解某个方程之后得到的, 这个方程就是薛定谔方程.

QR13.29 薛定谔的科学思想

13.5.1 薛定谔方程的一般形式

1926 年由德国物理学家薛定谔建立的薛定谔方程, 是目前量子力学的一个基本假设, 薛定谔方程不是从已有的经典规律中推导出来的, 也不是直接从实验事实总结出来的, 方程的正确性只能靠实践检验. 到目前为止, 所有的实践检验均证明它是正确的. 为了方便读者对方程的理解, 接下来通过逐步推导的过程给出方程的具体形式, 但这个过程不是薛定谔方程真实的推导过程.

QR13.30 语音导读 13.5.1

在 $v<<c$ 的情况下, 自由粒子的能量 E 与动量 p 的关系为 $E=\frac{p^2}{2m}$, 一维自由粒子的波函数为 $\Psi(x,t)=\Psi_0\mathrm{e}^{-\frac{\mathrm{i}}{\hbar}(Et-px)}$, 针对 Ψ 可作如下运算:

QR13.31 教学视频 13.5.1

$$\frac{\partial \Psi}{\partial t}=-\frac{\mathrm{i}}{\hbar}E\Psi \quad E\Psi=\mathrm{i}\hbar\frac{\partial \Psi}{\partial t} \tag{13.39}$$

$$\frac{\partial^2 \Psi}{\partial x^2}=-\frac{p^2}{\hbar^2}\Psi \tag{13.40}$$

由 $E=\dfrac{p^2}{2m}$ 得到 $p^2=2mE$, 带入式 (13.40) 可得

$$E\Psi=-\frac{\hbar^2}{2m}\frac{\partial^2 \Psi}{\partial x^2} \tag{13.41}$$

将式 (13.41) 和式 (13.39) 相比较可得

$$\mathrm{i}\hbar\frac{\partial \Psi}{\partial t}=-\frac{\hbar^2}{2m}\frac{\partial^2 \Psi}{\partial x^2} \tag{13.42}$$

式 (13.42) 就是一维自由粒子波函数所遵从的微分方程, 方程中既包含了对时间的微分, 也包含了对空间的微分, 其解便是一维自由粒子的波函数. 若粒子在外力场中运动, 且假定外力场是保守场, 粒子在外力场中的势能是 u, 则粒子的总能量为

$$E=\frac{p^2}{2m}+u$$

解出 $p^2=2m(E-u)$, 带入式 (13.40) 可得

$$\frac{\partial^2 \Psi}{\partial x^2}=-\frac{2m}{\hbar^2}(E-u)\Psi \quad E\Psi=-\frac{\hbar^2}{2m}\frac{\partial^2 \Psi}{\partial x^2}+u\Psi$$

同样通过与式 (13.39) 相比较可得

$$\mathrm{i}\hbar\frac{\partial \Psi}{\partial t}=-\frac{\hbar^2}{2m}\frac{\partial^2 \Psi}{\partial x^2}+u\Psi \tag{13.43}$$

当粒子在三维空间中运动时, 式 (13.43) 可推广为

$$\mathrm{i}\hbar\frac{\partial \Psi}{\partial t}=-\frac{\hbar^2}{2m}\nabla^2\Psi+u\Psi \tag{13.44}$$

式 (13.44) 中 ∇^2 称为拉普拉斯算符 (或拉普拉斯算子), 在直角坐标系中 $\nabla^2=\dfrac{\partial^2}{\partial x^2}+\dfrac{\partial^2}{\partial y^2}+\dfrac{\partial^2}{\partial z^2}$, 三维空间中的波函数为

$$\Psi=\Psi(\boldsymbol{r},t) \quad \text{或} \quad \Psi=\Psi(x,y,z,t)$$

式 (13.44) 还可简写为

$$\mathrm{i}\hbar\frac{\partial\Psi}{\partial t}=\hat{H}\Psi \tag{13.45}$$

式 (13.45) 中, $\hat{H}=-\dfrac{\hbar^2}{2m}\nabla^2+u$, 称为哈密顿算符, 式 (13.45) 可称为哈密顿算符的本征方程. 式 (13.44) 或式 (13.45) 称为薛定谔方程. 由此可知薛定谔方程其实就是哈密顿算符的本征方程.

薛定谔方程是量子力学的动力学方程, 它的地位如同经典力学中的牛顿力学方程. 如果已知粒子的质量 m 和粒子在外力场中的势能 $u(\boldsymbol{r},t)$ 的具体形式, 就可以写出具体的薛定谔方程. 不同的薛定谔方程, 仅在势能函数形式方面有所不同. 因为薛定谔方程是二阶偏微分方程, 还要根据初始条件和边界条件才能解得波函数, 同时波函数必须满足标准条件. 方程中出现虚数 i, 表明波函数必须是复数, 这并不破坏它的统计解释, 因为只有波函数模的平方 $|\Psi|^2=\Psi\Psi^*$ 才给出观测粒子出现的概率密度, 而 $|\Psi|^2$ 一定是实数.

QR13.32 量子力学中的算符

13.5.2 定态薛定谔方程

在量子力学中, 把体系能量不随时间变化的状态称为定态, 现在利用薛定谔方程式 (13.44) 来讨论这种状态. 设方程中的 u 只是空间坐标的函数, 与时间无关, 即 $u=u(x,y,z)$, 则可把波函数 $\Psi(x,y,z,t)$ 进行分离变量, 得到的结果为

QR13.33 语音导读 13.5.2

$$\Psi(x,y,z,t)=\psi(x,y,z)f(t) \tag{13.46}$$

将式 (13.46) 代入式 (13.44), 可得

$$\begin{aligned}\mathrm{i}\hbar\frac{\partial\psi f}{\partial t}&=-\frac{\hbar^2}{2m}\nabla^2\psi f+u\psi f\\ \mathrm{i}\hbar\psi\frac{\partial f}{\partial t}&=-f\frac{\hbar^2}{2m}\nabla^2\psi+u\psi f\end{aligned} \tag{13.47}$$

将式 (13.47) 两边同时除以 ψf 可得

$$\frac{\mathrm{i}\hbar}{f}\frac{\mathrm{d}f}{\mathrm{d}t}=\frac{1}{\psi}\Big(-\frac{\hbar^2}{2m}\nabla^2\psi+u\psi\Big) \tag{13.48}$$

式 (13.48) 等号左边是关于时间的函数, 右边是关于空间坐标的函数, 因此, 要使等式成立, 必须两边都等于与时间和空间坐标无关的常量. 令这个常量为 E, 则有

$$\frac{\mathrm{i}\hbar}{f}\frac{\mathrm{d}f}{\mathrm{d}t}=\frac{1}{\psi}\Big(-\frac{\hbar^2}{2m}\nabla^2\psi+u\psi\Big)=E$$

首先由式 (13.48) 等号左边的部分可得

$$\frac{\mathrm{i}\hbar}{f}\frac{\mathrm{d}f}{\mathrm{d}t}=E$$

由此可解得

$$f(t) = C\mathrm{e}^{-\frac{\mathrm{i}}{\hbar}Et}$$

$f(t)$ 表达式中 C 是一个积分常量. 将 $f(t)$ 代回式 (13.46) 可得波函数的形式为

$$\Psi(x,y,z,t) = \psi(x,y,z)\ \mathrm{e}^{-\frac{\mathrm{i}}{\hbar}Et}$$

这里积分常量 C 被直接放入 ψ 中. 将该式同自由粒子波函数比较, 可知 E 就是能量. 通过计算可发现 $\Psi\Psi^* = \psi\psi^*$, 说明在空间各点测到粒子的概率密度与时间无关.

式 (13.48) 的等号右边也等于同一常量 E, 于是有

$$-\frac{\hbar^2}{2m}\nabla^2\psi + u\psi = E\psi \tag{13.49}$$

由于 ψ 只是空间坐标的函数, 式 (13.49) 中不含时间 t, 称为定态薛定谔方程, 它的解 ψ 称为定态波函数. 如果只考虑粒子在一维势场中运动, 则该方程为

$$\frac{\mathrm{d}^2\psi(x)}{\mathrm{d}x^2} + \frac{2m}{\hbar^2}\ (E-u)\psi(x) = 0 \tag{13.50}$$

对于 $u = 0$ 的一维自由粒子, 在非相对论情况下满足 $E = \dfrac{p^2}{2m}$, 带入式 (13.50) 可得

$$\frac{\mathrm{d}^2\psi(x)}{\mathrm{d}x^2} + \frac{p^2}{\hbar^2}\psi(x) = 0$$

由此可解得波函数为

$$\psi(x) = A\mathrm{e}^{\frac{\mathrm{i}}{\hbar}px} + B\mathrm{e}^{-\frac{\mathrm{i}}{\hbar}px}$$

其中 A、B 为待定系数. 再将求解结果与式 (13.38) 相比较可知应舍去 $B\mathrm{e}^{-\frac{\mathrm{i}}{\hbar}px}$ 的部分, 最终波函数的形式为

$$\psi(x) = \Psi_0\mathrm{e}^{\frac{\mathrm{i}}{\hbar}px}$$

这是空间波函数, 代入式 (13.46) 便得到式 (13.37), 即沿 x 轴正方向传播的平面波.

13.6 薛定谔方程应用

在经典力学中, 处理物体运动问题的一般过程是: 先明确研究对象, 然后对研究对象进行受力分析, 并在所建立的坐标系中列出牛顿运动定律方程, 最后对方程进行求解, 得到描述对象运动的函数, 有了此函数就可以确定对象任意时刻的位置、速度、能量等参量, 这样对象的运动状态就全部搞清楚了. 在微观领域中研究微观粒子的运动, 基本过程与经典力学处理问题是相似的. 首先也要先认清所研究的对象, 但接下来不是受力分析, 而是搞清楚粒子所在位置势能函数的形式, 然后列出粒子的薛定谔方程, 并根据已知条件求解方程, 从而得到粒子的波函数. 接下来通过两个例子来认识一下量子力学处理问题的基本过程.

13.6.1 一维无限深势阱中的粒子

众所周知, 金属之所以能导电, 是因为内部有大量自由电子. 在处理金属内部的自由电子时可以假定它不受力, 势能为零. 但电子要逸出金属表面, 必须克服正电荷的引力做功, 就相当于在金属表面处势能突然增大而不能逸出. 粗略分析自由电子的这种运动时, 可提出一个理想化的模型: 假设电子在一维无限深势阱中运动. 在有的资料中也把它称为一维无限深方势阱, 一维无限深势阱中的势能函数为

QR13.34 语音导读 13.6.1

QR13.35 教学视频 13.6.1

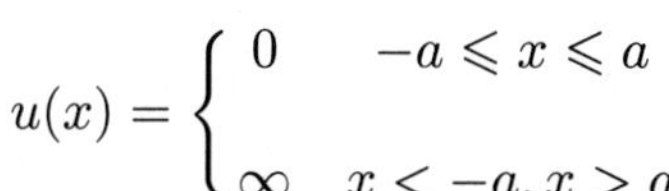

$$u(x)=\begin{cases}0 & -a\leqslant x\leqslant a\\ \infty & x<-a, x>a\end{cases}$$

如图 13.17 所示, 依据势能函数的不同可将全空间划分为 I 区和 II 区. 对 I 区, 势能 $u=0$, 代入式 (13.50), 可得势阱内粒子的定态薛定谔方程为

$$\frac{\mathrm{d}^2\psi(x)}{\mathrm{d}x^2}+\frac{2mE}{\hbar^2}\psi(x)=0 \tag{13.51}$$

令

$$k^2=\frac{2mE}{\hbar^2} \tag{13.52}$$

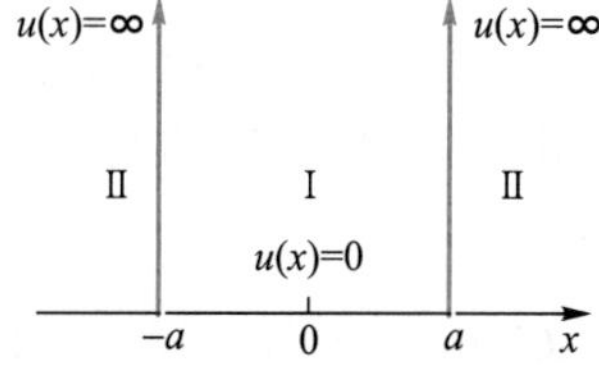

图 13.17

则式 (13.51) 变为

$$\frac{\mathrm{d}^2\psi(x)}{\mathrm{d}x^2}+k^2\psi(x)=0 \tag{13.53}$$

式 (13.53) 的通解为

$$\psi(x)=A\mathrm{e}^{\mathrm{i}kx}+B\mathrm{e}^{-\mathrm{i}kx} \tag{13.54}$$

或
$$\psi(x)=C\sin kx+D\cos kx \tag{13.55}$$

A, B 或 C, D 是待定系数, 这些待定系数与 k 的取值要运用波函数的标准化条件和归一化条件来确定.

对 II 区, $u=\infty$, 为了后面讨论方便, 暂设 u 是一个很大的常量且满足 $u>E$, 然后再使 $u\to\infty$, 则式 (13.50) 变为

$$\frac{\mathrm{d}^2\psi(x)}{\mathrm{d}x^2}=\frac{2m}{\hbar^2}(u-E)\psi(x)$$

令 $\lambda^2=\dfrac{2m}{\hbar^2}(u-E)$, 可知当 $u\to\infty$ 时, $\lambda\to\infty$.
则有

$$\frac{\mathrm{d}^2\psi(x)}{\mathrm{d}x^2}=\lambda^2\psi(x)$$

此式的通解为
$$\psi(x)=A'\mathrm{e}^{\lambda x}+B'\mathrm{e}^{-\lambda x}$$

当 $x>a$ 时, $\lambda\to\infty$, $\mathrm{e}^{\lambda x}\to\infty$, $\mathrm{e}^{-\lambda x}\to 0$ 则

$$\psi(x)=A'\cdot\infty+B'\cdot 0$$

函数第一项无限大, 不符合波函数标准化条件, 应舍去. 函数第二项是零, 则综合起来看波函数恒为零.

当 $x<-a$ 时, x 是负值, 此时 $\mathrm{e}^{\lambda x}\to 0$, $\mathrm{e}^{-\lambda x}\to\infty$ 则有

$$\psi(x)=A'\cdot 0+B'\cdot\infty$$

函数第二项无限大, 不符合波函数标准化条件, 应舍去. 第一项是零, 波函数恒为零. 由以上讨论可知, 在 II 区 $\psi(x)=0$ 恒成立, 则 $|\psi(x)|^2=0$, 即粒子出现的概率为零, 也就是粒子不会在该区域内出现. 该结果也容易理解, 这是因为 $u\to\infty$, 粒子会受到指向势阱内的无限大的力, 则不可能从 I 区进入 II 区.

现在考虑 I 区的情况, 在 I 区中粒子波函数取为式 (13.55) 的形式, 根据波函数的连续性条件, 在 $x=\pm a$ 处, I 区与 II 区的波函数应相等, 但 II 区的波函数为零, 则 I 区的波函数也应为零, 有

$$\begin{aligned}C\sin ka+D\cos ka&=0\\-C\sin ka+D\cos ka&=0\end{aligned} \tag{13.56}$$

若将 $C\sin ka$ 和 $D\cos ka$ 分别看成两个未知数, 式 (13.56) 即为关于这两个未知数的线性方程组, 且可解得 $C\sin ka=0$ 和 $D\cos ka=0$. 如果 C 和 D 同时为零, 则 $\psi(x)=0$, 波函数没有意义, 因此可得到两组解.

(1) $C=0$ $$\cos ka=0 \tag{13.57}$$

(2) $D=0$ $$\sin ka=0 \tag{13.58}$$

由此可求得 $$ka=n\frac{\pi}{2}\quad n=1,2,3,\cdots \tag{13.59}$$

对于式 (13.57) 给出的解, n 为奇数. 对于式 (13.58) 给出的解, n 为偶数. $n=0$ 对应于 $\psi(x)=0$ 的解, n 等于负整数时解与 n 等于正整数的解线性相关 (仅差一负号), 都不取. 由式 (13.59) 可得

$$k=n\frac{\pi}{2a}\quad n=1,2,3,\cdots$$

$$\frac{2mE}{\hbar^2}=\frac{n^2\pi^2}{4a^2}\quad E=\frac{n^2\pi^2\hbar^2}{8ma^2}\quad n=1,2,3,\cdots \tag{13.60}$$

其中 E 为粒子的总能量, 也称为能级. 对应于量子数 n 的全部可能值, 有无限多个能量值, 它们组成体系的分立能级. 将式 (13.57) 和式 (13.58) 依次带入式 (13.55), 并考虑式 (13.59) 和 Ⅱ 区中波函数的计算结果可得到一组波函数为

$$\psi_n(x)=\begin{cases}C\sin\frac{n\pi}{2a}x=C\sin(\frac{n\pi}{2a}x+\frac{n\pi}{2}) & n\text{ 为正偶数}\quad |x|<a\\ 0 & |x|\geqslant a\end{cases} \tag{13.61}$$

另一组解得的波函数为

$$\psi_n(x)=\begin{cases}D\cos\frac{n\pi}{2a}x=D\sin(\frac{n\pi}{2a}x+\frac{n\pi}{2}) & n\text{ 为正奇数}\quad |x|<a\\ 0 & |x|\geqslant a\end{cases} \tag{13.62}$$

式 (13.61) 和式 (13.62) 并没有考虑三角函数变化中涉及的正负号问题, 这是因为量子力学中的波函数乘以一个 -1 后, 波函数描述的状态并不发生变化. 这两个公式可合并为一个式子

$$\psi_n(x)=\begin{cases}D'\sin(\frac{n\pi}{2a}x+\frac{n\pi}{2}) & n\text{ 为正整数}\quad |x|<a\\ 0 & |x|\geqslant a\end{cases} \tag{13.63}$$

系数 D' 可由归一化条件 $\int_{-\infty}^{+\infty}|\psi|^2\,\mathrm{d}x=1$ 求出, 其值为 $D'=\frac{1}{\sqrt{a}}$.

综合起来看, 一维无限深势阱中粒子的定态波函数为

$$\varPsi_n(x,t)=\psi_n(x)\mathrm{e}^{-\frac{\mathrm{i}}{\hbar}E_nt}=D'\sin(\frac{n\pi}{2a}x+\frac{n\pi}{2})\mathrm{e}^{-\frac{\mathrm{i}}{\hbar}E_nt} \tag{13.64}$$

应用公式 $\sin\theta=\frac{\mathrm{e}^{\mathrm{i}\theta}-\mathrm{e}^{-\mathrm{i}\theta}}{2\mathrm{i}}$ 将式 (13.64) 中的正弦函数写成指数函数有

$$\varPsi_n(x,t)=C_1\mathrm{e}^{\frac{\mathrm{i}}{\hbar}\left(\frac{n\pi\hbar}{2a}x-E_nt\right)}+C_2\mathrm{e}^{-\frac{\mathrm{i}}{\hbar}\left(\frac{n\pi\hbar}{2a}x+E_nt\right)} \tag{13.65}$$

C_1、C_2 为两个常量. 式 (13.65) 的表达式告诉我们 $\Psi_n(x,t)$ 是由两个沿相反方向传播的平面波叠加干涉而成的驻波. 波函数式 (13.64) 在 $|x| \geqslant a$ 的范围内为零, 即粒子被束缚在势阱内, 通常把这种无限远处为零的波函数所描写的状态称为束缚态, 一般地说, 束缚态所具有的能级是分立的.

体系能量最低的态称为基态, 一维无限深势阱中粒子的基态是 $n=1$ 的状态; 基态能量和波函数分别由式 (13.60) 及式 (13.62) 令 $n=1$ 得出.

当 n 为偶数时, 由式 (13.61), $\psi_n(-x) = -\psi_n(x)$. 此时波函数是 x 的奇函数. 当 n 为奇数时, 由式 (13.62), $\psi_n(-x) = \psi_n(x)$, 波函数是 x 的偶函数. 波函数所具有的这种确定的奇偶性是由势能对原点的对称性 $u(x) = u(-x)$ 而来的. 量子力学中波函数的奇偶性称为波函数的宇称, 如果一个波函数为奇函数, 则称其具有奇宇称, 如果一个波函数为偶函数, 则称其具有偶宇称.

图 13.18 给出一维无限深势阱中粒子的前四个能量状态对应的波函数, 由图 13.18 可看出 ψ_n 与 x 轴相交 $n-1$ 次, 即 ψ_n 有 $n-1$ 个节点. 同时, 随着 n 的变化, 函数的奇偶性在发生交替.

图 13.19 给出在这四个态中粒子位置的概率密度分布. 由图 13.19 可知, 当 $n=1$ 时, 粒子概率密度函数仅有一个峰值, 由此可知粒子在势阱中间出现的概率是最大的. 随着 n 值的增加, 概率密度函数取峰值的点越来越多, 则粒子出现概率较大的位置也越来越多.

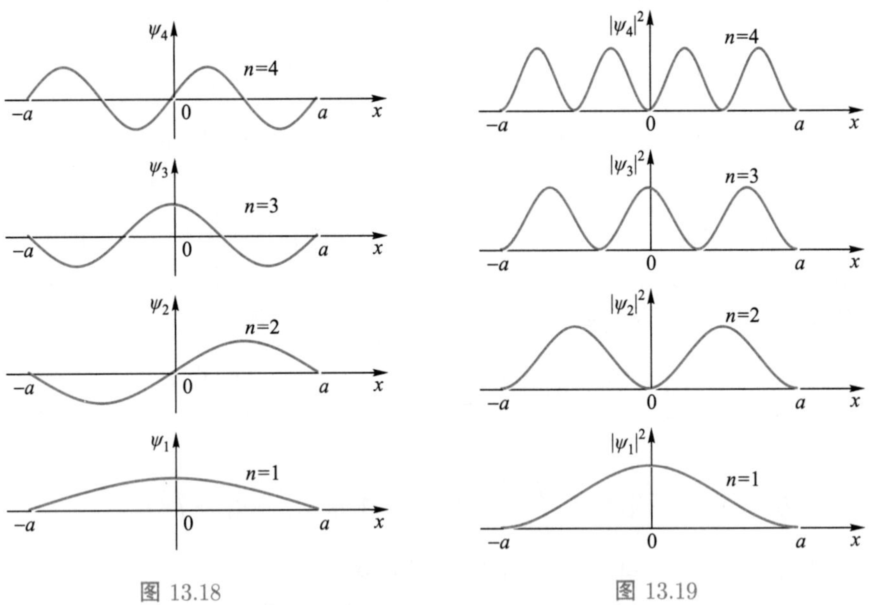

图 13.18　　图 13.19

例 13.6　假设空间中存在某一维无限深势阱, 势阱宽度为 a, 其势能表达式为

$$u(x) = \begin{cases} 0 & 0 \leqslant x \leqslant a \\ \infty & x < 0, x > a \end{cases}$$

求: 此时粒子波函数和能量.

解 由于势能 $u(x)$ 的表达式与时间无关, 所以该问题属于定态问题, 由定态薛定谔方程可得到粒子的波函数应满足的方程和边界条件为

$$\frac{\hbar^2}{2m}\frac{\mathrm{d}^2\psi(x)}{\mathrm{d}x^2}+E\psi(x)=0 \quad 0\leqslant x\leqslant a \tag{13.66}$$

$$\psi(0)=0,\psi(a)=0 \tag{13.67}$$

若令 $k^2=\dfrac{2mE}{\hbar^2}$, 则式 (13.66) 可变为

$$\frac{\mathrm{d}^2\psi(x)}{\mathrm{d}x^2}+k^2\psi(x)=0 \quad 0\leqslant x\leqslant a \tag{13.68}$$

由式 (13.68) 可解得粒子波函数为

$$\psi(x)=A\sin(kx+\delta) \tag{13.69}$$

其中 A、δ 为任意常量. 前述求解波函数中针对式 (13.68) 所示方程给出的特解是

$$\psi(x)=C\sin kx+D\cos kx \tag{13.70}$$

式 (13.70) 中的 C 和 D 是两个任意常量, 式 (13.69) 和式 (13.70) 都可以是式 (13.68) 的通解, 实际中用哪个都可以. 在本题中我们使用式 (13.69) 的形式. A、δ 的值需要通过边界条件式 (13.67) 来确定, 将式 (13.69) 带入边界条件式 (13.67) 可得

$$A\sin\delta=0 \tag{13.71}$$

$$A\sin(ka+\delta)=0 \tag{13.72}$$

在式 (13.71) 中, 可以是 $A=0$ 或 $\delta=0$, 但是 A 和 δ 不能同时为 0, 否则 $\psi(x)\equiv 0$, 波函数没有意义, 我们取 $\delta=0$, $A\neq 0$ 则式 (13.72) 可变为

$$A\sin ka=0 \tag{13.73}$$

由于 $A\neq 0$, 只能是 $\sin ka=0$, 则 $ka=n\pi$, 可解得

$$k=\frac{n\pi}{a} \quad n=1,2,3,\cdots \tag{13.74}$$

由式 (13.74) 可解得粒子能量为

$$E_n=\frac{1}{2m}\left(\frac{n\pi\hbar}{a}\right)^2 \quad n=1,2,3,\cdots$$

如果从数学的角度讲, 式 (13.74) 中 n 的取值应该为 $n=0$, ±1, ±2, ±3, $\cdots$, 但是在物理中 n 的取值不是全部需要, 如果 $n=0$, 则波函数恒为零, 无意义, 应

该舍去, n 取负整数得到的波函数与正整数得到的波函数完全相同, 所以也没必要保留, 因此最终 n 只取正整数. 由能量表达式中可以看出, 粒子的能量是量子化的, 只能取一系列不连续的分立值.

此时波函数的形式为

$$\psi_n(x) = A\sin\frac{n\pi}{a}x \quad n = 1, 2, 3, \cdots \tag{13.75}$$

式 (13.75) 的波函数不能直接用来计算概率密度, 需要进行归一化处理, 得到归一化常数 A, 归一化过程为

$$\int_{-\infty}^{+\infty} |\psi_n(x)|^2 \mathrm{d}x = A^2 \int_0^a \sin^2\frac{n\pi}{a}x\mathrm{d}x = 1$$

$$A = \frac{1}{\sqrt{\int_0^a \sin^2\frac{n\pi}{a}x\mathrm{d}x}} = \sqrt{\frac{2}{a}}$$

则归一化之后的波函数形式为

$$\psi_n(x) = \begin{cases} \sqrt{\dfrac{2}{a}}\sin\dfrac{n\pi}{a}x & 0 \leqslant x \leqslant a \\ 0 & x < 0, x > a \end{cases}$$

如果仔细观察会发现, 本题叙述的一维无限深势阱与前面讲的一样, 但是本题的求解过程要简单很多, 得到的波函数形式也要简单很多, 原因是本题中选择的坐标系与前述不同, 由此可知对于同一个问题, 如果选择的坐标系合理, 可以使问题的解决过程变得很简单. 读者如果感兴趣, 可以研究一下本题解得的能量值与前面是否一致.

例 13.7 在例 13.6 的一维无限深势阱中, 若波函数为 n =3 对应的 $\psi_n(x)$, 求此时粒子概率密度最大的位置.

解 首先可确定粒子波函数为 $\psi(x) = \sqrt{\dfrac{2}{a}}\sin\dfrac{3\pi}{a}x, 0 \leqslant x \leqslant a$, 概率密度的计算公式为 $p = |\psi(x)|^2 = \dfrac{2}{a}\sin^2\dfrac{3\pi}{a}x$

p 取最大值的位置, 即为粒子概率密度取最大值的位置, 也是粒子出现概率最大的位置. 此时要求

$$\sin^2\frac{3\pi}{a}x = 1; \quad \frac{3\pi}{a}x = (2k-1)\frac{\pi}{2}; \quad x = (2k-1)\frac{a}{6}; \quad k = 0, \pm1, \pm2, \cdots$$

在 0$\leqslant x \leqslant a$ 范围内, 由 $k = 1, 2, 3$ 可以计算得到

$$x_1 = \frac{a}{6}, x_2 = \frac{a}{2}, x_3 = \frac{5a}{6}$$

可见在 $0 \leqslant x \leqslant a$ 范围内共有三个概率密度取最大值的位置, 在这些位置上, 概率密度的最大值相等, 均为 $\dfrac{2}{\sqrt{a}}$.

13.6.2 一维势垒、隧道效应、扫描隧穿显微镜

在前面所讨论的问题中, 体系的势能在无限远处是无限大的, 波函数在无限远处为零, 这个条件使得体系的能量是分立的, 属于束缚态. 前面我们正是利用这个边界条件解出了粒子的能量, 并求得波函数的具体形式. 本节中, 我们将讨论体系势能在无限远处为有限值 (下面取它为零) 的情况, 这时粒子可以在无限远处出现, 波函数在无限远处不为零. 由于没有无限远处波函数为零的约束, 体系能量可以取任意值, 即组成连续谱. 这类问题属于粒子被势场散射的问题, 粒子由无限远处来, 被势场散射后又到无限远处去. 在此类问题中, 粒子的能量是预先确定的.

QR13.36 语音导读 13.6.2

考虑在一维空间运动的粒子, 它的势能在有限区域 ($0 \leqslant x \leqslant a$) 内等于常量 u_0 ($u_0 > 0$), 而在这区域外面等于零, 即

$$\begin{aligned} u(x) &= u_0 \quad 0 \leqslant x \leqslant a \\ u(x) &= 0 \quad x < 0, x > a \end{aligned} \tag{13.76}$$

我们称这种势场为**方形势垒**(以下简称势垒), 该势场的结构如图 13.20 所示. 具有能量 E 的粒子由势垒左方 ($x < 0$) 向右方运动. 在经典力学中, 只有能量 E 大于 u_0 的粒子才能越过势垒运动到 $x > a$ 的区域; 能量 E 小于 u_0 的粒子运动到势垒左方边缘 ($x = 0$ 处) 时会被反射回去, 不能透过势垒. 在量子力学中, 情况却不是这样. 下面我们将看到, 能量 E 大于 u_0 的粒子有可能越过势垒, 但也有可能被反射回来; 而能量 E 小于 u_0 的粒子有可能被势垒反射回来, 但也有可能贯穿势垒而运动到势垒右边 $x > a$ 的区域中去.

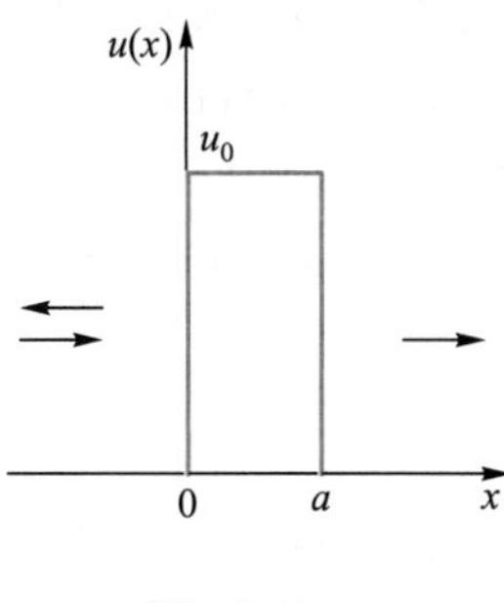

图 13.20

粒子的波函数 ψ 所满足的定态薛定谔方程是

$$\frac{\mathrm{d}^2\psi}{\mathrm{d}x^2} + \frac{2mE}{\hbar^2}\psi = 0 \quad (x < 0, x > a) \tag{13.77}$$

$$\frac{\mathrm{d}^2\psi}{\mathrm{d}x^2} + \frac{2m(E-u_0)}{\hbar^2}\psi = 0 \quad (0 \leqslant x \leqslant a) \tag{13.78}$$

先讨论 $E > u_0$ 的情形. 为简单起见, 令

$$k_1 = \sqrt{\frac{2mE}{\hbar^2}}, \ \ k_2 = \sqrt{\frac{2m(E-u_0)}{\hbar^2}} \tag{13.79}$$

则式 (13.77) 和式 (13.78) 可改写为

$$\frac{\mathrm{d}^2\psi}{\mathrm{d}x^2}+k_1^2\psi=0 \quad (x<0, x>a) \tag{13.80}$$

$$\frac{\mathrm{d}^2\psi}{\mathrm{d}x^2}+k_2^2\psi=0 \quad (0\leqslant x\leqslant a) \tag{13.81}$$

此处, k_1、k_2 都是大于零的实数. 在 $x<0$ 的区域内, 波函数是式 (13.80) 的解, 其形式为

$$\psi_1=A\mathrm{e}^{k_1x}+A'\mathrm{e}^{-k_1x} \tag{13.82}$$

在 $0\leqslant x\leqslant a$ 的区域内, 式 (13.81) 的解是

$$\psi_2=B\mathrm{e}^{k_2x}+B'\mathrm{e}^{-k_2x} \tag{13.83}$$

在 $x>a$ 区域内, 式 (13.80) 的解是

$$\psi_3=C\mathrm{e}^{k_1x}+C'\mathrm{e}^{-k_1x} \tag{13.84}$$

按照前面有关定态波函数的介绍, 粒子的定态波函数是 ψ_1, ψ_2, ψ_3 再分别乘上一个含时间的因子 $\mathrm{e}^{-\frac{\mathrm{i}}{\hbar}Et}$. 由各区域波函数的表达式很容易看出, 式 (13.82) 等号右边第一项是由左向右传播的平面波, 可理解为入射波, 第二项是由右向左传播的平面波, 可理解为反射波. 式 (13.83) 等号右边第一项是由左向右传播的平面波, 可理解为进入势场的透射波, 第二项是由右向左传播的平面波, 可理解为反射波. 式 (13.82)、式 (13.83) 既有由左向右传播的平面波又有由右向左传播的平面波是符合实际的, 但在 $x>a$ 区域内, 没有由右向左运动的粒子, 因而只应有向右传播的透射波, 不应有向左传播的波, 所以在式 (13.84) 中必须令 $C'=0$. 接下来利用波函数及其一阶导数在 $x=0$ 和 $x=a$ 处连续的条件来确定波函数中的待定系数.

由 $(\psi_1)_{x=0}=(\psi_2)_{x=0}$, 有

$$A+A'=B+B' \tag{13.85}$$

由 $\left(\frac{\mathrm{d}\psi_1}{\mathrm{d}x}\right)_{x=0}=\left(\frac{\mathrm{d}\psi_2}{\mathrm{d}x}\right)_{x=0}$, 有

$$k_1A-k_1A'=k_2B-k_2B' \tag{13.86}$$

由 $(\psi_2)_{x=a}=(\psi_3)_{x=a}$, 有

$$B\mathrm{e}^{\mathrm{i}k_2a}+B'\mathrm{e}^{-\mathrm{i}k_2a}=C\mathrm{e}^{\mathrm{i}k_1a} \tag{13.87}$$

由 $\left(\frac{\mathrm{d}\psi_2}{\mathrm{d}x}\right)_{x=a}=\left(\frac{\mathrm{d}\psi_3}{\mathrm{d}x}\right)_{x=a}$, 有

$$k_2B\mathrm{e}^{\mathrm{i}k_2a}-k_2B'\mathrm{e}^{-\mathrm{i}k_2a}=k_1C\mathrm{e}^{\mathrm{i}k_1a} \tag{13.88}$$

式 (13.85) ~ 式 (13.88) 可构成一个线性方程组, 其中有 5 个未知量却只有 4 个方程, 这样的方程组无法解出所有未知量, 但可用一个未知量将其他未知量表示出来. 首先得出 C、A' 和 A 之间的关系

$$C=\frac{4k_1k_2\mathrm{e}^{-\mathrm{i}k_1a}}{(k_1+k_2)^2\mathrm{e}^{-\mathrm{i}k_2a}-(k_1-k_2)^2\mathrm{e}^{\mathrm{i}k_2a}}A \tag{13.89}$$

$$A'=\frac{2\mathrm{i}(k_1^2-k_2^2)\sin k_2a}{(k_1+k_2)^2\mathrm{e}^{-\mathrm{i}k_2a}-(k_1-k_2)^2\mathrm{e}^{\mathrm{i}k_2a}}A \tag{13.90}$$

式 (13.89) 和式 (13.90) 给出透射波和反射波振幅与入射波振幅之间的关系. 为了顺利进行接下来的讨论, 引入**概率流密度矢量**J, 它在任意面的法线方向的分量表示单位时间内穿过该面上单位面积的概率. 概率流密度矢量大小 J 计算式为

$$J=\frac{\mathrm{i}\hbar}{2m}\left(\varPsi\nabla\varPsi^*-\varPsi^*\nabla\varPsi\right) \tag{13.91}$$

由式 (13.89) 和式 (13.90) 可以求出透射波和反射波的概率流密度与入射波概率流密度之比. 将入射波 $A\mathrm{e}^{\mathrm{i}k_1x}$, 透射波 $C\mathrm{e}^{\mathrm{i}k_1x}$ 和反射波 $A'\mathrm{e}^{-\mathrm{i}k_1x}$ 依次代换式 (13.91) 中的 $\varPsi$, 可得入射波的概率流密度为

$$J=\frac{\mathrm{i}\hbar}{2m}[A\mathrm{e}^{\mathrm{i}k_1x}\nabla(A^*\mathrm{e}^{-\mathrm{i}k_1x})-A^*\mathrm{e}^{-\mathrm{i}k_1x}\nabla(A\mathrm{e}^{\mathrm{i}k_1x})]=\frac{\hbar k_1}{m}\left|A\right|^2$$

透射波的概率流密度为 $J_D=\dfrac{\hbar k_1}{m}\left|C\right|^2$

反射波的概率流密度为 $J_R=-\dfrac{\hbar k_1}{m}\left|A'\right|^2$

透射波概率流密度与入射波概率流密度之比称为**透射系数**, 以 D 表示. 这个比值也就是贯穿到 $x>a$ 区域的粒子在单位时间内流过垂直于 x 方向的单位面积的数目, 与入射粒子 (在 $x<0$ 区域) 单位时间内流过垂直于 x 方向的单位面积的数目之比. 由上面的结果, 有

$$D=\frac{J_D}{J}=\frac{\left|C\right|^2}{\left|A\right|^2}=\frac{4k_1^2k_2^2}{(k_1^2-k_2^2)^2\sin^2k_2a+4k_1^2k_2^2} \tag{13.92}$$

反射波概率流密度与入射波概率流密度之比称为**反射系数**, 用 R 表示. 由上面的结果, 有

$$R=\left|\frac{J_R}{J}\right|=\frac{\left|A'\right|^2}{\left|A\right|^2}=\frac{(k_1^2-k_2^2)^2\sin^2k_2a}{(k_1^2-k_2^2)^2\sin^2k_2a+4k_1^2k_2^2}=1-D \tag{13.93}$$

由式 (13.92)、式 (13.93) 可见, D 和 R 都小于 1,D 与 R 之和等于 1. 这说明入射粒子一部分贯穿势垒到 $x>a$ 区域, 另一部分被势垒反射回去, 整个过程如图 13.21 所示.

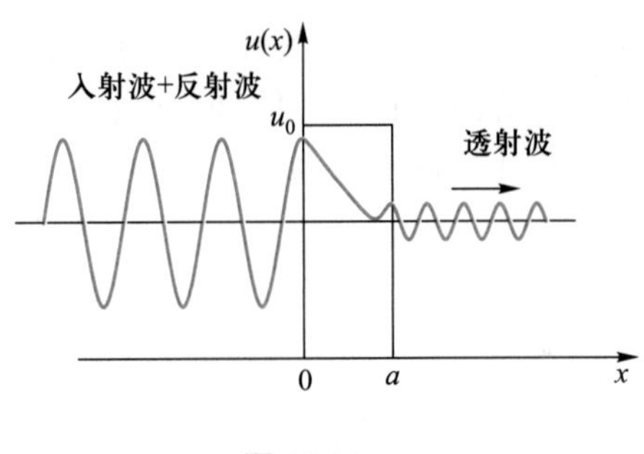

图 13.21

现在再讨论 $E < u_0$ 的情形. 这时 k_2 是虚数, 令 $k_2 = \mathrm{i}k_3$, 则 k_3 是实数, 由式 (13.79) 得

$$k_3 = \sqrt{\frac{2m(u_0 - E)}{\hbar^2}}$$

把 k_2 换成 $\mathrm{i}k_3$, 前面的计算仍然成立. 经过简单计算后, 式 (13.89) 可改写为

$$C = \frac{2\mathrm{i}k_1k_3\mathrm{e}^{-\mathrm{i}k_1a}}{(k_1^2 - k_3^2)\,\mathrm{sh}\,k_3a + 2\mathrm{i}k_1k_3\,\mathrm{ch}\,k_3a}A \tag{13.94}$$

式中 sh 和 ch 依次是双曲正弦函数和双曲余弦函数, 其值为

$$\mathrm{sh}\,x = \frac{\mathrm{e}^x - \mathrm{e}^{-x}}{2},\quad \mathrm{ch}\,x = \frac{\mathrm{e}^x + \mathrm{e}^{-x}}{2}$$

透射系数 D 的式 (13.92) 可改写为

$$D = \frac{4k_1^2k_3^2}{(k_1^2 + k_3^2)^2\,\mathrm{sh}^2\,k_3a + 4k_1^2k_3^2} \tag{13.95}$$

如果粒子的能量 E 很小, 以致 $k_3a \gg 1$, 则 $\mathrm{e}^{k_3a} \gg \mathrm{e}^{-k_3a}$, $\mathrm{sh}^2\,k_3a$ 可以近似地用 $\frac{1}{4}\mathrm{e}^{2k_3a}$ 代替, 则式 (13.95) 可改写为

$$D = \frac{4}{\frac{1}{4}\left(\frac{k_1}{k_3} + \frac{k_3}{k_1}\right)^2\mathrm{e}^{2k_3a} + 4}$$

实际中 k_1 和 k_3 数量级一般是相同的. 当 $k_3a \gg 1$ 时, $\mathrm{e}^{2k_3a} \gg 4$, 所以上式可写为

$$D = D_0\mathrm{e}^{-2k_3a} = D_0\mathrm{e}^{-\frac{2}{\hbar}\sqrt{2m(u_0-E)}a} \tag{13.96}$$

式 (13.96) 中 D_0 是常数, 它的数量级接近于 1. 由前面的讨论可明显看出, 粒子在能量 E 小于势垒高度时仍能贯穿势垒, 这种现象称为**隧道效应**. 由式 (13.96) 可很容易看出, 透射系数随势垒的加宽或加高而急剧减小, 因而宏观条件下一般

观察不到隧道效应. 金属电子冷发射和 α 衰变等现象都是由隧道效应产生的. 隧道二极管具有隧道效应的特性. 1981 年 IBM 公司科研人员在瑞士苏黎世实验室发明了基于量子隧道效应的扫描隧穿显微镜, 极大地推动了众多领域科学研究的发展.

13.7 氢原子的量子力学处理方法

在前面有关玻尔氢原子理论的叙述中曾经提过, 玻尔氢原子理论虽然取得了巨大的成功, 但同时也有很大的局限性, 它在氢原子的结构和其中电子运动规律方面还存在一些问题, 比如依然保留轨道的概念. 要想真正解决氢原子问题还是需要应用量子力学中的薛定谔方程. 薛定谔方程属于较为复杂的偏微分方程, 因此用薛定谔方程求解氢原子时会在数学上遇到许多难以理解的计算步骤, 为了避免这些计算步骤影响大家对整个过程的理解, 这里不去阐述这些步骤, 只给出一些重要结果, 如果读者对用薛定谔方程求解氢原子的整体计算过程感兴趣, 请自己查阅相关文献.

13.7.1 氢原子的薛定谔方程

氢原子原子核的质量约为电子的 1837 倍, 所以可认为原子核质量远大于核外电子, 因此在处理氢原子问题时可近似认为原子核不动, 电子在原子核的库仑电场中运动, 这样处理与考虑电子质量的结果相差甚小. 由静电场部分的学习应该知道原子核与电子间的势能函数表达式为

QR13.37 语音导读 13.7.1

$$u(r) = -\frac{e^2}{4\pi\varepsilon_0 r} \tag{13.97}$$

式 (13.97) 中 r 是电子与原子核的距离, 从式 (13.97) 中可看出 $u(r)$ 只是空间坐标的函数, 与时间无关, 因此这是一个定态问题. 由势能表达式首先可以得到描述电子的哈密顿算符为

$$\hat{H} = -\frac{\hbar^2}{2m}\nabla^2 + u(r)$$

由此可得氢原子中电子的定态薛定谔方程为

$$-\frac{\hbar^2}{2m}\nabla^2\psi - \frac{e^2}{4\pi\varepsilon_0 r}\psi = E\psi \tag{13.98}$$

式 (13.98) 经过整理后一般写成如下形式

$$\nabla^2\psi + \frac{2m}{\hbar^2}(E + \frac{e^2}{4\pi\varepsilon_0 r})\psi = 0$$

由于势能仅为 r 的函数, 采用球坐标系计算较方便. 在以往经常使用的直角坐标系中, 坐标分量为 x、y、z, 而球坐标系中的坐标分量为 r、θ、φ, 球坐标系

的具体形式如图 13.22 所示. 球坐标分量 r、θ、φ 与直角坐标分量 x、y、z 之间的关系为

$$x = r\sin\theta\cos\varphi \quad y = r\sin\theta\sin\varphi \quad z = r\cos\varphi \tag{13.99}$$

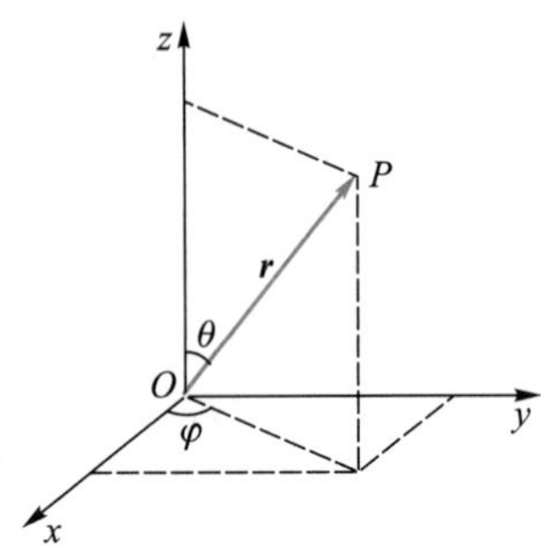

图 13.22

利用式 (13.99) 和拉普拉斯算符在直角坐标系中的形式, 可得到球坐标系中拉普拉斯算符的形式为

$$\nabla^2 = \frac{1}{r^2}\frac{\partial}{\partial r}\left(r^2\frac{\partial}{\partial r}\right) + \frac{1}{r^2\sin\theta}\frac{\partial}{\partial\theta}\left(\sin\theta\frac{\partial}{\partial\theta}\right) + \frac{1}{r^2\sin^2\theta}\frac{\partial^2}{\partial\varphi^2}$$

假设球坐标下波函数的形式为 $\psi(r,\theta,\varphi)$, 此时薛定谔方程的表达式为

$$\frac{1}{r^2}\frac{\partial}{\partial r}\left(r^2\frac{\partial\psi}{\partial r}\right) + \frac{1}{r^2\sin\theta}\frac{\partial}{\partial\theta}\left(\sin\theta\frac{\partial\psi}{\partial\theta}\right) + \frac{1}{r^2\sin^2\theta}\frac{\partial^2\psi}{\partial\varphi^2} + \frac{2m}{\hbar^2}\left(E + \frac{e^2}{4\pi\varepsilon_0 r}\right) = 0$$

此时的薛定谔方程可用分离变量法求解, 由于求解过程较为复杂, 在这里不进行叙述了, 接下来仅给出求解过程中的主要结果.

13.7.2 四个量子化条件和量子数

QR13.38 语音导读 13.7.2

根据氢原子的定态薛定谔方程求解可以得到的主要结果为: 氢原子只能处于一系列分立的状态, 这些状态可用三个量子数 n、l、m_l 来描写. 它们所代表的物理内容和取值如下.

1. 能量量子化、主量子数

QR13.39 教学视频 13.7.2

如果用 E 代表氢原子的能量, 则利用求解薛定谔方程可得到

$$E_n = -\frac{1}{n^2}\frac{me^4}{32(\pi\varepsilon_0\hbar)^2} \quad n = 1, 2, 3, \cdots$$

能量表达式中 m 表示电子质量, e 表示电子电荷绝对值. 由能量的表达式可知 n 决定体系的能量, n 称为**主量子数**, n 分别取所有的正整数过程中, 能量取

到的是一系列不连续的值, 即能量是量子化的, 这种量子化的能量, 习惯上也称之为能级.

当 $n=1$ 时, 可计算氢原子能级为

$$E_1=-13.6\ \mathrm{eV}$$

该能级是氢原子能级的最低值, 由该能级可得氢原子的电离能为 13.6 eV, 即给氢原子提供 13.6 eV 的能量就可以使电子离开氢原子. 在玻尔氢原子理论 (以下简称玻尔理论) 中我们曾提到过氢原子能量最低状态称为基态, 按照玻尔理论计算得到的基态能量也是 -13.6 eV, 由此可见, 玻尔理论计算的氢原子基态能量与薛定谔方程计算得到能量值相同. 不光基态能量值相同, 玻尔理论计算的能量表达式与薛定谔方程计算的表达式也完全相同. 这些都说明玻尔理论关于能量的讨论是完全正确的, 但是玻尔理论的推导过程却简单许多, 这也是玻尔理论的过人之处. 其他各能级可由 E_1 计算得到

$$E_n=\frac{1}{n^2}E_1$$

2. 角动量量子化、角量子数

通过求解氢原子的薛定谔方程, 可得到电子绕原子核运动的轨道角动量大小为

$$L=\sqrt{l(l+1)}\hbar$$

其中 $l=0,1,2,\cdots,(n-1)$, 称为角量子数. 很明显角动量只能取一系列不连续的值, 所以角动量是量子化的. L 虽然称为轨道角动量, 但在量子力学中轨道的概念已无意义, 读者不要还认为电子以原子核为中心作匀速圆周运动, 电子在原子内部的运动是一种与常规运动完全不同的新的运动形式, 因此也没办法通过对比或举例来说明. 当 $l=0$ 时, $L=0$, 此时电子绕核运动的角动量为零, 这是量子力学与玻尔理论的一个重要差别, 在玻尔理论中角动量的值不可能为零, 同时一个绕核运动的粒子轨道角动量居然为零, 这是从经典理论出发无法想象的情况. 量子力学认为此时电子在核外分布的概率是球对称的, 在这种对称分布的基础上通过量子力学基本理论计算可得到电子的角动量值确实为零.

从 l 的取值范围可看出, l 的取值要受到 n 的约束, 当 n 确定之后, l 有 n 个可能的取值, 最大值是 $(n-1)$. 把 n 和 l 合在一起, 用 nl 可表示电子态. 在光谱学中, 常用小写字母 s, p, d,$\cdots$ 表示 l 的数值, 如表 13.1 所示, 称为电子态符号.

表 13.1 角量子数的光谱学记号

l 数值	0	1	2	3	4	5	6	7	8
电子态符号	s	p	d	f	g	h	i	k	l

例如, $n=1$, $l=0$, 电子态可表示为 1s 态; $n=2$, $l=1$, 可表示为 2p 态; ……

3. 角动量空间取向量子化、磁量子数

在求解氢原子薛定谔方程中, 还得到了角动量在某一特定方向上投影值的计算式, 若选定某一特定的方向为 z 轴, 则可得

$$L_z = m_l \hbar$$

其中 m_l 称为**磁量子数**, 取值为 $m_l = 0, \pm1, \pm2, ..., \pm l$. L_z 的取值个数代表角动量矢量数值不变的情况下, 可能取不同方向的个数. 由计算式可知 L_z 的最小值是零, 最大值是 $m_l\hbar$, 共计有 $(2l+1)$ 个值. 说明角动量在空间的取向是分立的, 共有 $(2l+1)$ 个可能的取向, 也就是说角动量在空间中的取向也是量子化的. z 轴方向习惯上取为实验时外磁场的方向, 但这并不是 z 轴方向的唯一可能, 理论上 z 轴方向可以为任意一个方向, 这样看来角动量沿任意方向的投影值都是完全相同的, 这一点和经典理论完全不同, 也是经典理论无法描述的情况. 图 13.23 画出了 $l=1,2,3$ 三种情况角动量的"空间量子化"状况. 从图 13.23 可看出, 当 $l=1$ 的时候, L_z 的可能取值为 $-\hbar$、0、$\hbar$, 即角动量在 z 轴方向共有 3 个投影值, 则此时角动量有 3 个可能的空间取向. 当 $l=2$ 的时候, L_z 的可能取值为 $-2\hbar$、$-\hbar$、0、$\hbar$、$2\hbar$, 即角动量在 z 轴方向共有 5 个投影值, 则此时角动量有 5 个可能的空间取向. 以此类推, 可得出 $l=3$ 时角动量有 7 个不同的空间取向.

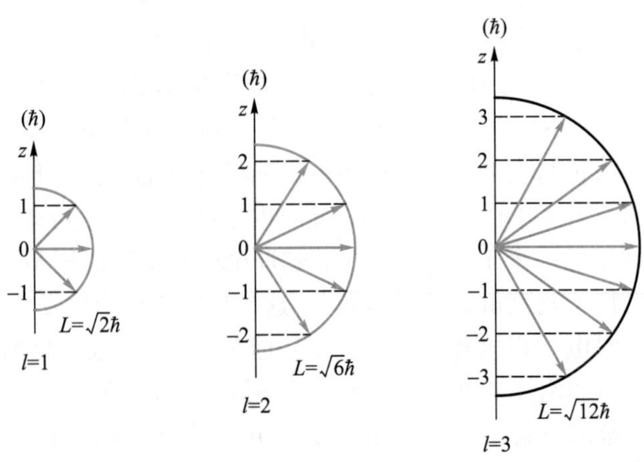

图 13.23

前面我们一共讲了三个量子数, 它们分别是 n、l 和 m_l, 总结一下会发现, 这三个量子数具有依次约束的关系, 具体的顺序是 n 的取值约束 l 的取值, 而 l 的取值约束 m_l 的取值. 如果取 $n=1$, 则 l 的取值只能是 0, 此时角动量取值为 $L=\sqrt{l(l+1)}\hbar$, m_l 的取值为 0, 则 $L_z = m_l\hbar = 0$. 当 $n=2$ 时, l 的取值为 0、1,

此时角动量取值为 0、$\sqrt{2}\hbar$, m_l 的取值为 0、±1, 则 L_z 的取值为 0、$\pm\hbar$. 由此可见, 随着 n 的增大, l 和 m_l 的可能取值会越来越多, 则 L 和 L_z 的可能取值就会越来越多.

在经典物理学中, 可根据研究对象的受力分析结果, 列出牛顿运动定律方程, 然后解出对象的运动方程, 确定对象的运动轨迹, 这样, 只要知道对象的初始条件, 就可计算出对象在任意时刻的位置, 如果空间中同时有多个研究对象在运动, 通过各个对象在某一时刻的位置坐标和状态, 就可以区分这是哪一个研究对象. 前面曾经提过, 微观粒子由于具有波粒二象性, 已经不能再像经典物理学那样用坐标描述粒子, 进而区分粒子. 因此如果空间中同时有多个微观粒子存在, 则无法再如同经典物理学那样通过各粒子在某一时刻的坐标来区分粒子. 那么现在应该如何来区分各个粒子呢? 现代量子力学告诉我们, 可以通过前述粒子的 3 个量子数来区分粒子, 可以建立起由 3 个量子数标记粒子的新体系, 将 3 个量子数用类似显示坐标的方式表达成 (n,l,m_l), 如果空间中有多个粒子, 可以预先检测出粒子的 (n,l, m_l), 当再次捕捉到一个粒子的时候, 只要检测出它的 (n,l,m_l) 即可区分出它是哪个粒子, 也就是 (n,l,m_l) 也起到了经典理论中坐标的作用.

在前面学习的 3 个量子数中, n 称为体系的主量子数, 决定着体系的能级, 当 n 的值确定了, 体系的能级就唯一的确定了, 但是通过前面的分析可知, 在 n 的值大于 1 的时候, 一个 n 值可对应多个 l 和 m_l 数值, 而 l 和 m_l 数值的不同也就意味着粒子的状态是不同的, 通常称为量子态不同. 当一个能级对应多个量子态时, 称这个能级是简并的, 对应着几个量子态, 就称能级是几度简并的.

4. 电子的自旋、自旋磁量子数

上节中提到可用三个量子数 (n,l,m_l) 标记微观粒子的状态, 曾经很长时间之内, 人们用这样的方式很好地研究了粒子的运动, 直到电子自旋的发现, 人们才发现仅仅用这 3 个量子数是不足以准确地描述粒子状态的.

许多实验事实都证明了电子自旋的存在, 下面叙述的施特恩–格拉赫实验是其中的一个. 实验的装置简图如图 13.24 所示. 图 13.24 中 K 为粒子源, 用于发射粒子, B 为狭缝, 其作用是控制入射粒子束截面的形状, P 为感光底片, 可以把粒子束的截面形状显示出来. 实验中由 K 发出的处于相同能级的 s 态氢原子束通过狭缝 B 和不均匀磁场, 最后到达 P 上, 实验结果表明底片 P 上出现两条分立的线, 如图 13.25 所示. 这种实验结果是当时的理论解释不了的. 因为实验用的氢原子是处于 s 态的, 其量子数仅有 $(n,0,0)$ 一种可能, 所以所有的原子状态是完全相同的, 则运动结果也应该相同, P 上只应该有一条线. 但实际 P 上有两条线, 说明真实情况是入射的氢原子应该有两种状态, 而这两种状态是使用已有的三个量子数区分不出来的, 说明还应该引入新的量子数.

为了说明这个实验结果, 物理学家提出氢原子具有磁矩, 由于具有磁矩, 氢原子束通过非均匀磁场时受到力的作用而发生偏转; 而且由分立线只有两条这一事

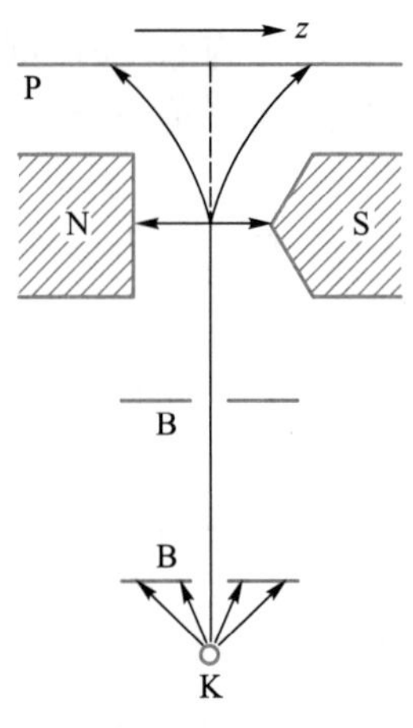

图 13.24

实可知, 原子的磁矩在磁场中只有两种取向, 即它们是空间量子化的. 由于实验中用的粒子束是处于 s 态的氢原子, 角量子数 $l=0$, 原子没有轨道角动量, 因而也没有轨道磁矩, 所以原子所具有的磁矩是电子固有的磁矩, 即自旋磁矩 (原子核质量大, 核磁矩贡献可忽略).

关于电子的自旋, 物理学家乌伦贝克和古德斯密特在 1925 年提出了下面的假设.

(1) 每个电子具有自旋角动量 S, 它在空间任何方向上的投影只能取两个数值:

$$S_z=\pm\frac{\hbar}{2}$$

(2) 每个电子具有自旋磁矩 M_S, 它和自旋角动量 S 的关系是

$$M_S=\frac{-e}{m}S$$

QR13.40 量子通信

自旋磁矩表达式中 $-e$ 是电子的电荷, m 是电子的质量. 自旋角动量大小为

$$S=\sqrt{s(s+1)}\hbar$$

自旋角动量大小式中 s 称为自旋量子数, 每个电子都具有同样的数值 $s=\frac{1}{2}$, 则有

$$S=\frac{\sqrt{3}}{2}\hbar$$

也就是电子的自旋角动量大小只有一个取值. 物理学家根据量子力学中角动量的一般理论, 认为自旋角动量的空间取向也应是量子化的, 它在外磁场方向的投影 S_z 计算式为

$$S_z=m_s\hbar$$

m_s 称为自旋磁量子数, 它只能取两个值, 即 $m_s = \pm\frac{1}{2}$. 从自旋的角度划分, 各个电子只有 2 种不同的状态, 而这 2 中状态仅通过自旋磁量子数取值进行区分. 引入自旋之后, 描述粒子状态的量子数就变成 4 个, 将这些量子数列在一起可表示为

$$(n, l, m_l, m_s) \quad 或 \quad (n, l, m_l, \pm\frac{1}{2})$$

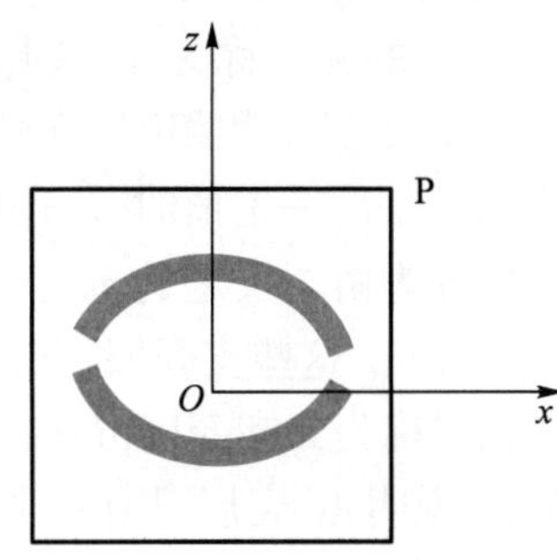

图 13.25

电子的自旋运动是电子的重要特征. 但是电子自旋的物理图像是什么? 这是至今尚未解决的问题. 不要把 “自旋” 想象成宏观物体的 “自转”, 因为微观粒子的运动与宏观物体的运动并不相同, 简单的类比会产生错误的概念. 现代物理实验表明, 电子的自旋与电子的内部结构有关, 而电子的内部结构至今尚不清楚. 我们只能说电子的自旋是电子的一种内禀属性.

13.7.3 多电子原子的壳层结构

QR13.41 语音导读 13.7.3

前面一直在讨论氢原子, 氢原子中只有一个电子, 而实际中涉及的原子大多数都包含多于一个的电子, 这样的原子可称为多电子原子. 在多电子原子内部, 每个电子除与原子核有相互作用外, 与其他电子之间也存在相互作用, 同时电子自旋与轨道运动间也有相互作用, 总之, 其中涉及的作用力是比较多, 也比较复杂的. 如果想精确处理多电子体系问题, 需要对整个体系列薛定谔方程, 然后通过求解薛定谔方程得到整体运动状况. 列出这样的薛定谔方程目前是可以做到的, 但是目前尚无法对多电子体系的薛定谔方程进行精确求解, 也就无法得到严格服从动力学方程的波函数. 但量子力学用近似方法可以证明, 原子中电子的运动状态仍用 (n, l, m_l, m_s) 这四个量子数来表征.

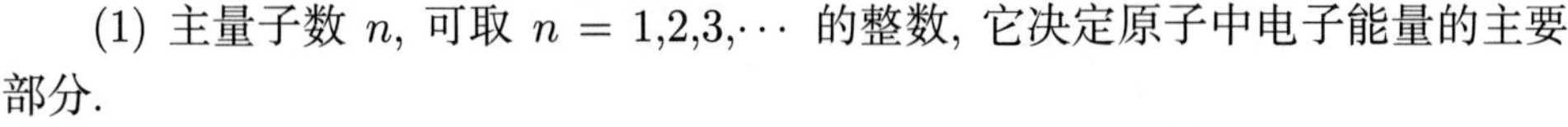

(1) 主量子数 n, 可取 $n = 1,2,3,\cdots$ 的整数, 它决定原子中电子能量的主要部分.

(2) 角量子数 l, 可取 $l = 0,1,2,\cdots,(n-1)$, 它确定电子轨道角动量的值, 一般地, 处于同一主量子数 n 而角量子数 l 不同的电子, 其能量也稍有不同.

(3) 磁量子数 m_l, $m_l = 0, \pm1, \pm2, \cdots, \pm l$. 它确定电子轨道角动量 L 在外磁

场方向的分量.

(4) 自旋磁量子数 m_s, 只能取 2 个值 $m_s = \pm\frac{1}{2}$, 它决定电子自旋角动量在外磁场方向的分量.

原子核外电子是如何分布的呢? 针对这个问题玻尔提出了 "原子内电子按一定壳层排列" 的观点. 德国物理学家瓦尔特 · 柯塞尔于 1916 年提出了形象化的壳层分布模型. 其主要内容为: 主量子数 n 相同的电子组成一个主壳层, 可简称为 "壳层". 主量子数 $n = 1, 2, 3, 4, 5, 6, 7$ 的壳层可分别用大写字母 K, L, M, N, O, P, Q 来进行命名. 例如 $n = 1$ 的壳层称为 K 壳层, $n = 2$ 的壳层称为 L 壳层, $n = 3$ 的壳层称为 M 壳层等. 主量子数相同, 而角量子数不同的电子分布在不同的支壳层 (也称为分壳层) 上. n 取一定值时, $l = 0, 1, 2, \cdots, (n-1)$; 因此具有确定 n 值的壳层, 又可继续划分为由 l 决定的 n 个支壳层. 这些支壳层分别与 $l = 0, 1, 2, 3, 4, 5, 6, 7, 8, \cdots$ 相对应. 这些支壳层可分别称为 s, p, d, f, g, h, i, k, l,$\cdots$ 支壳层. 例如, $l = 0$ 的支壳层称为 s 支壳层, $l =1$ 的支壳层称为 p 支壳层等.

若 $n = 1$, 则 L 只能取为 0, 说明 K 壳层只有一个 s 支壳层; $n = 2$, $l = 0, 1$, 说明 L 壳层可形成 s 和 p 两个支壳层; $n = 3$, $l = 0, 1, 2$, 说明 M 壳层可形成 s, p, d 三个支壳层; $n = 4$ 的 N 壳层可形成 s, p, d, f 四个支壳层等, 依次类推. 那么每个壳层能容纳多少个电子? 每一个支壳层又能容纳多少个电子? 通过泡利不相容原理可以解决这些问题.

1. 泡利不相容原理

1925 年, 奥地利物理学家泡利在分析了大量光谱数据的基础上, 概括出一条基本原理: 在同一个原子中, 不可能有两个或两个以上的电子具有完全相同的 (n, l, m_l, m_s). 这就是泡利不相容原理. 泡利不相容原理不局限于原子体系, 是量子力学的一条基本原理.

下面先计算由 l 决定的支壳层中最多能容纳的电子数. 给定 l 后, $m_l = -l$, $-l+1, \cdots, l-1, l$, 一共 $2l+1$ 个数值; 而当量子数 l, m_l 的数值都确定时, 量子数 m_s 只能取 $+\frac{1}{2}$ 和 $-\frac{1}{2}$. 由此可得由 l 决定的支壳层中最多可容纳 $2(2l+1)$ 个电子. 当支壳层中电子数达到最大值时, 称为满支壳层或闭合支壳层.

给定主量子数 n 后, 角量子数 $l = 0, 1, 2, \cdots, (n-1)$ 共 n 个数值. 若用 Z_n 表示在 n 值一定的壳层中所能容纳的最多电子数, 则 Z_n 的计算式为

$$Z_n = \sum_{l=0}^{n-1} 2(2l+1) = 2 \times \frac{1+(2n-1)}{2} \times n = 2n^2$$

即原子中主量子数为 n 的壳层中最多可容纳 $2n^2$ 个电子. 例如, 在 $n = 1$ 的 K 壳层内, 最多容纳 2 个电子, 这 2 个电子均在 s 支壳层上, 以电子组态 $1s^2$ 表示. 在 $n = 2$ 的 L 壳层内, 最多能容纳 8 个电子, 其中 $l = 0$ 的电子有 2 个, 可以

用 $2s^2$ 表示, $l=1$ 的电子有 6 个, 可以用 $2p^6$ 表示.

2. 能量最小原理

QR13.42 其他相关领域的能量最小思想

前面列出了多电子系统中的所有可能状态, 但是电子应该先占据什么状态, 后占据什么状态, 并没有讨论. 当原子系统处于正常态时, 每个电子总是优先占据能量最低的能级. 这是因为电子处于能量最低状态时, 整个原子最稳定, 若电子开始就处于能量较高的状态, 则电子会很快从能级较高的状态跃迁到能级较低的状态. 各状态能量首先取决于主量子数 n, 所以总的趋势是电子先填满主量子数小的壳层. 但特别要注意的是, 由于能量也取决于角量子数 l, 因此填充次序并不总是简单地按照 K, L, M, $\cdots$, 的顺序逐层填满. 现有的研究表明, 从 $n=4$ 起就有先填 n 较大、l 较小的支壳层, 后填 n 较小、l 较大的支壳层的情况出现, 一般将这种情况称为反常情况. 总的说来, 电子在原子内的填充次序是

ls, 2s, 2p, 3s, 3p, [4s, 3d], 4p, [5s, 4d], 5p, [6s, 4f, 5d], 6p, [7s, 5f, 6d]

括号 [ ] 表示的是反常情况. 我国科学工作者根据大量实验事实总结出一个判断能级高低的公式, 该公式的形式为 $n+0.7l$. 公式中 n 代表主量子数, l 代表角量子数. 一般 $n+0.7l$ 值越大, 表示能级越高, 相应的 $n+0.7l$ 值越小, 表示能级越低, 而电子总是要优先占据较低能级. 例如, 4s 和 3d 比较, 4s 的计算结果为 $(4+0.7\times 0)=4$, 3d 的计算结果为 $(3+0.7\times 2)=4.4$, 而 $4<4.4$, 所以电子先占据 4s 状态. 再如, 4f 和 5d 比较, 4f 的计算结果为 $(4+0.7\times 3)=6.1$, 5d 的计算结果为 $(5+0.7\times 2)=6.4$, 而 $6.1<6.4$, 所以先填 4f 后填 5d.

3. 电子态填充的次序与元素周期表

化学元素周期表中, 元素的周期性可以用原子的壳层结构进行很好的解释. 在表 13.2 中列出元素周期表中部分原子基态的电子组态. 从表中可以明显看出, 元素的周期性与电子组态的周期性完全一致, 在每一个周期中的第一个元素, 都对应着开始填充一个新壳层, 都只有一个处于最外层的价电子. 价电子决定着元素的性质, 价电子相同的粒子, 物理、化学性质非常相似. 一个壳层或一个支壳层被填满的元素一定位于某一个周期的最末端. 在化学元素周期表中第一个周期中只有 H 和 He 这两个元素, 原子基态电子组态分别是 1 s 和 1 s^2, He 元素的第一壳层恰好填满, 该元素位于第一个周期的最末端. 这里需要提醒一下, 仅仅第一个周期的元素是以 s 态开始且以 s 态结束的. 从第二个周期开始, 每一个周期从电子填充一个 s 支壳层开始, 以填满 p 支壳层结束.

表 13.2 周期表中原子基态的电子组态

原子序数	元素符号	元素名称	电子组态
1	H	氢	1s
2	He	氦	$1s^2$

续表

原子序数	元素符号	元素名称	电子组态
3	Li	锂	2s
4	Be	铍	$2s^2$
5	B	硼	$2s^2 2p$
6	C	碳	$2s^2 2p^2$
7	N	氮	$2s^2 2p^3$
8	O	氧	$2s^2 2p^4$
9	F	氟	$2s^2 2p^5$
10	Ne	氖	$2s^2 2p^6$
11	Na	钠	3s
12	Mg	镁	$3s^2$
13	Al	铝	$3s^2 3p$
14	Si	硅	$3s^2 3p^2$
15	P	磷	$3s^2 3p^3$
16	S	硫	$3s^2 3p^4$
17	Cl	氯	$3s^2 3p^5$
18	Ar	氩	$3s^2 3p^6$
19	K	钾	4s
20	Ca	钙	$4s^2$
21	Sc	钪	$3d4s^2$
22	Ti	钛	$3d^2 4s^2$
23	V	钒	$3d^3 4s^2$
24	Cr	铬	$3d^5 4s$
25	Mn	锰	$3d^5 4s^2$
26	Fe	铁	$3d^6 4s^2$
27	Co	钴	$3d^7 4s^2$
28	Ni	镍	$3d^8 4s^2$
29	Cu	铜	$3d^{10} 4s$
30	Zn	锌	$3d^{10} 4s^2$
31	Ga	镓	$3d^{10} 4s^2 4p$
32	Ge	锗	$3d^{10} 4s^2 4p^2$
33	As	砷	$3d^{10} 4s^2 4p^3$
34	Se	硒	$3d^{10} 4s^2 4p^4$
35	Br	溴	$3d^{10} 4s^2 4p^5$
36	Kr	氪	$3d^{10} 4s^2 4p^6$

QR13.43 习题 13 参考答案

习题 13

13.1 已知一单色光照射在钠表面上，测得光电子的最大动能是 1.2 eV，而钠的红限波长是 5 400 Å，那么入射光的波长是（ ）

(A) 5 350 Å　(B) 5 000 Å　(C) 4 350 Å　(D) 3 550 Å

13.2 关于光电效应有下列说法:

(1) 任何波长的可见光照射到任何金属表面都能产生光电效应;

(2) 若入射光的频率均大于一给定金属的红限频率, 则该金属分别受到不同频率的光照射时, 释出的光电子的最大初动能也不同;

(3) 若入射光的频率均大于一给定金属的红限频率, 则该金属分别受到不同频率、强度相等的光照射时, 单位时间释出的光电子数一定相等;

(4) 若入射光的频率均大于一给定金属的红限频率, 则当入射光频率不变而强度增大一倍时, 该金属的饱和光电流也增大一倍.

其中正确的是 (　　)

(A) (1), (2), (3)

(B) (2), (3), (4)

(C) (2), (3)

(D) (2), (4)

13.3 在康普顿散射中, 如果设反冲电子的速度为光速的 60%, 则因散射使电子获得的能量是其静止能量的 (　　)

(A) 2 倍　(B) 1.5 倍　(C) 0.5 倍　(D) 0.25 倍

13.4 当照射光的波长从 4 000 Å 变到 3 000 Å 时, 对同一金属, 在光电效应实验中测得的遏止电压将 (　　)

(A) 减小 0.56 V　(B) 减小 0.34 V　(C) 增大 0.165 V　(D) 增大 1.035 V

(普朗克常量 $h = 6.63 \times 10^{-34}$ J·s, 元电荷 $e = 1.60 \times 10^{-19}$ C)

13.5 在康普顿效应实验中, 若散射光波长是入射光波长的 1.2 倍, 则散射光光子能量 ε 与反冲电子动能 E_{k} 之比 $\varepsilon/E_{\mathrm{k}}$ 为 (　　)

(A) 2　(B) 3　(C) 4　(D) 5

13.6 光子能量为 0.5 MeV 的 X 射线, 入射到某种物质上而发生康普顿散射. 若反冲电子的动能为 0.1 MeV, 则散射光波长的改变量 $\Delta\lambda$ 与入射光波长 λ_0 之比值为 (　　)

(A) 0.20　(B) 0.25　(C) 0.30　(D) 0.35

13.7 康普顿效应的主要特点是 (　　)

(A) 散射光的波长均比入射光的波长短, 且随散射角增大而减小, 但与散射体的性质无关.

(B) 散射光的波长均与入射光的波长相同, 与散射角、散射体性质无关.

(C) 散射光中既有与入射光波长相同的成分, 也有比入射光波长长的和比入射光波长短的成分, 这与散射体性质有关.

(D) 散射光中有些成分的波长比入射光的波长长, 且随散射角增大而增大, 有些散射光波长与入射光波长相同, 这都与散射体的性质无关.

13.8 电子显微镜中的电子从静止开始通过电势差为 U 的静电场加速后, 其

德布罗意波波长是 0.4 Å, 则 U 约为 (　　)

(A) 150 V　　(B) 330 V　　(C) 630 V　　(D) 940 V

(普朗克常量 $h=6.63\times10^{-34}$ J·s)

13.9　不确定关系 $\Delta x\cdot\Delta p_x\geqslant h$ 表示在 x 轴方向上 (　　)

(A) 粒子位置不能确定.　　(B) 粒子动量不能确定.

(C) 粒子位置和动量都不能确定.　　(D) 粒子位置和动量不能同时确定.

13.10　波长 $\lambda=5000$ Å 的光沿 x 轴正向传播, 若光的波长的不确定量 $\Delta\lambda=10^{-3}$ Å, 则利用不确定关系 $\Delta p_x\Delta x\geqslant h$ 可得光子的 x 轴坐标的不确定量至少为 (　　)

(A) 25 cm　　(B) 50 cm　　(C) 250 cm　　(D) 500 cm

13.11　已知粒子在一维无限深矩形势阱中运动, 其波函数为

$$\psi(x)=\frac{1}{\sqrt{a}}\cdot\cos\frac{3\pi x}{2a}\ \ (-a\leqslant x\leqslant a)$$

那么粒子在 $x=5a/6$ 处出现的概率密度为 (　　)

(A) $1/(2a)$　　(B) $1/a$　　(C) $1/\sqrt{2a}$　　(D) $1/\sqrt{a}$

13.12　将波函数在空间各点的振幅同时增大 D 倍, 则粒子在空间的分布概率将 (　　)

(A) 增大 D^2 倍　　(B) 增大 $2D$ 倍　　(C) 增大 D 倍　　(D) 不变

13.13　要使处于基态的氢原子受激发后能发射莱曼系 (由激发态跃迁到基态发射的各谱线组成的谱线系) 的对应最长波长的谱线, 至少应向基态氢原子提供的能量是 (　　)

(A) 1.5 eV　　(B) 3.4 eV　　(C) 10.2 eV　　(D) 13.6 eV

13.14　由玻尔氢原子理论知, 当大量氢原子处于 $n=3$ 的激发态时, 原子跃迁将发出 (　　)

(A) 一种波长的光　　(B) 两种波长的光

(C) 三种波长的光　　(D) 连续光谱

13.15　根据玻尔氢原子理论, 氢原子中的电子在 $n=4$ 的轨道上运动的动能与在基态的轨道上运动的动能之比为 (　　)

(A) 1/4　　(B) 1/8　　(C) 1/16　　(D) 1/32

13.16　假定氢原子原是静止的, 则氢原子从 $n=3$ 的激发状态直接通过辐射跃迁到基态时的反冲速度大约是 (　　)

(A) 4 m/s　　(B) 10 m/s　　(C) 100 m/s　　(D) 400 m/s

(氢原子的质量 $m=1.67\times10^{-27}$ kg)

13.17　按照玻尔理论, 电子绕核作圆周运动时, 电子的角动量 L 的可能值为 (　　)

(A) 任意值　　(B) $nh,\ n=1,2,3,\cdots$

(C) $2\pi nh,\ n=1,2,3,\cdots$　　(D) $nh/(2\pi),\ n=1,2,3,\cdots$

13.18 已知氢原子从基态激发到某一定态所需能量为 10.19 eV, 当氢原子从能量为 -0.85 eV 的状态跃迁到上述定态时, 所发射的光子的能量为 ( )

(A) 2.56 eV (B) 3.41 eV (C) 4.25 eV (D) 9.95 eV

13.19 在气体放电管中, 用能量为 12.1 eV 的电子去轰击处于基态的氢原子, 此时氢原子所能发射的光子的能量只能是 ( )

(A) 12.1 eV (B) 10.2 eV

(C) 12.1 eV, 10.2 eV 和 1.9 eV (D) 12.1 eV, 10.2 eV 和 3.4 eV

13.20 直接证实了电子自旋存在的最早的实验之一是 ( )

(A) 康普顿实验 (B) 卢瑟福实验

(C) 戴维孙–革末实验 (D) 斯特恩–革拉赫实验

13.21 下列各组量子数中, 哪一组可以描述原子中电子的状态?( )

(A) $n=2$, $l=2$, $m_l=0$, $m_s=\dfrac{1}{2}$.

(B) $n=3$, $l=1$, $m_l=-1$, $m_s=-\dfrac{1}{2}$.

(C) $n=1$, $l=2$, $m_l=1$, $m_s=\dfrac{1}{2}$.

(D) $n=1$, $l=0$, $m_l=1$, $m_s=-\dfrac{1}{2}$.

13.22 在氢原子的 L 壳层中, 电子可能具有的量子数 (n, l, m_l, m_s) 是 ( )

(A) $\left(1,0,0,-\dfrac{1}{2}\right)$ (B) $\left(2,1,-1,\dfrac{1}{2}\right)$

(C) $\left(2,0,1,-\dfrac{1}{2}\right)$ (D) $\left(3,1,-1,-\dfrac{1}{2}\right)$

13.23 以波长 $\lambda=410$ nm (1 nm $=10^{-9}$ m) 的单色光照射某一金属, 产生的光电子的最大动能 $E_{\mathrm{k}}=1.0$ eV, 求能使该金属产生光电效应的单色光的最大波长是多少?

(普朗克常量 $h=6.63\times10^{-34}$ J·s)

13.24 假定在康普顿散射实验中, 入射光的波长$\lambda_0=0.003\,0$ nm, 反冲电子的速度 $v=0.6c$, 求散射光的波长 λ.

(电子的静止质量 $m_{\mathrm{e}}=9.11\times10^{-31}$ kg, 普朗克常量 $h=6.63\times10^{-34}$ J·s, 1 nm $=10^{-9}$ m, c 表示真空中的光速.)

13.25 α 粒子在磁感应强度为 $B=0.025$ T 的均匀磁场中沿半径为 $R=0.83$ cm 的圆形轨道运动.

(1) 试计算其德布罗意波波长.

(2) 若使质量 $m=0.1$ g 的小球以与 α 粒子相同的速率运动, 则其波长为多少?

(α 粒子的质量 $m_\alpha=6.64\times10^{-27}$ kg, 普朗克常量 $h=6.63\times10^{-34}$ J·s, 元

电荷 $e=1.60\times10^{-19}$ C)

13.26 同时测量能量为 1 keV 作一维运动的电子的位置与动量时, 若位置的不确定量在 0.1 nm (1 nm = 10^{-9} m) 内, 则动量的不确定量的百分比 $\Delta p/p$ 至少为何值?

(电子静止质量 $m_{\mathrm{e}}=9.11\times10^{-31}$ kg, 1 eV $=1.60\times10^{-19}$ J, 普朗克常量 $h=6.63\times10^{-34}$ J·s.)

13.27 已知粒子在一维无限深势阱中运动, 其波函数为

$$\psi(x)=\sqrt{2/a}\sin(\pi x/a)\ \ (0\leqslant x\leqslant a)$$

求发现粒子的概率为最大的位置.

13.28 粒子在一维无限深矩形势阱中运动, 其波函数为

$$\psi_n(x)=\sqrt{2/a}\sin(n\pi x/a)\ \ (0<x<a)$$

若粒子处于 $n=1$ 的状态, 它在 $0\sim a/4$ 区间内的概率是多少?

[提示: $\displaystyle\int\sin^2 x\mathrm{d}x=\frac{1}{2}x-\left(\frac{1}{4}\right)\sin 2x+C$]

13.29 已知氢光谱的某一线系的极限波长为 3 647 Å, 其中有一谱线波长为 6 565 Å. 试由玻尔氢原子理论, 求与该波长相应的始态与终态能级的能量 ($R=1.097\times10^{7}\ \mathrm{m}^{-1}$).

13.30 氢原子激发态的平均寿命约为 10^{-8} s, 假设氢原子处于激发态时, 电子作圆轨道运动, 试求出处于量子数 $n=5$ 状态的电子在它跃迁到基态之前绕核转了多少圈 ($m_{\mathrm{e}}=9.11\times10^{-31}$ kg, $e=1.60\times10^{-19}$ C, $h=6.63\times10^{-34}$ J·s, $\varepsilon_0=8.85\times10^{-12}\ \mathrm{C^2\cdot N^{-1}\cdot m^{-2}}$).

13.31 用某频率的单色光照射基态氢原子气体, 使气体发射出三种频率的谱线, 试求原照射单色光的频率 (普朗克常量 $h=6.63\times10^{-34}$ J·s, $e=1.60\times10^{-19}$ C).

13.32 试求 d 分壳层最多能容纳的电子数, 并写出这些电子的 m_l 和 m_s值.

大学物理综合训练项目

为了深化大学物理课程改革，以学生为中心，培养学生动手能力和创新能力，同时为大学物理实验竞赛培育优秀选手和作品，实现学生知识、能力和素养全面发展的育人目标，大学物理课程内开设综合训练项目研究，选取学科竞赛题目作为学生课内综合训练研究内容，在全面提高学生理论联系实际能力和动手创新能力的同时，提升学科竞赛成绩。通过“学—研—赛”一体化教学改革，实现以学促研，以研促赛，以赛促学。综合训练项目实施方案与考核方式详情见以下二维码。

综合训练实施方案

综合训练中期考核

综合训练期末考核